本书由
大连市人民政府资助出版

油气田腐蚀与防护

王凤平　陈家坚　臧晗宇　著

科学出版社
北京

内 容 简 介

本书是作者长期从事油气田腐蚀与防护的现场研究工作与实验室研究工作的全面总结，同时参考了国内外油气田设备腐蚀与防护的最新研究成果，全面、系统地阐述了油气田开采、集输、处理、储运等过程中出现的设备腐蚀问题与防护技术。本书的主要研究背景均为国内油气田的腐蚀与防护，内容包括：绪论，油气田 CO_2 腐蚀，油气田 H_2S 腐蚀，油气田 CO_2 腐蚀预测模型，油气田系统腐蚀监/检测，油气田腐蚀的控制，共 6 章。

本书可供从事油气田开发的各类人员阅读，也可作为高等院校相关专业有关课程的教学参考书或培训教材。

图书在版编目（CIP）数据

油气田腐蚀与防护/王凤平，陈家坚，臧晗宇著. —北京：科学出版社，2016.6

ISBN 978-7-03-049248-7

Ⅰ. ①油… Ⅱ. ①王… ②陈… ③臧… Ⅲ. ①油气田–石油机械–腐蚀 ②油气田–石油机械–防腐 Ⅳ. ①TE98

中国版本图书馆 CIP 数据核字（2016）第 144264 号

责任编辑：顾英利 孙静惠 / 责任校对：贾娜娜
责任印制：张 伟 / 封面设计：铭轩堂

科学出版社 出版
北京东黄城根北街 16 号
邮政编码：100717
http：//www.sciencep.com
北京中石油彩色印刷有限责任公司 印刷
科学出版社发行 各地新华书店经销
*
2016 年 6 月第 一 版 开本：B5（720×1000）
2016 年 6 月第一次印刷 印张：16 1/2
字数：332 000

定价：98.00 元

（如有印装质量问题，我社负责调换）

前　言

金属腐蚀问题是石油工业、化学工业和天然气工业等部门面临的一个十分重要的难题。油气田所处环境复杂，钢材使用数量多，导致油气井乃至油气集输系统都存在不同程度的腐蚀，影响油气田正常生产。所以，油气田腐蚀与防护一直是石油工业的重要课题。

我国是一个油气资源非常丰富的国家，迄今为止，我国先后在 82 个主要大中型沉积盆地开展了油气勘探，发现油田 500 多个。我国主要的陆上石油产地有：大庆油田、胜利油田、辽河油田、克拉玛依油田、四川油田、华北油田、大港油田、中原油田、吉林油田、河南油田、长庆油田、江汉油田、江苏油田、青海油田、塔里木油田、塔河油田、吐哈油田、玉门油田。另外，还有丰富的海洋油气资源，例如，近来在渤海湾地区发现的数个亿吨级海上油田，其成为我国油气增长的主体。

然而，在油气田大力开采的同时，一些油气田也发生了严重或非常严重的腐蚀问题，而且由腐蚀问题导致的事故也时有发生。以大庆、胜利、辽河等油田为代表的东部油田是我国的老油田基地，据 20 世纪 90 年代腐蚀调查统计，仅注水系统由于腐蚀而造成的经济损失当时就达每年 2 亿元以上。尽管采取一些措施加以控制，但经历了 60 余年的勘探开发，东部主力油田都已经进入了高含水开采阶段，加之设备长期处在高负荷下运行，部分油管/套管、储罐、地面/地下集输管网没有得到及时更换，腐蚀问题仍然存在，尤其以地面集输系统的腐蚀问题最为突出。以塔里木油田、塔河油田等为代表的西部油田尽管在 20 世纪 90 年代才开始勘探开发，但是，西部油气田多为深井，环境条件恶劣，油井产出水具有“四高一低”的特点，即高矿化度、高氯离子含量、高 CO_2、高 H_2S、低 pH 等，近年来使得西部油气田的腐蚀问题比较突出。其中中国石油化工集团公司西北石油局（简称西北局）塔河油田主要以 H_2S、CO_2、高矿化度水腐蚀为主；塔里木油田的塔中、轮古区块同样以 H_2S、CO_2、高矿化度水腐蚀为主；西北局的雅克拉区块、塔里木油田的牙哈、吉拉克等凝析气田主要以 CO_2、高矿化度水腐蚀为主，同时伴随着冲刷腐蚀，腐蚀伴随着整个油气田生产系统各个环节。H_2S、CO_2 分压造成油气井井下套管的腐蚀；地面集输系统主要表现为管底水相腐蚀穿孔，最短使用 13 个月就出现了穿孔，点蚀速率在 4～6mm/a。据西部某油田的统计，由穿孔导致的经济损失最大值高达 8.82 万元/次，管线穿孔导致的平均经济损失为 3.18 万元/次。据现场腐蚀状况调查，部分油管腐蚀断裂，地面管线腐蚀穿孔频繁，造成原油外漏，产生环境污染。随着油田的不断开发，综合含水不断上升，腐蚀不断加剧，已经严重影响了油田的正常生产。

腐蚀破坏引起突发的恶性事故，往往造成巨大的经济损失和严重的社会后果。据美国国家运输安全局对 1969～1978 年发生的管道事故报告的统计结果，管道失效原因中腐蚀占 43.6%。作为油气勘探开发的油井管（油管、套管、钻杆等）和油气水输送的管线管（长距离油气输送管、出油管、油田油气水集输管及注水注气、注 CO_2、注聚合物管等），其失效主要表现为腐蚀失效，主要的腐蚀介质有 H_2S、CO_2、O_2 和硫酸盐还原菌（sulfate-reducing bacteria，SRB）等。腐蚀破坏导致的损失巨大，例如 1975 年，挪威艾柯基斯克油田阿尔法平台 API X52 高温立管，由于原油中含有 1.5%～3%的 CO_2 及 6%～8%的 Cl^-，同时由于浪花飞溅区的腐蚀，投产仅两个月，立管就被腐蚀得薄如纸张，导致了严重的爆炸、燃烧和人身伤亡事故；1988 年，英国帕尔波·阿尔法平台油管因 CO_2 腐蚀疲劳造成断裂引发突然爆炸燃烧，死亡 166 人，使英国北海油田原油产量减少 12%；1977 年完工的美国阿拉斯加一条长约 1287km、管径 1219.2mm 的原油输送管道，一半埋地一半外露，每天输送原油约 $2.31\times10^6m^3$，造价 80 亿美元，由于对腐蚀研究不充分和施工时采取的防腐蚀措施不当，12 年后发生腐蚀穿孔达 826 处之多，仅修复费用一项就耗资 15 亿美元。尤其是 1988 年英国北海油田的帕尔波 · 阿尔法平台沉船事故，以及 1989 年美国埃克森石油公司的瓦尔德斯号（Exxon Valdez）油轮漏油引起的海洋污染事故，震惊了世界。因此开展油气田腐蚀与防护工作迫在眉睫。

本书把现有的金属腐蚀理论与防护技术和我国部分油气田发生的严重腐蚀情况密切地结合起来，在解决油气田腐蚀的问题中揭示油气田腐蚀与防护的规律，并对其总结、整理、分析和得出结论，从而力求将油气田腐蚀与防护的一些基本规律上升到一个新层次。

本书在内容上先是结合最新的研究成果及参考文献，深入浅出地论述西部油气田腐蚀的理论及机理，如油气田设备在高温、高压、高矿化度、高含硫化氢和二氧化碳的体系中腐蚀的基本理论，油气田设备既包括地面集输管线，也包括地下采油油井。在弥补同类书某些缺憾的同时，本书更注重论述油气田几种常见的防护技术，如缓蚀剂、保护性覆盖层等等。

油气田在线腐蚀实时监测是油气田腐蚀与防护进展很快的一个研究领域，本书作者在油气田现场腐蚀监测研究中发明了自喷井井下腐蚀挂片技术，在油气田腐蚀监测历史上第一次将腐蚀挂片下潜到油井下 3000m 的深度；现在正在研究机采井的深井挂片技术；同时作者在实验室模拟油气田条件下的电化学噪声技术，实现了油井设备局部腐蚀的监测，该技术不久也将应用于油气田在线腐蚀实时监测。作者将油气田的在线腐蚀实时监测的最新技术作为重要的一章进行论述，这是本书作者长期从事的研究工作之一，也是其他油气田腐蚀与防护专著没有涉及或未加重视的一个方面。

本书是作者长期从事油气田腐蚀与防护的现场研究工作与实验室研究工作的全面总结，同时参考了国内外油气田设备腐蚀与防护的最新研究成果，全面、系统地阐述油气田开采、集输、处理、储运等过程中出现的设备腐蚀问题与防护技术。主要内容包括：绪论，油气田 CO_2 腐蚀，油气田 H_2S 腐蚀，油气田 CO_2 腐蚀预测模型，油气田系统腐蚀监/检测，油气田腐蚀的控制，共 6 章。

由于本书的主要研究背景均为国内油田气的腐蚀与防护，所以，本书对我国油气田的腐蚀与防护具有重要的指导意义。本书可作为从事油气田系统生产、开发的各级各类人员的参考书，也可作为高等院校与油气开采、集输、储运等专业相关的研究生和本科生的教学参考书。

对本书做出贡献的专家学者有：辽宁师范大学化学化工学院王凤平教授，中国科学院金属研究所陈家坚研究员、臧晗宇工程师；中国科学院金属研究所王福会研究员在百忙中为本书提出了许多宝贵的意见和建议。与此同时，作者还参考了国内外大量的专著、文献，一并列在参考文献中。研究生蒋新瑜、王晓丹等承担本书部分文字的录入和图表绘制，为此作者向这些同仁表示衷心的感谢。全书最后由王凤平润色和定稿。

本书由大连市人民政府资助出版，同时在科学出版社有关人员的辛勤工作下，本书得以高标准和高质量问世，作者对大连市人民政府及科学出版社表示衷心的感谢。

由于著者水平有限，书中不妥之处在所难免，如蒙指正，不胜感激。

著　者

2016 年 5 月

目　　录

第1章　绪　　论

1.1　油气工业的腐蚀现状与腐蚀控制的重要性

金属腐蚀问题普遍存在于国民经济和国防建设各个部门，但较严重的腐蚀主要集中在石油工业、化学工业与天然气工业等部门。石油、天然气工业钢材使用数量多、油田所处环境复杂，导致油气井乃至油气集输整个生产、储运系统都存在不同程度的腐蚀。腐蚀破坏引发生产事故，造成经济损失，严重影响油气田正常生产和制约经济效益的提高。所以，油气田腐蚀与防护工作一直是石油工业的重要任务。

石油工业自诞生之日起，就存在着设备及管道的腐蚀问题。一方面，油气田生产涉及的环节较多，既有地下生产系统，如油井（油井结构如图 1-1 所示）等，也有地面生产系统，包括单井管线、集输干线、处理厂站、长输管线、水源站等。油气田整个生产过程如图 1-2 所示[1]。储藏在地下的原油需要经过石油勘探、钻井、开发、采油、集输、油气处理、储运、石油炼制等多个过程才能得到成品油。油田地面系统中的每一环节都存在设备及管道的腐蚀问题。例如，在油气田生产过程中，金属机械和设备常与强腐蚀性介质（如酸、酸性气体、高矿化度介质、细菌及其他物质等）接触，使地面或井下的生产设备及管道（如集输管线或油套管）发生腐蚀，导致油气田每年都要更换大量的生产设备及管道。油气田生产过程中井下和地面设备的常见腐蚀部位如图 1-3 所示[1]。另一方面，油气田生产是一个庞大而系统的产业，工艺复杂，生产条件苛刻，具有高温、高压以及生产介质的高矿化度、高二氧化碳和/或高硫化氢，使油气田系统的腐蚀因素具有复杂性和多样性。由于腐蚀因素的复杂性，油气田生产过程设备发生腐蚀的概率较高，有时腐蚀失效一旦发生，可能引发更大的次生破坏。由腐蚀而引发的重大事故在我国一些主力油田均有出现，井下油套管的早期损坏就是一个典型实例，图 1-4 是我国某油田油井套管在含 CO_2 的水蒸气作用下发生的腐蚀穿孔和开裂的照片。油井套管的腐蚀不仅损坏了油井本身，无法将高压的海下井口可靠地固定在海底岩层上，而且还会使原油的分层开采和分层注水的增产技术措施无法实现，导致地层中水层与油层之间互相串通，从而封闭一些油层。结果可能会使这些油层中的原油再也难以采出，大大降低储油构造的原油采收率，造成更大的经济损失。由此可见，油气田设备的腐蚀控制对油气田生产过程具有十分重要的意义。

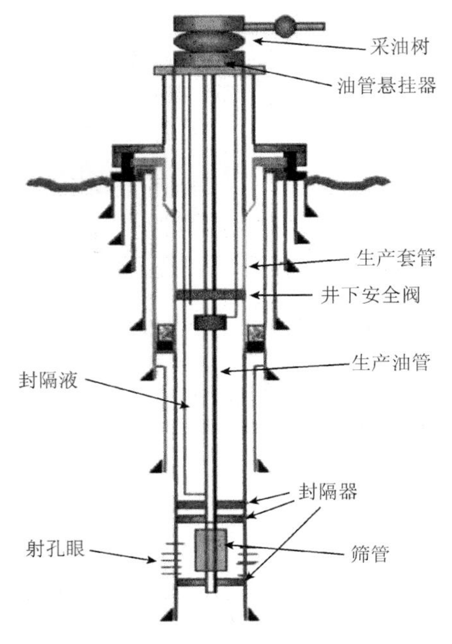

图 1-1　油井结构示意图

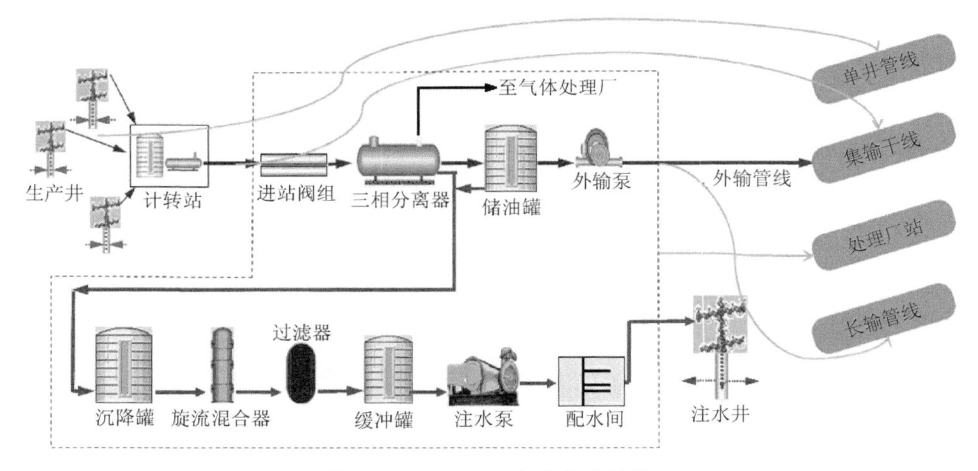

图 1-2　油气田复杂的生产过程

油气田生产的腐蚀是全球性的。20 世纪 60 年初，苏联在开发克拉斯诺尔油田中，由于 CO_2 腐蚀介质，油田设备严重腐蚀，腐蚀速率高达 5～8mm/a[2]；美国的 Little Creek 油田实施 CO_2 驱油试验期间，在未采取任何防护措施的情况下，不

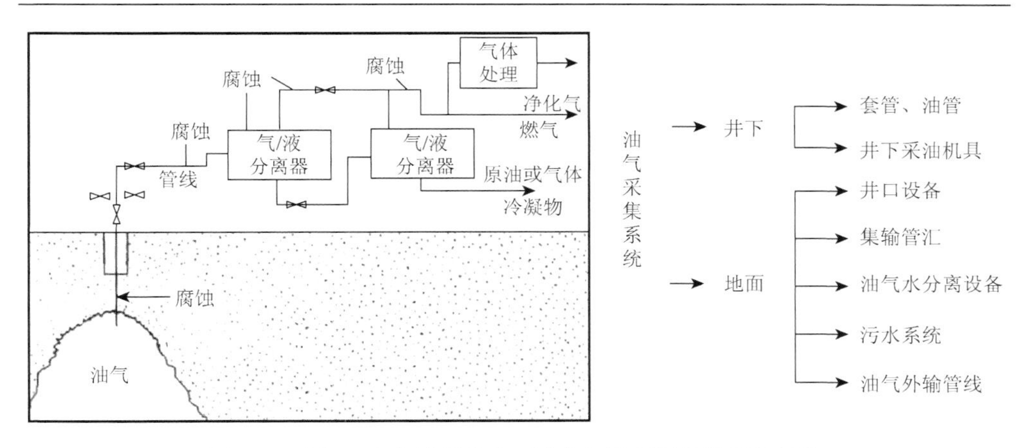

图 1-3 油气田生产过程的井下设备和地面设备的腐蚀部位

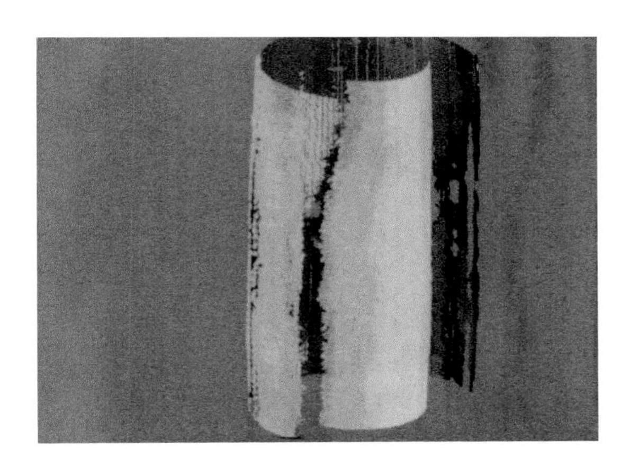

图 1-4 油井套管被腐蚀后的照片

到 5 个月时间，采油井油管管壁即腐蚀穿孔，腐蚀速率达到 12.7mm/a[3]；世界著名的法国拉克高含硫气田，从发现到投入生产用了 15 年的时间，其原因是含硫气田腐蚀引起设备的低应力脆性断裂——硫化物应力腐蚀开裂，腐蚀问题解决之后该气田才正式投入开发[4]；1980 年北海油田挪威的亚历山大·基兰德号海洋平台在腐蚀性很强的海洋环境下，由于腐蚀疲劳裂纹的失稳扩展而迅速倒塌，死亡 123 人[5]；1988 年北海油田英国帕尔波·阿尔法海洋平台，因管线腐蚀事故，突然爆炸起火，死亡 166 人，经济损失 34 亿美元，并使英国北海原油产量锐减 12%[6]。

我国是一个油气资源非常丰富的国家，自 20 世纪 50 年代初期以来，我国先后在 82 个主要的大中型沉积盆地开展了油气勘探，截至 2012 年，发现油田 500 多个[1]。石油资源集中分布在渤海湾、松辽、塔里木、鄂尔多斯、准噶尔、珠江口、柴达木和东海陆架八大盆地，其可采资源量 172 亿 t，占全国的 81.13%[7]。

我国主要的陆上石油产地有：大庆油田、胜利油田、辽河油田、克拉玛依油田、四川油田、华北油田、大港油田、中原油田、吉林油田、河南油田、长庆油田、江汉油田、江苏油田、青海油田、塔里木油田、塔河油田、吐哈油田、玉门油田。除陆地石油资源外，我国的海洋油气资源也十分丰富，海上油气勘探主要集中于渤海、黄海、东海及南海北部大陆架。截至 2014 年 9 月，我国在鄂尔多斯、塔里木和渤海湾盆地连续发现 8 个亿吨级油田，其中渤海中部的蓬莱 19-3 油田是迄今为止中国最大的海上油田，又是中国目前第二大整装油田，探明储量达 6 亿 t，仅次于大庆油田，成为中国油气增长的主体[8]。东海大陆架可能是世界上最丰富的油田之一，钓鱼岛附近水域可以成为“第二个中东”。而天然气资源则集中分布在塔里木、四川、鄂尔多斯、东海陆架、柴达木、松辽、莺歌海、琼东南和渤海湾九大盆地，其可采资源量达 18.4 万亿 m^3，占全国的 83.64%。

然而，在油气田大力开采的同时，一些油气田也发生了严重或非常严重的腐蚀问题，而且由腐蚀问题导致的事故也时有发生。从历史上看，1966 年，在某含硫天然气井的井场上，由于进口的“抗硫”防喷管突然破裂，25MPa 的天然气从高压气井中冲出，引起石头碰撞产生火花，天然气点火燃烧，呼啸的火柱从一个山头冲到了另一个山头，并把一个山头的山顶烧黑，不仅造成了人员伤亡，也使原来可日产百万立方米的高产气井报废[9]。

图 1-5 是我国某油田油管在含硫天然气介质中使用了仅 1.5 年后取出的油管实物照片[9]。井下油管不仅被腐蚀得形若筛孔，而且油管断裂跌落到井底，破坏了油气田的正常生产。重新更换报废的油管，必须用泥浆压井。即使更换了油管，泥浆压井的残留物对油气采出通道的堵塞也会使油气井大大减产。这些都会造成巨大的经济损失。

图 1-5　某油田使用了 1.5 年后取出的油管照片

处于强腐蚀性的海洋环境下的海洋采油平台是海上油田的关键性基础设施。其不仅建设投资巨大，而且它的可靠性直接关系油田和工作人员的安危。我国某海洋采油平台，仅使用十年，就因严重腐蚀而不得不封井报废。图 1-6 显示了这一平台关键部位——管节点腐蚀穿孔和腐蚀开裂的情景[9]。即使下海才使用 4～5 年的新的海洋采油平台，在阴极保护条件下，平台的管节点也普遍发生明显的小孔腐蚀和腐蚀开裂。这些腐蚀破坏的失稳扩展，就会造成巨大的经济损失和严重的社会后果。

图 1-6　海洋平台管节点的腐蚀穿孔和腐蚀开裂

2013 年 11 月 22 日，中国石油化工集团公司（简称中国石化或中石化）东黄输油管道泄漏爆炸。爆炸事故的直接原因是输油管线与排水暗渠交汇处的管线腐蚀变薄破裂，引起原油泄漏，流入暗渠，挥发的油气与暗渠中的空气混合形成易燃易爆气体，在相对封闭的空间内集聚，救援处置中违规操作触发了爆炸。事故共造成 62 人死亡，136 人受伤，直接经济损失达 7.5 亿元。

尽管油气田的开发与生产都存在着腐蚀问题，但是由于地质条件的差异，腐蚀的程度与特点各不相同。以大庆油田、胜利油田、辽河油田为代表的东部油田是我国的老油田基地，腐蚀问题时有发生，据 2003 年我国对油气田腐蚀的调查统计[10]，2000 年油田因腐蚀而造成的经济损失当时高达每年 21 亿元以上；我国石油工业所耗费的石油管材，每年价值 100 亿元左右[6]。尽管采取一些措施加以控制，但经历了 50 余年的勘探开发，东部主力油田都已经进入了高含水开采阶段，加之设备长期处在高负荷下运行，部分油管/套管、储罐、地面/地下集输管网没有得到及时更换，腐蚀问题仍然存在，尤其以地面集输系统的腐蚀问题最为突出。据我国中原油田 1999 年不完全统计，全油田管道腐蚀穿孔达 1888 例[10]。因此，从油、气管道安全生产角度看，油气田腐蚀无疑是一个重大的现实问题。

以塔里木油田、塔河油田等为代表的西部油田尽管在 20 世纪 90 年代才开始勘探开发，但是，西部油气田多为深井，环境条件恶劣，油井产出水具有“四高一低”的特点，即高矿化度、高 Cl^-含量、高 CO_2、高 H_2S、低 pH 等，这些特点使得西部油气田的腐蚀问题在近年来越来越突出。其中塔河油田主要以 H_2S、CO_2、高矿化度水腐蚀为主；塔里木油田的塔中、轮古区块同样以 H_2S、CO_2、高矿化度水腐蚀为主；西北局的雅克拉区块、塔里木油田的牙哈、吉拉克等凝析气田主要以 CO_2、高矿化度水腐蚀为主，同时伴随着多相流腐蚀，腐蚀普遍存在于整个油田生产系统各个环节。H_2S、CO_2 造成油气井井下套管的腐蚀；地面集输系统主要表现为管底水相腐蚀穿孔，最短使用 13 个月就出现了穿孔，折算点腐蚀速率在 4～6mm/a，且主要以内腐蚀为主。据西部某油田的统计，由穿孔导致的经济损失高达 8.82 万元/次，管线穿孔导致的平均经济损失为 3.18 万元/次[6]。联合站处理系统主要表现为地层产出水腐蚀，集中表现为联合站油、气处理系统三相分离器和高含水油罐罐底、水出口管线，污水处理系统以及注水系统通常是腐蚀的重灾区。据现场腐蚀状况调查，部分油管腐蚀断裂，地面管线腐蚀穿孔频繁，造成原油外漏，环境污染，如图 1-7 所示。随着油田的不断开发，综合含水的不断上升，腐蚀将不断加剧，已严重影响了油田的正常生产。这种腐蚀破坏，必须尽力设法避免。

图 1-7　2011 年西部某油田输油管线腐蚀导致原油外漏

以上事例表明，油气田生产过程中的腐蚀引起突发的恶性破坏事故，不仅会带来巨大的经济损失，而且往往会引发燃烧、爆炸、人身伤亡和灾难性的环境污染等灾祸，造成严重的社会后果。因此，开展油气田防腐是长期而艰巨的任务。

1.2 油气田系统腐蚀与控制的特点

1.2.1 油气田系统腐蚀的复杂性

油气田系统腐蚀的复杂性主要在于油气田开发过程中生产环节多以及影响腐蚀的因素的多样性。首先，把地下原油变成成品油需要多个不同环节才能完成，包括石油勘探、钻井、开发、采油、油气集输、油气处理、油气储存、运输、石油炼制等环节，金属材料和设备的腐蚀问题存在于这些环节中的每一个环节，尤其是在钻井、采油、集输、炼制等环节中，金属的腐蚀问题特别严重。不仅如此，由于集输系统的金属管网多数埋于地下，钻井设备也位于地下数千米，所以，油气田设备的腐蚀很多是看不见、摸不着的，这也增加了油气田腐蚀的复杂性。其次，影响油气田设备的腐蚀因素是复杂的，油气田勘探开发的金属材料及设备几乎囊括了所有的腐蚀环境，包括大气腐蚀环境、土壤腐蚀环境、油田水腐蚀环境及海洋腐蚀环境。

油气田地面裸露管线、设备容器、井架、抽油机等都是在大气环境中使用，均会遭受大气腐蚀，因此也遵循大气腐蚀规律。

油气田生产中遇到最多的外腐蚀就是土壤腐蚀。埋在盐碱含量高的土壤中的输油、输气、输水管道腐蚀非常严重，例如用沥青玻璃布保护的 4mm 厚的管线，使用不到一年就发生外腐蚀穿孔。我国油田的土壤环境多半是盐碱地，pH 在 7～9 之间，但不同油田的土壤性质还是千差万别的，大庆油田土壤成分是碳酸盐土壤，胜利油田土壤中多含氯化物盐，新疆油田土壤多含硫化物盐，四川和中原油田土壤多含硫酸盐，故油气田设备的土壤腐蚀机理及规律也较复杂。

油田的开发离不开水，每生产 1t 原油需要注入 2～3t 水，而且油田开发后期原油含水量不断上升，所以几乎所有的油气田生产设备都离不开水的环境。同时，油田水水质复杂，含有很多有害成分，这样的高矿化度水对设备的腐蚀性极强，腐蚀的影响因素很多，腐蚀机理及规律也比较复杂。

目前我国有近百座石油平台分布在渤海、东海和南海海域，而海洋环境是复杂而又苛刻的腐蚀环境，海洋平台和海上石油设施等钢铁材料长期在海洋环境中服役，其遵循海洋腐蚀规律。首先，海水是含盐量高达 3.5%并有溶解氧的强腐蚀性电解液，同时，波、浪、潮、流在海洋设施和海工结构上产生低频往复应力和飞溅区浪花与飞沫的持续冲击；其次，海洋微生物、附着生物和它们新陈代谢的产物（如硫化氢、氨基酸等）对腐蚀过程产生直接或间接的加速作用。

油气田的腐蚀环境不仅复杂，而且每一腐蚀环境的腐蚀影响因素众多。以油田水腐蚀环境为例，腐蚀的影响因素有溶解氧含量、二氧化碳含量、硫化氢含量、细菌、矿化度、pH、温度、压力、流速等的影响，其中有些影响因素（如矿化度、腐蚀性气体含量、溶解氧含量等）对钢铁材料腐蚀速率的影响非常大。表 1-1 列出油气田主要腐蚀环境及每一环境腐蚀的影响因素。

表 1-1　油气田主要腐蚀环境及腐蚀因素总结

序号	腐蚀环境	腐蚀影响因素	
1	大气腐蚀环境	1.气候条件	湿度
			雨水
			温度及温差
		2.大气污染物	SO_2、SO_3、H_2S、NH_3、氯化物等
			盐粒
			固体尘粒
2	土壤腐蚀环境	1.土壤性质	孔隙度
			含水量
			电阻率
			pH
			含盐量
		2. 周边环境	杂散电流
		3.土壤中微生物	SRB*
			硝酸盐还原菌
			硫氧化菌
3	油田水环境	1.油田水性质	溶解氧
			CO_2 含量
			H_2S 含量
			溶解盐量
			细菌（SRB、铁细菌、腐生菌等）
			pH
		2.开采条件	温度
			压力
			流速
4	海洋腐蚀环境	1.海水性质	含盐量
			含氧量
			pH
			海洋生物
		2.物理性质	温度
			流速

* SRB 为 sulfate-reducing bacteria（硫酸盐还原菌）的缩写。

1.2.2　油气田系统腐蚀形式的多样性

油气田系统的腐蚀，既存在全面腐蚀，也存在局部腐蚀，有时是全面腐蚀和局部腐蚀共存于同一腐蚀系统中。例如，油气田设备在二氧化碳溶液中的腐蚀常常表现为全面腐蚀和典型沉积物下方的局部腐蚀共存，其全面腐蚀机理与碳钢在酸中的全面腐蚀机理完全相同，可用微观腐蚀电池模型加以解释。

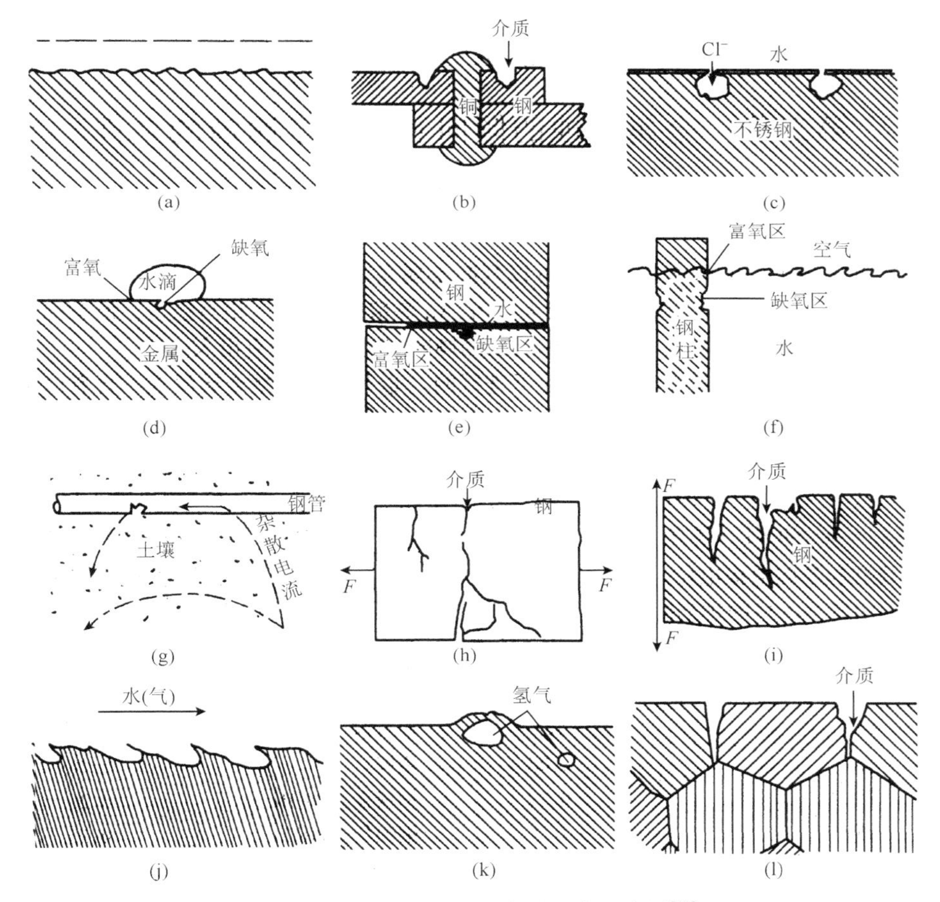

图 1-8　全面腐蚀和局部腐蚀形态示意图[11]

（a）全面腐蚀；（b）电偶腐蚀；（c）孔蚀；（d）氧浓差腐蚀；（e）缝隙腐蚀；（f）水线腐蚀；（g）杂散电流腐蚀；（h）应力腐蚀；（i）腐蚀疲劳；（j）磨损腐蚀；（k）氢脆；（l）晶间腐蚀

多数情况下，油气田系统的腐蚀以各种局部腐蚀为主，而局部腐蚀的腐蚀形态各异。例如，异种金属接触引起的电偶腐蚀，也包括阴极性镀层微孔或损伤处所引起的接触腐蚀；同一金属上自发微观电池引起的晶间腐蚀、选择性腐蚀、孔蚀、石墨化腐蚀、剥蚀（层蚀）以及应力腐蚀断裂等；由浓差电池引起的水线腐蚀、缝隙腐蚀、沉积物腐蚀、盐水滴腐蚀等；以及由杂散电流引起的局部腐蚀等。全面腐蚀和局部腐蚀的各种形态如图 1-8 所示。

就腐蚀的破坏程度而言，金属发生局部腐蚀的腐蚀量往往比全面腐蚀要小，甚至要小很多，但对金属强度和金属制品整体结构完整性的破坏程度却比全面腐蚀大得多。所以，全面腐蚀可以预测和预防，危害性较小，但对局部腐蚀来说，至少目前的预测和预防还很困难，以致腐蚀破坏事故常常是在没有明显预兆下突然发生，对金属结构具有更大的破坏性。

从全面腐蚀和局部腐蚀在腐蚀破坏事例中所占的比例来看，局部腐蚀所占的比例要比全面腐蚀大得多。据粗略统计，局部腐蚀所占的比例通常高于 80%，而全面腐蚀所占的比例不超过 20%。

1. 孔蚀（坑蚀）

油气田设备最常见的局部腐蚀是孔蚀或坑蚀。金属材料在某些环境介质中经过一定时间后，大部分表面不发生腐蚀或腐蚀很轻微，但在表面上个别地方或微小区域内，出现腐蚀孔或麻点，且随着时间的推移，腐蚀孔不断向纵深方向发展，形成小孔腐蚀坑，即孔蚀或坑蚀。实际上，孔蚀和坑蚀没有严格的界限。各种孔蚀或坑蚀形貌如图 1-9 所示。

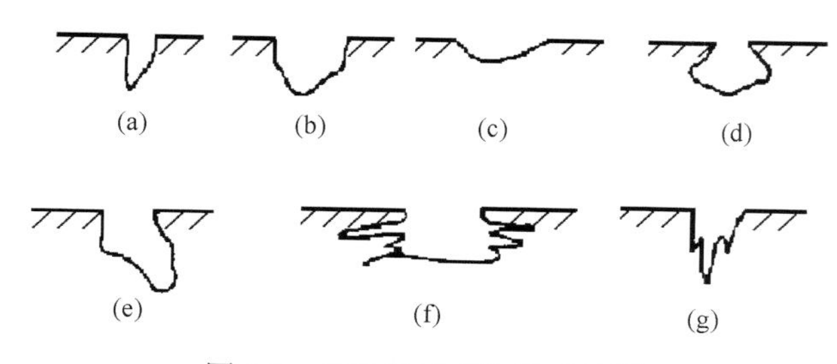

图 1-9　各种孔蚀或坑蚀形貌[11]

（a）窄深形；（b）椭圆形；（c）宽浅形；（d）皮下形；（e）底切形；（f）水平形；（g）垂直形

孔蚀或坑蚀通常具有如下几个特征：

首先，从腐蚀形貌上看，多数蚀孔小而深[图 1-9（a）]。孔径一般小于 2mm，孔深常大于孔径，甚至穿透金属板，也有的蚀孔为碟形浅孔，即通常指的坑蚀[图 1-9（c）]。蚀孔分散或密集分布在金属表面上。孔口多数被腐蚀产物所覆盖，少数呈开放式（无腐蚀产物覆盖）。所以，孔蚀是一种外观隐蔽而破坏性很大的局部腐蚀，不仅容易引起设备穿孔破坏，而且会使晶间腐蚀、剥蚀、应力腐蚀、腐蚀疲劳等易于发生，在很多情况下孔蚀是引起这类局部腐蚀的起源。

其次，从腐蚀电池的结构上看，孔蚀是金属表面保护膜上某点发生破坏，使膜下的金属基体呈活化状态，而保护膜仍呈钝化状态，便形成了活化-钝化腐蚀电池。钝化表面为阴极，其表面积比活化区大得多，所以，孔蚀是一种大阴极、小阳极腐蚀电池引起的阳极区高度集中的局部腐蚀形式。

最后，蚀孔通常沿着重力方向或横向发展，例如，一块平放在介质中的金属，蚀孔多在朝上的表面出现，很少在朝下的表面出现。蚀孔一旦形成，孔蚀即向深处自动加速进行。

油气田生产过程中，下列几种情况下金属设备容易发生孔蚀或坑蚀：

（1）孔蚀或坑蚀发生在金属设备表面腐蚀产物膜局部破损处或垢下。例如，在含 CO_2 油气田观察到的腐蚀破坏主要是设备表面腐蚀产物膜破损处的孔蚀引发环状或台面的蚀坑或蚀孔，如图 1-10 所示。

图 1-10 含 CO_2 高矿化度油田水引起油套管等设备的孔蚀及坑蚀

（2）孔蚀多发生在易钝化金属或合金表面上，同时在腐蚀性介质中存在浸蚀性的阴离子及氧化剂。例如不锈钢、铝合金等在含有卤素离子的腐蚀性介质中易于发生孔蚀。其原因是钝化金属表面的钝化膜并不是均匀的，如果钝性金属的组织中含有非金属夹杂物（如硫化物等），则金属表面在夹杂物处的钝化膜比较薄弱，或者钝性金属表面上的钝化膜被外力划伤，在活性阴离子的作用下，腐蚀小孔就优先在这些局部表面形成。即有钝化剂同时又有活化剂的腐蚀环境是易钝化金属发生孔蚀的必要条件。

（3）如果金属基体上镀一些阴极性镀层（如钢上镀 Cr、Ni、Cu 等），在镀层的孔隙处或缺陷处也容易发生孔蚀。这是因为镀层缺陷处的金属与镀层完好处的金属形成电偶腐蚀电池，镀层缺陷处作阳极，镀层完好处作阴极，由于阴极面积远大于阳极面积，小孔腐蚀向深处发展，以至形成腐蚀小孔。

（4）阳极缓蚀剂用量不足也会引起孔蚀。

2. 缝隙腐蚀

油气田生产过程中另一种常见的局部腐蚀是缝隙腐蚀。金属材料或制品在介质中，由于金属与金属或金属与非金属之间形成特别小的缝隙（一般在 0.025～0.1mm 范围内），缝隙内介质处于滞留状态，引起缝隙内金属的加速腐蚀，这种局部腐蚀称为缝隙腐蚀。

可能构成缝隙腐蚀的缝隙包括：金属结构的衔接、焊接、螺纹连接等处构成的缝隙；金属与非金属的连接处，如金属与塑料、橡胶、石墨等处构成的缝隙；金属表面的沉积物、附着物如灰尘、沙粒、腐蚀产物、细菌菌落或海洋污损生物等与金属表面形成的狭小缝隙等；此外，许多金属构件由于设计上的不合理或由于加工过程等关系也会形成缝隙，这些缝隙是发生缝隙腐蚀的理想场所。多数情况下缝隙在工程结构中不可避免，所以缝隙腐蚀也是不可完全避免的。

缝隙腐蚀具有如下基本特征：

（1）几乎所有金属和合金都有可能引起缝隙腐蚀。从正电性的 Au 或 Ag 到负电性的 Al 或 Ti；从普通的不锈钢到特种不锈钢，都会产生缝隙腐蚀。但它们对缝隙腐蚀的敏感性有所不同，具有自钝化特性的金属或合金对缝隙腐蚀的敏感性较高，不具有自钝化能力的金属和合金，如碳钢等对缝隙腐蚀的敏感性较低。例如 0Cr18Ni8Mo3 这种奥氏体不锈钢，是一种能耐多种苛刻介质腐蚀的优良合金，也会产生缝隙腐蚀。

（2）几乎所有腐蚀性介质都有可能引起金属的缝隙腐蚀。介质可以是酸性、中性或碱性的溶液，但一般以充气的、含活性阴离子（如 Cl^-等）的中性介质最易引起缝隙腐蚀。

（3）遭受缝隙腐蚀的金属，在缝隙内呈现深浅不一的蚀坑或深孔。缝隙口常有腐蚀产物覆盖，即形成闭塞电池。因此缝隙腐蚀具有一定的隐蔽性，容易造成金属结构的突然失效，具有相当大的危害性。

（4）与孔蚀相比，同一金属或合金在相同介质中更易发生缝隙腐蚀。对孔蚀而言，原有的蚀孔可以发展，但不产生新的蚀孔，而在发生缝隙腐蚀电位区间内，缝隙腐蚀既能发展，又能产生新的蚀坑，原有的蚀坑也能发展，所以，缝隙腐蚀是一种比孔蚀更为普遍的局部腐蚀。虽然对于缝隙腐蚀的研究越来越受到重视，但研究的广度和深度都比不上孔蚀。

关于缝隙腐蚀的机理，过去都用氧浓差电池的模型来解释。随着电化学测试技术的发展，特别是通过人工模拟缝隙的实验发现，许多缝隙腐蚀现象难以用氧浓差电池模型作出圆满的解释。美国科学家 Fontana 和 Greene 在上述研究基础上，提出了缝隙腐蚀的闭塞电池模型来阐述金属的缝隙腐蚀[12]。

金属的缝隙腐蚀可以看作是先后形成氧浓差电池和闭塞电池的结果。下面结合碳钢在中性海水中发生的缝隙腐蚀（图 1-11）阐述缝隙腐蚀机理。

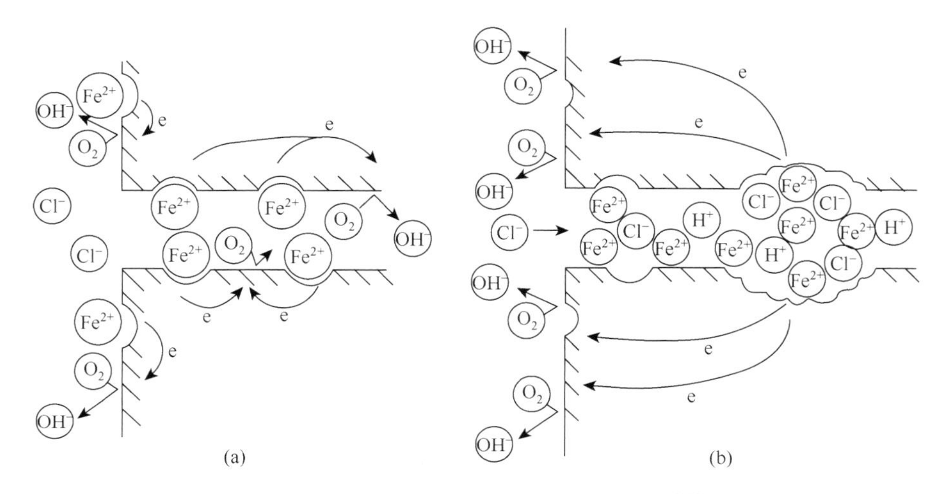

图 1-11 Fontana-Greene 的缝隙腐蚀机理[13]

（a）缝隙腐蚀初期：腐蚀发生在整个金属表面；
（b）缝隙腐蚀后期：腐蚀仅在缝隙内发生，缝隙内 H^+和 Cl^-离子浓度增加，具有自催化效应

缝隙腐蚀刚开始，氧去极化腐蚀在缝隙内、外的整个金属表面上同时进行。

$$\text{阳极溶解反应：} Fe \longrightarrow Fe^{2+} + 2e$$

$$\text{阴极还原反应：} O_2 + 2H_2O + 4e \longrightarrow 4OH^-$$

经过较短时间的阴、阳极反应，缝隙内的 O_2 逐渐消耗殆尽，形成缝隙内、外的氧浓差电池。缺氧的区域（缝隙内）电位较低，为阳极区，氧易于到达的区域（缝隙外）电位较高，为阴极区。腐蚀电池具有大阴极、小阳极的特点，腐蚀电流较大，结果缝隙内金属溶解，金属阳离子 Fe^{2+}不断增多。

同时二次腐蚀产物 $Fe(OH)_2$ 或 $Fe(OH)_3$ 在缝隙口形成，致使缝隙外的氧扩散到缝隙内很困难，从而中止了缝隙内氧的阴极还原反应，使缝隙内金属表面和缝隙外自由暴露表面之间组成宏观腐蚀电池——闭塞电池。

闭塞电池的形成标志着缝隙腐蚀进入了发展阶段。此时缝隙内介质处于滞流状态，金属阳离子 Fe^{2+}难以向外扩散，随着金属离子的积累，造成缝隙内正电荷过剩，促使缝隙外 Cl^-向缝隙内迁移以保持电荷平衡，并在缝隙内形成金属氯化物。

缝隙内金属离子发生如下水解反应，

$$FeCl_2 + 2H_2O \longrightarrow Fe(OH)_2 \downarrow + 2HCl$$

水解反应使缝隙内的介质酸化，缝隙内介质的 pH 可降低至 2～3，这样缝隙内 Cl^-的富集和生成的高浓度 H^+的协同作用加速了缝隙内金属的进一步腐蚀。

由于缝隙内金属溶解速率的增加又促使缝隙内金属离子进一步过剩，Cl^-继续向缝隙内迁移，形成的金属盐类进一步水解、酸化，更加速了金属的溶解……，这构成了缝隙腐蚀发展的自催化效应。如果缝隙腐蚀不能得到有效抑制，往往会导致金属腐蚀穿孔。

如果缝隙宽度大于 0.1mm，缝隙内介质不会形成滞留，也就不会产生缝隙腐蚀。

综上所述，氧浓差电池的形成，对缝隙腐蚀的初期起促进作用。但蚀坑的深化和扩展是从形成闭塞电池开始的，所以闭塞电池的自催化作用是造成缝隙腐蚀加速进行的根本原因。换言之，仅有氧浓差电池作用而没有闭塞电池的自催化作用，不致于构成严重的缝隙腐蚀。

不锈钢对缝隙腐蚀的敏感性比碳钢高，它在海水中更容易引起缝隙腐蚀，其腐蚀机理与碳钢大同小异。

目前对于缝隙腐蚀机理仍未得到完全统一的认识。

许多油气田设备存在发生缝隙腐蚀的条件，缝隙腐蚀对油气田设备的破坏是非常严重的。例如，油管连接处的丝扣部位不可避免地存在着缝隙，会发生缝隙腐蚀。某油田对井下设备油管本体的腐蚀调查发现，油管丝扣腐蚀最为严重，如图 1-12 所示，约占井下腐蚀事故次数的 50%。此外，原油进出站管线的绝缘法兰及焊缝附近也是缝隙腐蚀容易发生的部位。

图 1-12　油管丝扣（公扣）处发生严重的缝隙腐蚀

3. 沉积物腐蚀

沉积物腐蚀是油气田生产中常见的一种局部腐蚀，很多事故是由沉积物腐蚀造成的。沉积物腐蚀又称垢下腐蚀，即金属表面由于结垢产生的腐蚀。油水系统的许多问题都是由结垢引起的。结垢为 SRB 的繁殖提供了极其有利的条件，尤其是结垢的地方往往腐蚀比较严重，而且极易发生点蚀，如图 1-13 所示。腐蚀穿孔造成的油品泄漏不仅浪费能源、污染环境，还经常会造成火灾、爆炸等危险性极高的事故。结垢使缓蚀剂与金属表面难接触成膜，使缓蚀剂达不到应有的缓蚀效果。结垢还会降低供注水管道和油管的能量，严重时还会引起管道的堵塞，增大系统的阻力，影响正常生产，增加能耗。据我国西部某油田 2008 年的数据统计，集输管线穿孔一次造成的经济损失多则达 9 万元，少则达 1 万元，平均穿孔一次要损失近 3.2 万元，所以，沉积物腐蚀给油气田生产造成极大的损失。总而言之，油水系统中一旦产生结垢沉积，其危害是相当大的。

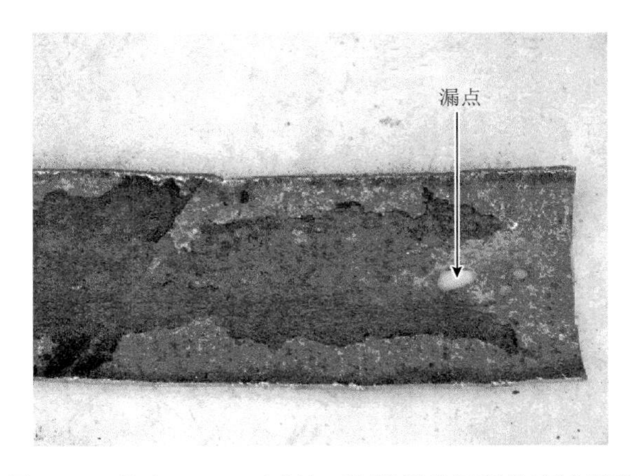

图 1-13 某油田 150 万吨油田汇管管线沉积物腐蚀穿孔

在油田生产过程中，油管管线内任意位置均可能结垢。垢主要来源于冷却水中的泥沙、尘埃、腐蚀产物、水垢、微生物黏泥及其他固体等，归纳起来主要有以下三种类型。第一类为无机盐垢，如 $CaCO_3$，$CaSO_4$，$BaSO_4$ 等。尤其是在含有二氧化碳的油气井中，当含有较多的 Ca^{2+}时，会形成 $CaCO_3$ 垢沉积于钢管的内壁。第二类为腐蚀产物，如 $FeCO_3$，FeS，Fe_2O_3 等。第三类为细菌的沉积物等。因细菌适宜生长的温度为 30～50℃，沉积物在管壁的分布不均匀，会引起局部腐蚀[14]。

沉积物腐蚀实际上是一种缝隙腐蚀，所以沉积物腐蚀机理就是缝隙腐蚀机理，可以用闭塞腐蚀电池理论解释沉积物腐蚀产生的原因。假设集输管线在一些部位形成垢层与基体间的缝隙，就形成了如图 1-14 所示的具有自催化作用的闭塞腐蚀电池，缝隙内与缝隙外形成氧的浓度差异，缝隙内发生铁的溶解反应，缝隙外发生氧的还原反应，随着缝外阴极区氧的还原反应不断地进行和缝内 OH^-与 Fe^{2+}的不断结合，铁的溶解速率加剧，形成了不间断的腐蚀。

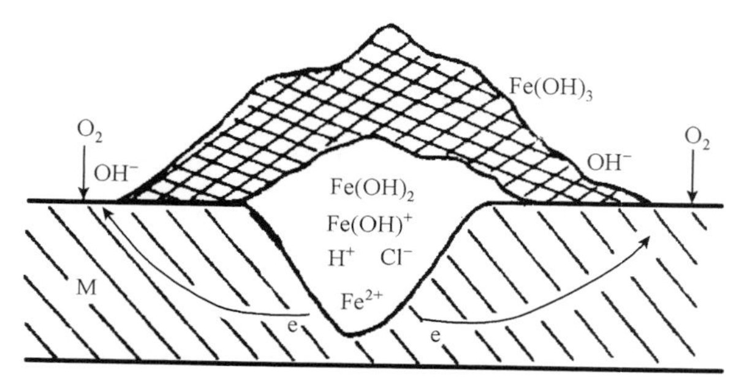

图 1-14　沉积物腐蚀原理

在油气田生产各个过程中的设备及管道很容易满足沉积物腐蚀发生的条件和时间，尤其是油气集输系统更容易结垢。发生沉积物腐蚀的条件之一是在金属表面形成具有一定缝隙的垢，随着温度及 pH 的升高，结垢趋势增大。通常，管内壁沉积与附着的垢层不牢固、不均匀，在一定条件下（如水的冲击等）某些部位会产生裂缝和间隙。发生沉积物腐蚀的条件之二是介质中存在侵蚀性的阴离子和氧化剂。油水系统普遍含有浓度较高的 Cl^-，而且注水系统中经常会引入溶解氧。油田注水系统表面上看是一个无氧的体系，但有些生产过程中不可避免地要引入溶解氧，如油田生产过程中可能需要盐水扫线，这样系统中就会引入氧，从而符合发生沉积物腐蚀的条件。盐水扫线工艺中，引入的溶解氧是引发频繁腐蚀刺漏的主要原因。一般沉积物腐蚀在 3～24 个月内可导致 3mm 厚的钢板穿孔。

结垢的部位也与集输管线的高程差有关，在管线处于爬坡段时，固体悬浮物最容易沉积，从而导致沉积物腐蚀；而水平段则次之，下坡段则结垢最少。由于悬浮物与铁锈结合，最终在管线底部形成了具有一定厚度的沉积垢。油气田的生产实践充分证明，在集输管线的上坡段经常会发生管道的沉积物腐蚀穿孔。

可以根据相关理论对油气田系统的结垢趋势进行预测，从而预防结垢[15]。

4. 多相流腐蚀

多相流腐蚀就是金属材料表面与腐蚀流体冲刷的联合作用而引起材料局部的金属腐蚀，它是在力学和化学协同作用下所发生的多相流冲刷腐蚀。根据力学和化学相对支配作用的强弱程度，可将多相流腐蚀分为三种不同类型：①冲刷腐蚀，由多相流体的力学作用导致金属表面材料的损失和减薄；②流动促进腐蚀，主要是流动促进反应介质或腐蚀产物传质速率加快或金属表面腐蚀速率加快等导致材料表面的快速腐蚀；③冲蚀，主要是多相流力学冲刷作用造成腐蚀产物膜的破坏，从而促进材料表面快速腐蚀。这种腐蚀破坏广泛存在于含硫化氢/二氧化碳/卤水/砂多相流的油气生产系统中。在发生这种腐蚀时，金属离子或腐蚀产物因受高速腐蚀流体冲刷而离开金属材料表面，使新鲜的金属表面与腐蚀流体直接接触，从而加速材料的腐蚀过程。

多相流腐蚀多发生在油气田管道的拐弯处及流体进入管道或储罐处。另外，金属表面成膜的特征也可以影响冲蚀速率。硬的、致密的、连续的、黏附性强的膜冲蚀速率小，反之则大。例如，某油田集输管线地面弯头出现严重腐蚀破坏，如图1-15所示。经研究发现，弯头处流态复杂，流速流向发生变化，形成急速湍流。湍流增加了一个流动介质对金属表面的切应力，高的切应力把已经形成的局部腐蚀产物剥离、携走，从而使新裸露表面再产生新的腐蚀；如果流动介质中含有液珠或固体颗粒，还会使切应力的力矩增强，使金属表面多相流腐蚀更加严重。

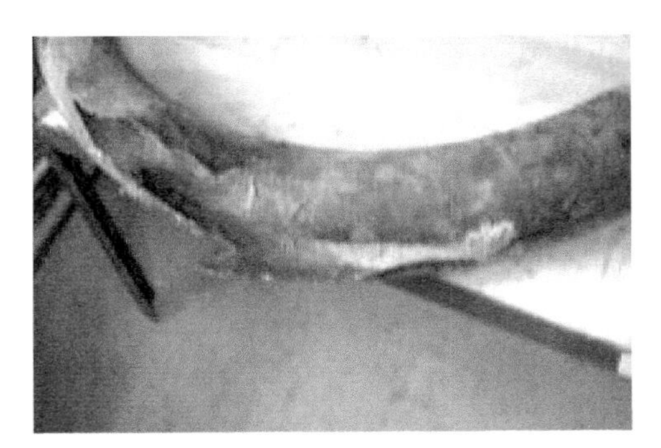

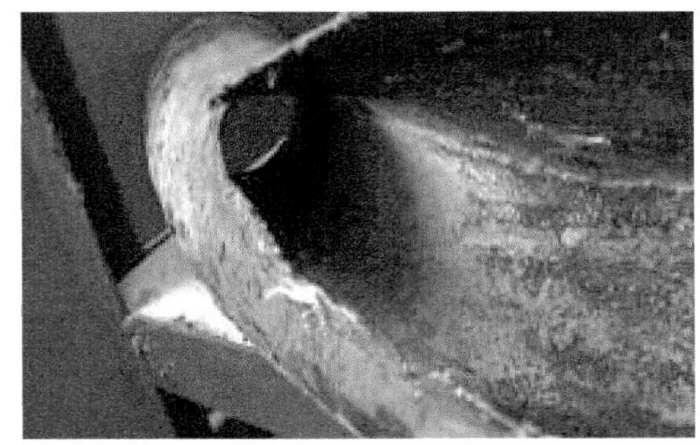

图1-15　油田地面集输管线弯头处的严重多相流腐蚀破坏

当油-气-水-固多相共存时，材料及设备的多相流腐蚀的影响因素极其复杂，主要影响因素包括流速、流型和流向。一般说来，流体的流动速率越高，流体中悬浮的固体颗粒越多、越硬，多相流腐蚀速率越快。腐蚀介质流动速率又取决于流型：层流时，由于流体的黏度，在沿管道截面有一种稳态的速率分布；湍流时，破坏了这种稳态速率分布，这不仅加速了腐蚀剂的供应和腐蚀产物的迁移，而且在流体与金属之间产生切应力，能剥离腐蚀产物，从而加大了冲蚀速率。在油井出砂量大的区块多相流腐蚀更为明显。在流速低的情况下，砂在重力情况下沉积于管线的底部。随着油气压力时大时小、时快时慢的脉动，采出液不停地冲刷管线的底部，形成多相流腐蚀，从而加剧了管线的腐蚀穿孔。当流动方向改变时，流型往往也发生变化，由于管线内部不同部位的流型不同，多相流腐蚀往往发生在管线中某些特定的部位。目前对油气田多相流腐蚀各种因素的研究非常有限，特别是对油-气-水三相以上共存的流型知之更少，这方面有大量的研究工作要做。国际上有许多研究机构，如英国石油公司、美国壳牌（Shell）公司、美国塔尔萨（Tulsa）大学和俄亥俄（Ohio）州立大学等都在积极开展有关的研究工作。

不同的流型具有不同的腐蚀机理，很难用一个简单的物理模型来对所有多相流腐蚀行为进行描述。总之，多相流冲刷腐蚀的机理可以用流体的力学作用对材料造成损伤的机理或流体的力学作用加速材料表面的腐蚀过程的机制来进行描述。

抑制或减少多相流腐蚀的措施是：选择耐蚀性和耐磨性好的材料；改变腐蚀环境如添加缓蚀剂，过滤悬浮固体粒子，降低温度，减小流速和湍流；采用牺牲阳极的阴极保护等。

5. 电偶腐蚀

油气田设备及材料使用的复杂性常常不可避免地发生电偶腐蚀。当两种不同金属或合金相接触并放入电解质溶液中或在自然环境中，由于两种金属的自腐蚀电位不等，原自腐蚀电位较负的金属（电偶对阳极）腐蚀速率增加，而电位较正的金属腐蚀速率减小，这就是电偶腐蚀。

电偶腐蚀存在于油气田的工业装置和工程结构中，它是一种最普遍的局部腐蚀类型。油气田或化工生产中发现，使用的加热炉或换热器常常发生比较严重的腐蚀，其腐蚀机理即为电偶腐蚀[16]。原来很多加热炉或换热器的管束材料多使用铜管，而管板材料为碳钢，并以海水作冷却剂。尽管为了防止碳钢管板发生电偶腐蚀，使用环氧涂料对其进行了保护，但实际使用不到 1 年，碳钢管板腐蚀深度已经达到 3～4mm。其腐蚀原因是，冷却水的冲刷使碳钢管板上的涂料不断脱落，碳钢和铜形成的电偶使碳钢管板发生严重的电偶腐蚀，电偶腐蚀产生的残渣已经堵塞了铜管，如图 1-16 所示。

图 1-16　油田换热器管板处发生的电偶腐蚀

有时两种不同的金属虽然没有直接接触，但在意识不到的情况下也有引起电偶腐蚀的可能。例如，循环冷却系统中的铜零件，由于腐蚀下来的铜离子可通过扩散在碳钢设备表面上沉积，沉积下的疏松的铜粒子与碳钢之间便形成了微电偶腐蚀电池，结果引起了碳钢设备严重的局部腐蚀。这种现象起因于构成了间接的电偶腐蚀，可以说这是一种特殊条件下的电偶腐蚀。

影响电偶腐蚀的因素较复杂。除了与接触金属材料的本性有关外，还与其他因素，如面积效应、极化效应、溶液电阻等有关。其中比较重要的因素是偶接金属材料的性质与阴、阳极的面积比。

6. 应力腐蚀[17]

应力腐蚀是指金属或合金在腐蚀介质 Cl^-、H_2S 等作用下与拉应力协同作用，引起金属或合金破裂的现象。油气田中油管的应力包括以下两类：

（1）设计使用应力，如轴向拉应力、内压引起的周向应力和径向应力。

（2）异常局部应力，设计使用中未考虑到的应力，它常是造成应力腐蚀的主要因素。

从应力作用下的腐蚀来看，应力腐蚀的特征是形成腐蚀-机械裂纹。这种裂纹不仅可以沿着晶间发展，而且也可以穿过晶粒。由于裂纹向金属内部发展，使金属或合金结构的强度大大降低，且拉应力促使金属保护膜破坏和腐蚀，并促使已产生的裂纹进一步扩大，所以拉应力是最危险的。因此，应力的拉伸分量值是油管工作能力的基本判定依据。

7. 空泡腐蚀

空泡腐蚀指流体介质在高速流动时，由于气泡的产生和破灭，对所接触的结构材料产生水锤作用，其瞬时压力很大，能将材料表面上的腐蚀产物保护膜和衬里破除，使之不断暴露新鲜表面而造成的局部腐蚀破坏。

空泡腐蚀又称为空穴腐蚀或气蚀，是电化学腐蚀和气泡破灭的冲击波对金属结构表面联合作用所产生的。该类腐蚀多呈现蜂窝状形态。

8. 海洋生物污损与腐蚀

海洋环境中存在着多种生物，与海洋污损和腐蚀关系较大的有附着生物。最常见的附着生物有两种：硬壳生物（软体动物、藤壶、珊瑚虫等）和无硬壳生物（海藻、水螅等）。海洋生物对腐蚀的影响很复杂，一方面，海洋生物的附着减少了结构物与氧的接触，减轻了海水的冲击，从而减轻了腐蚀；另一方面，海洋生物的附着并非完整均匀，内外易形成氧浓差电池，局部改变了海水介质的成分，造成富氧或酸性环境等，同时附着生物穿透或剥落破坏金属表面的保护层和涂层，造成腐蚀加重。所以，基本上可以这样认为，海洋生物的附着减少了全面腐蚀，增加了局部腐蚀。

1.2.3 油气田腐蚀及其控制是一个系统工程

油气田系统的腐蚀与防护是一项长期性、连续性的工作，要贯穿于油气勘探、钻井、油气处理、油气储运、油气运输、石油炼制等所有环节。如果不从长期性观念去对待油气田的腐蚀与防护，则由油气田腐蚀引发的设备失效就不可避免，这方面的经验教训是深刻的。1996 年，作者曾在我国西部某大型油气田开发初期监测了油田井下油套管及地面集输管线等设备的腐蚀速率，当时监测的数据表明，各项腐蚀速率均低于国家有关标准，在该油田是否要进行深入的防腐工作这一问题上意见没有统一，当时对防腐工作的忽略导致十几年后该油田发生严重的设备腐蚀。这是因为油气田开发初期综合含水低，地层腐蚀环境还不是特别苛刻，故腐蚀速率较低，但油气田开发一段时间后，随着综合含水率的增加或采油工艺的改变，油井井下采油工具、下井管柱的腐蚀日益严重，设备的腐蚀速率也急剧增加。

因此油气田防腐工作必须“长期抓、系统抓、抓系统”，才能最终抑制油气田设备的腐蚀。例如，随着油气田生产的不断进行，含水量不断增加，设备老化，如果系统中存在高矿化度、CO_2、H_2S 等并存的恶劣腐蚀环境，不论是地面还是井下，设备的腐蚀都是很严重的。所以，油气田要开展长期的防腐工作。

首先，树立一个“系统抓、抓系统”的指导思想。所谓系统抓，就是从防腐管理、科技研究、应用推广上系统地开展防腐工作。例如，完善管理体制；建立防腐规章制度、工作规范和标准、检查与考核制度；研究不同腐蚀环境下的腐蚀机理；根据不同的机理对防腐技术进行攻关和推广。所谓抓系统，就是从油气田井下到地面的整个生产系统，围绕每一个生产环节开展防腐工作。例如，油气井井筒→地面集输系统→油气处理系统→污水处理系统→注水系统等各个方面开展系统的防腐处理。

其次，对于油气田系统的腐蚀与防护要深入开展七方面的具体工作，即：①系统研究腐蚀问题——明确腐蚀机理及影响因素；②针对日益突出的腐蚀问题进行防腐技术攻关；③完善系统化的腐蚀监测网络和检测制度；④建立防腐蚀操作规程、技术规范和评价体系；⑤制定适应油气田不同腐蚀环境的选材手册和防护技术手册；⑥建立油气田腐蚀与防护数据库；⑦建立关键设备剩余寿命评估模型。

只有观念上重视、投入上保证、措施上落实、制度上完善，才能防患于未然，实现油气田系统的腐蚀与防护的最终目标：减缓腐蚀、控制腐蚀、服务生产，确保油气田安全、高效、平稳运行。

1.3　油气田的腐蚀因素

研究油气田设备的腐蚀因素不仅涉及材料的选择，而且还决定着防护措施。影响油气田腐蚀的因素主要有三个，即环境因素、力学因素和材料因素。环境因素主要指地层水环境，包括地层介质中溶解的一些腐蚀性组分；力学因素包括轴向载荷、内外压和振动、屈曲；材料因素包括材料的强度和硬度、组织、纯净度、第二相等。其中地层水环境是影响油气田腐蚀最主要的因素，地层水环境对油气田的腐蚀主要有溶解氧腐蚀、二氧化碳腐蚀、硫化氢腐蚀及细菌腐蚀等，其中最常见和最主要的是二氧化碳腐蚀和硫化氢腐蚀。

油气田地层水四大腐蚀概述类型如下。

1.3.1　溶解氧腐蚀

水是石油的天然伴生物，水中溶解了一定量的氧气，氧气在水中的溶解度是压力、温度和氯化物含量的函数。图 1-17 是水中溶解氧浓度、温度和氯化物浓度的关系曲线。图 1-17 表明，氧在水中的溶解度随溶液温度的升高和矿化度的增加而下降，氧气在盐水中的溶解度小于在淡水中的溶解度。所以氧的腐蚀性受氧浓度、温度、氯离子浓度等因素制约。

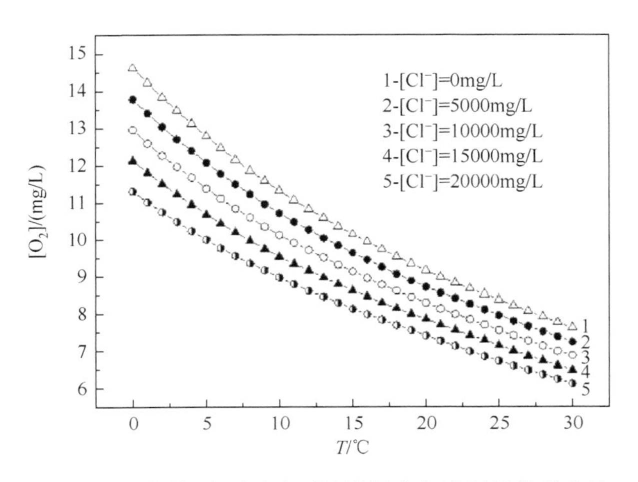

图 1-17　不同氯离子浓度下溶液温度与溶解氧关系曲线

油田水中的溶解氧在浓度小于 1mg/L 也能引起碳钢的腐蚀。碳钢在室温下的纯水中腐蚀速率小于 0.04mm/a，只有轻微的腐蚀。如果水被空气中的氧饱和，腐蚀速率增加很快，其初始腐蚀速率可达 0.45mm/a。几天之后，形成的锈层起了氧扩散势垒的作用，碳钢的腐蚀速率逐步下降，自然腐蚀速率约为 0.1mm/a。这类腐蚀往往是较均匀的腐蚀。而碳钢在含盐量较高的水中则发生局部腐蚀，腐蚀速率可高达 3～5mm/a[18]。

氧对钢铁的腐蚀具有如下特点：

（1）电化学腐蚀。

碳钢在接近中性水溶液中的溶解氧腐蚀主要有四个过程：首先是铁失去电子成为 Fe^{2+}进入溶液（$Fe \longrightarrow Fe^{2+}+2e$）；其次是自由电子从阳极铁素体流入阴极渗碳体；第三是去极化剂溶解氧在渗碳体上吸收电子，阴极反应产物 OH^-进入溶液（$O_2+2H_2O+4e \longrightarrow 4OH^-$）；第四是阴、阳极产物相结合生成 $Fe(OH)_2$ 沉淀，在 pH 高于 4 时即形成 $Fe(OH)_3$。这四个过程中最慢的是溶解氧扩散到阴极的速率，因此溶解氧扩散速率控制了整个过程的腐蚀速率。在上述过程中，溶解氧不仅直接参与了阴极反应，它还可以把 $Fe(OH)_2$ 进一步氧化成 $Fe(OH)_3$，其反应式是

$$Fe(OH)_2+1/4O_2+1/2H_2O = Fe(OH)_3$$

（2）附着铁锈下的氧浓差电池腐蚀。

实际上碳钢表面上的锈层是很复杂的，不是单一的二价或三价的氢氧化物，往往是各种价数的氧化物、氧化物的水合物或氢氧化合物的混合物。在锈层中，外层氧化物中氧含量最高而内层氧化物中氧含量低。在腐蚀过程中，尽管这层腐蚀产物不如钝化膜那样完整和致密，但它毕竟阻滞了氧的扩散速率，降低了腐蚀速率。

（3）氧作为耗氧细菌的原料，使细菌大量繁殖产生腐蚀。

（4）氧与其他腐蚀因素产生协同效应，加速钢铁腐蚀。

在油气田产出水中通常不含有氧或含极微量氧，例如，饱和盐水钻井液中含溶解氧量少，其腐蚀性很弱。但在油气田生产过程中（如注水替油或盐水扫线等），一些设备会接触到含有溶解氧的水，故水中的溶解氧会对金属设备和管道产生腐蚀，尤其是高矿化度地层产出水对金属会产生严重的腐蚀。

碳钢在水中腐蚀，氧浓度和氧扩散速率是整个腐蚀反应速率的控制步骤。光洁的碳钢表面，氧扩散势垒小，因而起始腐蚀速率较高。随着腐蚀过程的进行，腐蚀产物的生成，扩散势垒产生，腐蚀速率则逐步下降，最后达到基本恒定的腐蚀速率。

油田水中的溶解氧是碳钢产生腐蚀的因素，但不是唯一的因素，还有许多其他因素也影响腐蚀速率，因此必须综合考虑油田水质对腐蚀的影响。值得注意的是：对于必须依靠氧化剂钝化的金属以及必须依靠氧化剂起缓蚀效果的缓蚀剂，

溶解氧则是一种防腐剂而不是腐蚀剂。

1.3.2　二氧化碳腐蚀

二氧化碳（CO_2）作为油田伴生气或天然气组分之一，存在于油气藏中。由于 CO_2 溶于原油后会使原油溶胀并使其黏度明显降低，可增强原油流动性并增加原油采收率，因此油田常采用注入 CO_2 技术（即 EOR 技术）驱油，这势必将 CO_2 带入原油的采集系统。CO_2 溶于水对钢铁具有极强的腐蚀性，由此而引起的材料破坏统称为二氧化碳腐蚀。在油气工业中通常将含有 CO_2 的油气井称为甜性气井，将 CO_2 腐蚀称为甜腐蚀（sweet corrosion），这是相对于 H_2S 腐蚀而言的，H_2S 腐蚀称为酸腐蚀（sour corrosion）。

单一的溶解氧腐蚀是全面腐蚀，而含溶解氧的二氧化碳腐蚀既是全面腐蚀，也是局部腐蚀，例如，塔河油田十区由注水替油工艺造成的腐蚀就是溶解氧和其他腐蚀因素（CO_2、H_2S 等）产生的协同作用对管线造成的严重腐蚀。

CO_2 在水介质中能引起钢铁迅速的全面腐蚀和严重的局部腐蚀。CO_2 腐蚀典型的特征是呈现局部的点蚀及半球形深蚀坑。这种腐蚀的穿孔率较高，通常腐蚀速率可达 3～7mm/a[19]，因此在高含二氧化碳的天然气开采与集输中其对金属材料的损害非常大。第 2 章将详细论述油气田二氧化碳腐蚀与防护。

1.3.3　硫化氢腐蚀

硫化氢（H_2S）是油气田生产过程中常见的腐蚀环境。含有硫化氢的油气称为酸性油气，由此引起的腐蚀称为酸腐蚀，又称硫化氢腐蚀。硫化氢腐蚀是油气田四大腐蚀类型之一。钻井过程中遇到酸性油层、硫酸盐还原菌以及钻井液热分解都可能产生硫化氢气体，硫化氢气体一旦释放，其含量就非常大（1000mg/m^3 以上），将造成重大危害。一般来说，石油地层伴生气中硫化氢含量可达 1000～2000mg/dm^3 或更高，主要是由含硫地层的高价硫（如硫酸盐）溶于不含氧的地下水，且其中的还原性有机物（腐植质、沥青、石油等）与高价硫化物相互作用还原成 H_2S；同时地层中存在的硫酸盐还原菌还可将高价硫酸盐还原成 H_2S。此外地层中存在的难溶硫化物在酸性条件下可产生 H_2S。上述各种原因产生的硫化氢既溶于地下水，也溶于油层中，更混合于天然气或石油的伴生气中。由于硫化氢沸点很低，其常以气体形式存在，在钻井过程中遇到酸性地层或酸性钻井液，一有缝隙就流出地面。在钻井完成后产油时，石油一出井口，压力降低，溶在石油中的硫化氢流入空气中会造成极大危害。硫化氢的另一个主要危害是造成油气田设备的腐蚀。硫化氢对油气田设备的危害不在于增加对钢铁的腐蚀速率，而在于加剧钢的渗氢作用，从而导致氢脆，使设备产生硫化氢应力腐蚀开裂，特别是硫化氢存在时会加速原子氢对钢铁设备的腐蚀，使氢脆现象更为严重。

总而言之，油气田 H_2S 腐蚀所造成的危害十分严重，往往造成重大经济损失、环境污染和人员伤亡。随着我国高含硫气田的日益开发，H_2S 腐蚀已成为油气生产和输运过程中急需解决的工程难题。第 3 章将详细论述油气田硫化氢腐蚀与防护。

1.3.4 细菌腐蚀[14]

细菌腐蚀主要是硫酸盐还原菌（sulfate-reducing bacteria，SRB）的腐蚀。SRB 是一种以有机物为营养的厌氧菌，仅在缺乏游离氧或几乎不含游离氧的环境中生存，而在含氧环境中反而不能繁殖生存。SRB 能使硫酸盐还原成硫化物。

$$Na_2SO_4+4H_2 \xrightarrow{SRB} Na_2S+4H_2O$$

硫化物与介质中的碳酸等作用生成硫化氢，进而与铁反应生成硫化亚铁，加速了管道的腐蚀，即

$$Na_2S + 2H_2CO_3 \longrightarrow 2NaHCO_3 + H_2S$$

$$Fe + H_2S \longrightarrow FeS + H_2$$

同时阴极上析出的氢将向金属内渗入，增加设备氢脆破坏的危险性。

随着我国二次采油技术的发展，在绝大多数油田集输系统的油井和注水井中发现有大量的 SRB 存在。SRB 的繁殖可使系统 H_2S 含量增加，腐蚀产物中有黑色的 FeS 等存在，导致水质明显恶化，水变黑、发臭，不仅使设备、管道遭受严重腐蚀，而且还可能把杂质引入油品中，使其性能变差。同时 FeS、$Fe(OH)_2$ 等腐蚀产物还会与水中成垢离子共同沉积成污垢而造成管道的堵塞。此外，SRB 菌体聚集物和腐蚀产物随注水进入地层还可能引起地层堵塞，造成注水压力上升，注水量减少，直接影响原油产量。

SRB 与其他生物一样受环境因素的制约，有利的环境可刺激细菌生长繁殖，而不利的环境则抑制其生长或引起变异，甚至死亡。影响 SRB 生长的环境因素很多，主要包括温度、盐度、氧和 pH。

（1）温度。

与大多数化学反应随温度升高而加速一样，细菌的生长速率在一定温度范围内也随温度的升高而加速，通常温度升高 10℃，细菌的生长速率增加 1.5～2.5 倍。在最低和最高生长温度范围内，细菌能正常生长，超过此范围细菌的生长将受到抑制甚至死亡。SRB 的生长温度，随菌种不同分为高温型和中温型两类，油田最常见的细菌属于中温型。中温型最适宜温度为 30～35℃；高温型最适宜温度为 55～60℃。

（2）盐度。

大多数细菌最适宜生长的盐浓度为0.85%～0.9%，海洋微生物必须在3%～5%的盐浓度中才能良好地生长，而极端嗜盐菌可以在饱和食盐溶液中正常生长。油田水系统中的SRB通常对盐浓度的适应性较强，尽管各油田SRB长期生活在盐浓度有很大差异的环境中，但它们均可在较大的盐浓度范围内生存。

（3）氧。

根据细菌对氧的生理反应，可将细菌分为好氧菌、兼性厌氧菌和厌氧菌三类。厌氧菌又可分为专性厌氧菌和耐氧厌氧菌。氧对专性厌氧菌有毒，此类菌如果置于空气中就会死亡；耐氧厌氧菌置于空气中则不会死亡，但它的生长会受到抑制。一般认为SRB属专性厌氧菌，需要在严格的无氧条件下生长，SRB在空气中暴露会逐渐死亡，然而在未严格除氧的培养液中它们可以存活。尤其是它们能在一个实际有氧而局部无氧的环境中迅速繁殖。

（4）pH。

pH对细菌的生命活动影响很大，细菌在一定酸碱度的环境中才能正常生长繁殖。每一种细菌生长繁殖所能适应的pH都有一定的范围，即最低pH、最适宜pH和最高pH。在最低和最高的pH环境中，细菌尚能生存和生长，但速率缓慢且容易死亡。SRB生长活动的pH范围较宽，一般在5.5～9.0之间，最适宜pH为7.0～7.5。

在油气田生产系统中，为了防止微生物对管道、设备的腐蚀以及产生污泥堵塞等问题，必须采取相应的措施。目前在控制SRB腐蚀方面做了大量的工作，概括起来有以下几种：

（1）改变介质条件。突然改变SRB所处的环境条件，使细菌无法适应变化较大的某种环境，就能杀死细菌或使其生长繁殖受到抑制。例如在油田注水系统中，周期性地注入60℃的高温水和高矿化度水或适当调节pH都可以抑制SRB的生长繁殖甚至导致其死亡。

（2）投加化学杀菌剂。防止微生物生长，最容易实行且行之有效的方法是投加化学杀菌剂。对SRB有较好杀灭作用的几类杀菌剂有：醛类化合物、季铵盐化合物、氰基类化合物和杂环类化合物。值得注意的是，在使用某种杀菌剂时，除了通常考虑的药效、毒性、价格、原料来源、安全性和储存稳定性等因素外，还应结合油田水质、SRB生长环境以及油田所用缓蚀剂、阻垢剂、破乳剂等药剂的配伍性。此外，还应考虑现场使用时，药剂被介质中各种悬浮物、沉淀物等吸附的可能性。

（3）实施阴极保护。对于钢材来说，在SRB存在的条件下，控制其电位比普通保护电位低–0.10V，就有较明显的保护效果。

（4）深层保护。选用合适的耐腐蚀的金属或非金属材料涂覆钢铁表面使其与介质隔离，尽管这一方法不能控制介质中 SRB 的生长繁殖（除非在涂料中添加缓释型杀菌剂），但只要涂层完整就能使钢铁设备免遭 SRB 腐蚀。

（5）生物抑菌法。生物法抑制 SRB 是一种较新的技术，主要利用油井中的有益微生物（反硝化细菌）抑制油井中有害微生物（SRB）的生长，从而达到防腐的目的。利用有益菌的生长竞争优势抑制有害菌繁殖的生物防腐法，可以避免传统的化学法和物理法防腐成本较高、杀菌时效低、作用距离有限等弊端，有效改善油井井筒腐蚀环境，从而达到缓减腐蚀的目的。

1.4　油气田设备腐蚀速率指标

金属腐蚀速率是表示金属全面腐蚀强度的定量指标，它常用三种方法表示。一种是用试样在单位时间、单位面积的质量变化来表示金属的腐蚀速率，称为重量指标（$r_{失}$），其基本计算公式如下：

$$r_{失}=\frac{m_0-m_1}{S\cdot t}=\frac{\Delta m}{S\cdot t} \tag{1-1}$$

式中：$r_{失}$ 为腐蚀速率[g/（$m^2\cdot h$）]；m_0 为试样腐蚀前的质量（g）；m_1 为试样清除腐蚀产物后的质量（g）；S 为试样表面积（m^2）；t 为腐蚀时间（h）。我国选定的非国际单位制的时间单位除了上面所用的小时（h）外，还有天，符号为 d（day）；年，符号为 a（annual）。因此，以质量变化表示的腐蚀速率的单位还有 kg/（$m^2\cdot a$），g/($dm^2\cdot d$)，g/($cm^2\cdot h$)和 mg/($dm^2\cdot d$)。有些文献用英文缩写 mdd 代表 mg/($dm^2\cdot d$)，用 gmd 代表 g/（$m^2\cdot d$）。由式（1-1）可知，重量法求得的腐蚀速率是全面腐蚀的平均腐蚀速率，它不适用于局部腐蚀的情况，而且该式没有考虑金属的密度，所以，不便于相同介质中不同金属材料腐蚀速率的比较，这些是重量指标的缺陷。

另一种是每年金属厚度的损失，也就是每年减薄了多少（mm/a），称为深度指标（$r_{深}$）。工程上，腐蚀深度或构件腐蚀变薄的程度直接影响该部件的寿命，更具有实际意义。深度指标常常用来判定工业设备（特别是管道）的使用寿命，使用深度指标评价金属的腐蚀速率极为方便。

重量指标与深度指标的换算关系为

$$r_{深}=8.76\cdot\frac{r_{失}}{\rho} \tag{1-2}$$

式中：8.76 为单位换算系数；$r_{深}$ 为以深度指标表示的腐蚀速率（mm/a）；$r_{失}$ 为以重量指标表示的腐蚀速率[g/（$m^2\cdot h$）]；ρ 为金属的密度（g/cm^3）。显然，知道了金属的密度，即可以将腐蚀速率的重量指标和深度指标进行换算。

第三种是用电流密度指标（i_{corr}）表示金属的腐蚀速率。对于发生电化学腐蚀的金属来说，常常用电流密度指标来表示金属的腐蚀速率。

对于全面腐蚀来说，整个金属表面积 S 可看成阳极面积，故腐蚀电流密度 $i_{corr}=I/S$。因此可由式（1-3）求出腐蚀速率 $r_{失}$与腐蚀电流密度 i_{corr} 间的关系：

$$r_{失}=\frac{\Delta m}{S\cdot t}=\frac{M}{n\cdot F}i_{corr} \tag{1-3}$$

式中，M 为金属的相对原子质量；n 为电极反应方程式中的得失电子数；F 为法拉第常量。上式表明，腐蚀速率与腐蚀电流密度成正比。因此可用腐蚀电流密度 i_{corr} 表示金属的电化学腐蚀速率。若 i_{corr} 的单位取 $\mu A/cm^2$，金属密度 ρ 的单位取 g/cm^3，则以不同单位表示的腐蚀速率为

$$r_{失}=3.73\times10^{-4}\times\frac{M\cdot i_{corr}}{n}\,[g/(m^2\cdot h)] \tag{1-4}$$

以腐蚀深度表示的腐蚀速率与腐蚀电流密度的关系为

$$r_{深}=\frac{\Delta m}{S\cdot t\cdot\rho}=\frac{M\cdot i_{corr}}{n\cdot F\cdot\rho} \tag{1-5}$$

必须指出，金属的腐蚀速率一般随时间而变化，例如金属在腐蚀初期的腐蚀速率与腐蚀后期的腐蚀速率是不一样的（图 1-18）。重量法测得的腐蚀速率是整个腐蚀实验期间的平均腐蚀速率，而不反映金属材料在某一时刻的瞬时腐蚀速率。通常用电化学方法（如极化电阻法、线形极化法等）测得的腐蚀速率才是瞬时腐蚀速率。瞬时腐蚀速率并不代表平均腐蚀速率，在工程应用方面，平均腐蚀速率更具有实际意义。平均腐蚀速率（r）和瞬时腐蚀速率（i）既有区别，又有一定的联系，即

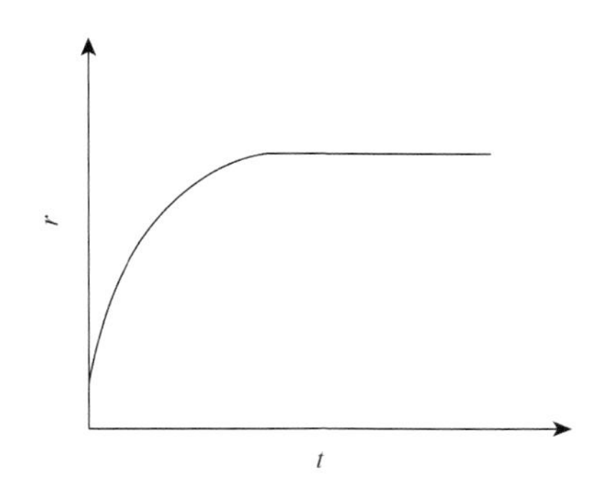

图 1-18　金属腐蚀速率随时间的变化

$$r=\frac{\int i\cdot dt}{t} \tag{1-6}$$

腐蚀实验时，应清楚腐蚀速率随时间的变化规律，选择合适的时间以测得稳定的腐蚀速率。

油气田中使用的关于设备腐蚀和控制的规范和标准中都使用腐蚀速率，一般标准规定 0.1mm/a 以下为合格，如果设计腐蚀裕量为 3mm，这一腐蚀速率表征设备寿命为 30 年。严格标准则规定 0.076mm/a 为合格[20]。因此，在评价油气田设备的腐蚀程度时均直接用金属腐蚀速率这些技术指标。

1.5　我国主要油气田的分布及腐蚀特征

我国是一个油气资源非常丰富的国家，具有很大的勘探潜力。自 20 世纪 50 年代初期以来，我国先后在 82 个主要的大中型沉积盆地开展了油气勘探，发现油田 500 多个。其中石油资源集中分布在渤海湾、松辽、塔里木、鄂尔多斯、准噶尔、珠江口、柴达木和东海陆架八大盆地，其可采资源量 1.8×10^{11}t，占全国的 81.13%；天然气资源集中分布在塔里木、四川、鄂尔多斯、东海陆架、柴达木、松辽、莺歌海、琼东南和渤海湾九大盆地，其可采资源量 $18.4\times10^{12}\text{m}^3$，占全国的 83.64%。从资源深度分布看，我国石油可采资源有 80%集中分布在浅层（<2000m）和中深层（2000～3500m），而深层（3500～4500m）和超深层（>4500m）分布较少；天然气资源在浅层、中深层、深层和超深层分布却相对比较均匀。

由于各油田的地理位置不同，地下产出水的水体性质也不同，腐蚀环境有明显差异，即使同一个油田，不同区、不同地层的水体性质也不同，腐蚀状况和腐蚀因素差别很大。因此只有了解不同油田的腐蚀环境、腐蚀特性、水体性质等，才能提出有效的防腐蚀措施。以下是我国主要油气田的腐蚀环境及腐蚀特征。

1.5.1　大庆油田[21, 22]

大庆油田是我国目前最大的油田，也是世界上累计产油超过 10 亿 t 的 11 个特大油田之一。油田位于黑龙江省西部，松嫩平原中部。由萨尔图、杏树岗、喇嘛甸、朝阳沟等 48 个规模不等的油气田组成，面积约 6000km^2。勘探范围主要包括东北和西北两大探区，共计 14 个盆地 48 个区块，勘探面积 230000km^2。油田南北长 140km，东西最宽处 70km，总面积 5470km^2。1960 年 2 月党中央批准开展石油会战，1963 年形成了 600 万 t 的年生产能力，当年生产原油 439 万 t，对实现中国石油自给自足起到了决定性作用。1976 年原油产量突破 5000 万 t，大庆油田成为我国第一大油田。截至 2004 年年底，大庆油田生产原油 17.74 亿 t，天然气 847.31 亿 m^3，占全国同期陆上石油总产量的 40%以上。曾连续 27 年保持年产原油 5000 万 t 以上。目前，大庆油田采用新工艺、新技术使原油年产量仍然保持在 5000 万 t 以上。

大庆油田是已开发 50 多年的老油田，管道腐蚀、老化严重，性能衰减，进入事故率上升的衰老期，加之大庆油田产能下降，管道输送量逐渐低于设计值，管道实际输送过程中的温降加大，发生凝管等安全事故的倾向增加。另外，由于施工条件和所处地区自然状况的影响，部分管道性能下降严重，腐蚀、泄漏等事故频繁发生，导致管道经常停产抢修，严重影响了管道的安全平稳运行。

过去，大庆油田普遍被认为是低含硫的油田。20 世纪 80 年代以前，伴生气

中基本不含 H_2S。90 年代中期以后，发现大庆长垣老油区的伴生气中含有 H_2S，并且含量略显上升趋势。到 2002 年，油田天然气总外输 H_2S 含量已达 239mg/mL。统计表明，近年来油田外输原油中总硫含量呈明显上升趋势，天然气中 H_2S 含量也在上升。目前，对油田伴生气出现 H_2S 的原因尚未完全搞清楚。由于松辽盆地沉积岩层中不存在硫酸盐地层，部分学者认为其中的 H_2S 是油田注水开发后期微生物还原作用形成的。在 H_2S 含量增加的同时，油田伴生气中的 CO_2 含量也在近 20 年间增加约 10 倍。

大庆油田水型：$NaHCO_3$，总矿化度在 6000～9000mg/L 之间；Cl^-含量在 1600～3500mg/L 之间，pH 8.5～9。水中 H_2S 和溶解氧浓度分别为 15～20mg/L 和 0.5mg/L，注水系统中 SRB 含量很高，有时高达 10^5 个/mL，油田各注水站水质的 SRB 达标率仅为 38%，大多数水质不合格，各主力采油场普遍存在 SRB 超标问题。大量的 SRB 给油田的注水系统带来了严重危害，2004 年 7 月第四采油厂第一油矿杏二联合站由于硫化物问题导致关闭生产井，目前油田受 SRB 和硫化物干扰的处理站多达 38 座。有数据表明，每年管线穿孔次数均在千次以上，呈上升趋势，油田某些电泵井套仅使用 7 年即发生渗漏，而同期水井管套腐蚀的平均年限为 28 年，如果按目前的管道更新速率预测，大庆油田需要更换腐蚀破损管道 4200～4600km，埋地管道的腐蚀形势将更加严峻。

针对大庆油田的实际情况，大庆油田率先探索出了一套新的管道管理模式，即管道完整性管理系统。管道完整性管理系统是一种以预防为主的管理模式，解决了管道最小安全输量计算、管道风险因素识别与评价、管道完整性评价（缺陷检测、评价、修复等）、完整性管理平台等关键技术，为实现管道安全生产管理的程序化、标准化和科学化，更新管理理念、改变传统生产管理模式、提高管理水平奠定了基础，大大缩短了油田长输管道与国内外大型管道企业的管理差距。管道完整性管理系统已成功用于庆哈输油管道，并达到了预期效果。

1.5.2 胜利油田[23]

胜利油田地处山东北部渤海之滨的黄河三角洲地带，主要分布在东营、滨洲、德州、济南、潍坊、淄博、聊城、烟台等 8 个城市的 28 个县（区）境内，主体位于黄河下游的东营市。1961 年 4 月 16 日在这里打出了第一口工业油流井——华八井，日产油 8.1t。华八井是胜利油田乃至整个华北油区的第一口发现井。它的钻探和试油的成功，实现了华北盆地早期找油的新突破，进而引出了华北石油大会战，从此揭开了华北油区大规模石油勘探开发会战的序幕，是对全中国石油勘探事业具有里程碑意义的重大事件。从此，胜利油田正式投入勘探开发。胜利油田的开发标志着我国原油生产进入了一个全新的时期，在当时的情况下我国的原油生产满足了国内的需要，不再需要从国外进口原油，不再受美国等西方列强对中国经济的封锁，它的开发意义是非常巨大的。

1962 年 9 月 23 日，东营地区营 2 井获日产 555t 的高产油流，这是当时全国日产量最高的一口油井。胜利油田一直为中国第二大油田。这一发现为相继发现大港、华北、冀东、中原等大油田奠定了基础，是我国石油工业发展的重要里程碑。

胜利油田是一个地质条件复杂，含油层系多、储层种类多、物性变化大、油藏类型多的复式含油盆地。随着胜利油田开发的不断深入，原油生产已经进入特高含水生产期，综合含水已达 91%，部分主力油田已超过 94%。胜利油田采出水总矿化度较高，一般在 15000～200000mg/L 之间；Cl^-：14000～128000mg/L。水型：$CaCl_2$、$NaHCO_3$。pH 7.0～7.5，H_2S 浓度为 1～5mg/L，开式水处理系统中一般溶解氧的浓度为 0.5～2.0mg/L，水的腐蚀性很大。

高矿化度和强腐蚀性的污水是造成管道容器腐蚀破坏的主要因素之一。易产生水垢的离子多，还有溶解氧、CO_2、硫化物等腐蚀性介质和大量的 SRB、TGB（腐生菌）细菌以及泥沙，致使高含水集油管、污水处理及回注系统管道腐蚀、结垢、磨蚀严重，管道平均腐蚀速率为 1～1.7mm/a。油田采出水及回注系统管道内腐蚀以点蚀破坏为主，尤其是管道底部、管件流速变化处。与此同时，进入特高含水期后，随着提液量加大，采出砂对集输管道的磨蚀破坏也日趋严重。在强腐蚀区新建的钢管道，由于内外腐蚀因素的作用，3～6 个月就开始穿孔，6～12 个月就要大修，1～2 年就报废重建。胜利油田已经建成 20000km 的埋地管道，随着油田综合含水率的增加，集输管网的运行温度也在逐步上升，加剧了管道腐蚀。每年腐蚀的管道需要更换的资金达上亿元，使油田运行成本增加，造成巨大的经济损失。

1.5.3　辽河油田[24]

辽河油田主要分布在辽河中上游平原以及内蒙古东部和辽东湾滩海地区，油田矿区大部分位于盘锦市。现已开发建设 26 个油田，建成兴隆台、曙光、欢喜岭、锦州、高升、沈阳、茨榆坨、冷家、科尔沁等 9 个主要生产基地，地跨辽宁省和内蒙古自治区的 13 个市（地）35 个县（旗），总面积 10 万平方千米。1955 年，辽河盆地开始进行地质普查，1964 年钻成第一口探井，1966 年钻探的辽 6 井获工业油气流，现已建成了中国第三大油田——辽河油田和全国最大的稠油、超稠油、高凝油生产基地。目前，辽河油田原油外输已基本上实现管道输送的方式，较大的外输管道有：盘-锦输油管道，管道全线采用特加强级石油沥青防腐，无保温层；坨-鞍输油管道；沈-抚输油管道和锦采-石化总厂输油管道。

辽河油田自开发以来，由于油层埋藏深，地层产出水矿化度高，在 1000～

26800mg/L 之间；Cl^-：100～1300mg/L。水型：$NaHCO_3$，且水中含有一定量的 H_2S、CO_2 酸性气体，原油组分中的环烷酸高。从以往管道历次大修的情况看，辽河油田外输管道的腐蚀主要为外腐蚀，管道漏点全部为管道外壁局部腐蚀，穿孔点位于腐蚀区域内，腐蚀区域及漏点分布与管道外腐蚀环境有关。但是，随着蒸汽辅助重力驱油（steam assisted gravity drainage，SAGD）采油技术的应用，综合含水不断上升，硫化氢含量不断升高，腐蚀日趋加剧。SAGD 采油技术产出液具有高温特性（180℃），产出液温度相对较高，高温条件下，原油中的水、溶解氧、氯离子、硫化氢等成分，在温度、压力、流速等多元因素影响下，能够使管道内壁遭受化学和电化学腐蚀，局部腐蚀给设施带来严重危害。

目前，辽河油田相关采油生产单位部分油井中发现了硫化氢气体，个别油井硫化氢最高浓度已超过 $20000mg/m^3$，远远大于空气中硫化氢的阈值 $10mg/m^3$。2006 年对辽河油田 7 个采油厂部分生产井进行了硫化氢含量的普查，共计检测 6635 口井 41021 井次。其中含硫化氢生产井 3169 口，硫化氢含量超标井 2056 口，单井硫化氢含量最高达到 $10000mg/m^3$。分析表明，辽河油田硫化氢含量升高的原因主要有：原油中硫醇、硫醚等有机硫化物在高温下反应生成硫化氢；地层中含硫矿物在高温下反应生成硫化氢；地层水中硫酸盐还原菌在油层条件下将硫酸盐还原成硫化氢。高温蒸汽作用下，油藏中的硫化物极易发生化合作用生成硫化氢，且硫化氢伴随着原油从井底流到地面，并从原油中释放出来。

1.5.4 克拉玛依油田[25, 26]

克拉玛依（新疆）油田坐落在天山北部准噶尔盆地，是新中国成立后开发建设的第一个大油田，隶属于中国石油天然气股份有限公司。克拉玛依油田原油产量连续 25 年保持稳定增长，居全国第四位。2002 年原油年产突破 1000 万 t，成为中国西部第一个千万吨大油田。截至 2006 年，克拉玛依油田原油集输管道近 9000km，注水管道 5000km，稠油热采注汽管线 454km，压力容器 900 余座，原油罐 500 余座。原油长输管道 26 条，总长 1569.78km，输气管道 31 条，管线长度 1292.3km。输油泵站 17 座（中间站 16 座），储油罐 144 座。

1962 年克拉玛依油田建成了全国第一座阴极保护站，截至 2003 年，创出了国内第一条长输管道克-独输油管线 40 年无大修的佳绩；彩-石-克天然气长输管道，应用了独立的燃气发电（TEG）阴极保护技术，实现了长输管线外加电流阴极保护系统的无人值守，居于国内领先水平。

克拉玛依油田腐蚀环境：水型，$NaHCO_3$、$CaCl_2$；总矿化度，7000～49000mg/L；Cl^-，200～20000mg/L，含有较高浓度的 CO_2 和 H_2S；属于腐蚀性较强的油气环境。

与东部油田相比，克拉玛依油田具有气候多变、地下水位高、土壤盐碱含量大、腐蚀机理复杂，油藏采出液性质特殊，沙漠地形起伏大等特点。加上油田开发历史跨度长，防腐技术混杂，新老设备和管线交织，造成油气水管线、工艺设备、井下管柱的腐蚀非常严重，普通油管在注水井使用 4 年以上基本不能再用，提出的油管存在大面积点蚀、缺口、穿孔等现象。克拉玛依油田部分区块的原油多为稠油和含蜡油，易结蜡，影响输送效率。注水管线所输水介质往往对管线内壁产生腐蚀和结垢现象，导致管线腐蚀穿孔或管径变窄，输送能力下降（如彩南、石西及牙哈油田曾先后多次出现管线内腐蚀穿孔事件）。克拉玛依油田的稠油热采也导致了集输、注汽管线热腐蚀严重，保温层损害严重，极大地影响了稠油开发效益。

1.5.5　西南油气田[27]

西南油气田是位于中国西南以四川盆地为中心的油气产区，是一个以天然气为主、石油为辅的资源开发区。始建于 1950 年 7 月，至今已有 60 年的历史。目前生产天然气产量占全国总产量近一半，是我国第一大气田。现辖重庆、蜀南、川中、川西北、川东北五大油气区。

截至 2013 年，西南油气田有气田 125 个，油田 12 个，共有气井 1600 多口，集输管线超 3000km，涵盖非酸天然气、含 CO_2 天然气、中低含硫天然气、高含硫天然气。经过多年的实践，初步形成了地面集输管道管材优选、缓蚀剂及加注配套技术，高含硫气田腐蚀控制及监/检测技术，基本满足了油气田生产和安全需要。但也面临着一些问题，例如川西气田地面集输管道服役时间长，腐蚀控制手段相对差，存在安全风险；川西海相气田人口密集区防腐工艺选择；高含硫气田集输系统单质硫腐蚀防治等均需要开展相关的研究和优化。

西南油气田是我国典型的高酸性气田（含硫气田），H_2S 含量高达 15%，而且是 H_2S 和 CO_2 相互伴随的油气田。以气、液、固所形成的多相腐蚀介质产生的腐蚀是西南油气田的主要特征。①液相腐蚀主要指溶有 H_2S、CO_2、O_2 等气体的地层水对油井套管的腐蚀，水型 $CaCl_2$。由于产生腐蚀作用的液体为多相形态，因而井下油管的腐蚀也是多种腐蚀介质共同作用的结果。②固相腐蚀介质主要指剥落的腐蚀产物膜、单质硫、钻井后残留铁屑、地层颗粒以及气井增产改造过程中支撑剂等固相颗粒对油套管表面的腐蚀。该类腐蚀主要体现为力学腐蚀，即冲刷腐蚀。③气相腐蚀介质指以产出气为主的气体。正是由于气田管道中气、液（地层水或水合物）、固多相流的同时存在，井下 H_2S、CO_2 等流体的电化学腐蚀和流体冲刷腐蚀共同存在。

元坝气田是我国首个超深、高含硫生物礁大气田，是迄今世界上地质埋藏最深、开发风险最大、建设难度最大的高含硫化氢气田。“十二五”以来，元坝等酸性气田投入开发，对腐蚀与防护工作带来更大的挑战。

1.5.6 华北油田[28]

华北油田公司机关位于河北省中部冀中平原的任丘市，包括京、冀、晋、蒙区域内油气生产区，是我国一个大型石油天然气田。1975年，冀中平原上的一口探井任4喷出日产千吨高产工业油流，发现了我国最大的碳酸盐岩潜山大油田任丘油田。华北油田在冀中和内蒙古两大油气生产基地共拥有53个油气田，油气集输管线超3000km，年原油生产能力超450万t，天然气生产能力超6亿m^3。

华北油田水型以$NaHCO_3$和$CaCl_2$为主，其次为Na_2SO_4和$MgCl_2$水型。总矿化度在（0.55～11.6）×10^4mg/L；Cl^-：490～11000mg/L，均占总矿化度的56%以上。华北油田腐蚀环境主要是高CO_2，例如潜山构造中伴生气的CO_2高达42%，这主要是由于华北油田油藏类型多、结构复杂，造成不同类型油藏水质相差较大，即使同一断块不同产层水质也不同，由此造成不同断块、不同油层的产出液对油井生产设备的腐蚀、结垢程度不同。华北油田油井水质差别较大，对油气田设备的腐蚀有3个特征：①游离CO_2的存在增大了油井生产设备腐蚀。华北油田油井产出液中游离CO_2含量相差较大，为0～200mg/L。油井采出水中游离CO_2含量对腐蚀影响较大，腐蚀速率均随CO_2浓度增加而增大。②含水升高，腐蚀加剧。华北油田腐蚀结垢严重的油井平均含水率高达88.6%，随着油井含水率升高，油气田设备工作环境发生改变，产出液由油包水型转变为水包油型，失去了原油的润滑作用，导致设备的腐蚀加剧。③采出液矿化度高导致电化学腐蚀，随着矿化度增加，易发生垢下腐蚀，形成点蚀坑。水质的差异也导致油井腐蚀、结垢差异较大。

1.5.7 大港油田[29]

大港油田总部位于天津市滨海新区，其勘探地域辽阔，包括大港探区及新疆尤尔都斯盆地，总勘探面积34629km^2。勘探开发建设始于1964年1月，现已开发建设了21个油气田，形成了年生产原油430万t、天然气3.6亿m^3生产能力和250万t原油加工能力。在全国陆上21个油气田中，按原油产量计算列第6位。

大港油田属于低硫油田。天然气主要以储气为主，如沙河街、明化镇等层位。在发现古潜山构造之前，大港油田天然气中基本不含硫化氢，但随着千米桥潜山的勘探和开发，近十年来大港油田这个开采了近半个世纪的老油田，却时时被H_2S困扰着，从1999年的乌深I到现在已经有数十口井出现过H_2S。马家沟地层含有H_2S，在潜山马家沟构造上先后有板深4、板深6和乌深I出现了H_2S。大港南部油田回注水具有硫化氢和二氧化碳含量较高、矿化度高等特点，且部分区块污水中钙、镁离子含量高，注水系统腐蚀结垢严重，现场挂片腐蚀速率在0.5～2.0mm/a

之间，远大于石油行业所规定的 0.076mm/a 的标准[20]，管线穿孔漏失频繁，平均漏失率为 0.14 次/（月 · km）。大港油田典型污水的矿化度基本上在 20000～46000mg/L 之间，水型 $NaHCO_3$、$CaCl_2$。污水温度在 50～68℃之间，污水中硫化物浓度较高，在 5mg/L 以上，均超过注水水质指标规定的 2.0mg/L，同时，污水中 SRB 含量超标严重，在腐蚀过程中 SRB 以 SO_4^{2-} 为底物，还原成 H_2S，使液体酸性有所升高，而且 SRB 同时参与生物化学腐蚀，其中 SO_4^{2-} 浓度的大小也是 SRB 生长的主要因素之一。

大港油田腐蚀环境曾出现过油井杆管偏磨、腐蚀结垢等问题，致使躺井率和杆管报废率高，为此大港油田于 2011 年年底开始规模推广应用内衬油管技术，在部分井下入内衬油管，有效治理了腐蚀、结垢问题。

1.5.8 中原油田[10, 30]

中原油田油气勘探区域主要包括东濮、内蒙古、普光三大地区，共有 33 个探矿权区块（含 10 个合作区块），分布在东濮凹陷及外围盆地，四川达州-宣汉，内蒙古白音查干凹陷、查干凹陷、冀北及二连盆地等新区，探矿权面积 5.37 万 km^2。中心地区在河南省濮阳市，面积约 5300km^2。截至 2012 年年底，累计探明石油地质储量 6.25 亿 t、天然气地质储量 5512 亿 m^3。现已是我国东部地区重要的石油天然气生产基地之一。

中原油田于 1979 年投入开发，是一个多层系、多油藏类型的油田，许多勘探开发属于世界级难题。油田服役环境具有高温（150℃）、高压（60MPa）、高地层水矿化度（80×10^3～140×10^3mg/L）、高含 SRB（一般在 10^2～10^3 个/mL，高的达 10^4 个/mL）、高 CO_2 含量（200～400mg/L）、高 H_2S 含量（0.2～0.25mg/L），油井产出液的 pH 低（5.5～6.0），介质偏酸性，油井产出液介质的上述特点（六高一低）决定了其具有较强的腐蚀性。自投入开发以来，注水井套管存在严重内腐蚀，丝扣腐蚀及本体腐蚀穿孔频繁，严重影响到油气田的正常生产。面对这种情况，中原油田针对高腐蚀性污水（pH＜6、含盐量高、铁离子含量高），推广应用了“水质改性”处理工艺，从源头解决注水管线的腐蚀问题。中原油田采用水质改性技术后，腐蚀速率由 0.1～2.0mm/a 下降到 0.076mm/a 以下。胜利临盘污水处理系统采用水质改性技术，管线使用寿命延长了 1.5 倍，管线的腐蚀穿孔次数比水质改性前减少 40%以上。

位于川东北的普光气田是迄今为止中国南方发现的储量规模最大、埋藏最深、丰度最高的特大型整装海相气田。气田中部的埋深为 5104m，气藏厚度 829m。分析表明，普光气田各气井成分接近，天然气中 CH_4 含量为 75.52%，C_2H_8 含量为 0.11%，H_2S 和 CO_2 平均含量分别高达 15%和 9%[16]，地层水总矿化度 5×10^4mg/L，而且还有单质硫沉积，高含 H_2S 是其重要的特点。地面集输系统压力为 10MPa，温度在 40～60℃之间。高温、高压 H_2S/CO_2 以及单质硫对井下管柱、地面集输设备造成严重腐蚀，诸如油、套管断裂，钎头脆性开裂，井口装置失灵，水套炉、输气支线堵塞，集输管线爆破等事故，严重危害油气田安全生产。目前，$H_2S/CO_2/S$ 共存条件对油气田设备的腐蚀是普光气田腐蚀的主要特征。

1.5.9 吉林油田[31]

吉林油田坐落在吉林省西北部辽阔的科尔沁草原、美丽的松花江畔，北依大庆，南临辽河，横跨长春、松原、白城 3 个地区、20 个县（区）。公司机关设在吉林省西北部的新兴城市——松原市。1959 年在扶余县境内扶 27 井获工业油流，从而发现了吉林省境内的第一个储量超亿吨、全国大型浅油田——扶余油田。1970 年开始全面开发吉林油田，先后发现并探明了 18 个油田，其中扶余、新民两个油田是储量超亿吨的大型油田，油田生产已达到年产原油 350 万 t 以上，形成了原油加工能力 70 万 t 特大型企业的生产规模。

吉林油田随着油田含水量的逐步上升，采油设备和集输管网系统腐蚀、结垢问题时有发生，严重影响油田的高产、稳产，给吉林油田造成严重的经济损失。吉林油田产出水水型 $NaHCO_3$，pH 8，矿化度在 1.3×10^4～2.2×10^4mg/L 之间，与全国其他油田相比属中等含量，但 Cl^-含量高（2089.9～5334.5mg/L），HCO_3^- 含量高，水中溶解氧含量高（0.16～1.4mg/L），远远超过部颁标准（<0.05mg/L）。水中 SRB 含量高（1×10^4～5×10^4 个/mL），也远远超过部颁标准规定的指标（<25 个/L）。CO_2 含量为 9～50mg/L，H_2S 含量为 2.4～25mg/L 之间，部颁标准规定的指标为硫化物含量小于 2.0mg/L。所以，吉林油田的油井产出水是一种含高浓度 HCO_3^-、高浓度 Cl^-，含大量 SRB，含较多溶解氧、CO_2 和 H_2S 的腐蚀介质。经现场腐蚀测试，一些区块的腐蚀速率在 0.1～0.2mm/a 之间。

1.5.10 河南油田[32]

河南油田（南阳油田）地处河南省西南部南阳盆地，总部位于南阳市宛城区官庄镇。油区横跨南阳、驻马店、平顶山市（地）的新野、唐河、桐柏、泌阳、镇平、叶县、卧龙、宛城等八个县区。河南油田于 1970 年开始勘探，1971 年 8 月在南襄盆地南阳凹陷东庄构造发现工业油气流。油田勘探区域除在河南南阳、泌阳等东部区块外，1993 年先后在西部中标新疆三塘湖、焉耆盆地两个风险勘探项目，1997 年取得内蒙古巴彦浩特盆地的勘探权，2001 年进军塔克拉玛干沙漠。截止 2004 年年底，共发现油田 15 个（其中西部 2 个），探明含油面积 170.9km^2，探明石油地质储量27031.1万t、天然气161.28亿m^3，可采石油储量8219.9万t，天然气59.54亿m^2。

河南油田现已进入高含水开采期，综合含水率高达91%，污水含硫高、SRB高，驱油工艺更加复杂化和多样化，注水管柱的腐蚀状况日趋严重，年均增加作业240井次，严重影响油田开发效益。目前河南油田注水井平均1～2年就需要更换，严重的2～3个月就出现腐蚀穿孔现象。河南油田起腐蚀作用的主要是回注污水中的高矿化度盐水、SRB以及溶解的H_2S、CO_2、溶解氧。污水中含有较高的SRB是导致河南油田腐蚀的主要原因。自2000年以来，河南油田针对污水水质稳定性差、腐蚀严重等问题，开展了不同类型含硫污水水质稳定技术界限的研究，建立了含硫污水稳定技术体系，成功实现了规模化工业应用，并实现了污水配聚。

1.5.11　长庆油田[33]

长庆油田是隶属于中国石油天然气股份有限公司的地区性油田公司，总部位于陕西省西安市，勘探区域主要在中国第二大盆地——鄂尔多斯盆地，横跨陕、甘、宁、蒙、晋五省（区），勘探总面积37万km^2，是中国石油近年来增长幅度最快的油气田，承担着向北京、天津、石家庄、西安、银川、呼和浩特等十多个大中城市安全稳定供气的重任。长庆油气勘探开发建设始于1970年，先后找到了油气田22个，其中油田19个，累计探明油气地质储量54188.8万t（含天然气探明储量2330.08亿m^3），至2013年年底，长庆油田实现油气当量5000万t。长庆油田的主力气田——苏里格气田，位于内蒙古自治区和陕西省境内，勘探面积$5\times10^4km^2$，建成产能230亿m^3，目前是中国陆地最大整装气田。

长庆油田采油一厂和采油二厂经过三十多年的开采，综合含水率不断升高，腐蚀结垢问题日益突出，已经严重影响了原油的正常生产和输送，给油田造成了巨大的经济损失。例如，采油一厂张渠集输站采出水具有总硫化物含量高（150～550mg/L）、矿化度高（1.8×10^4mg/L）、细菌含量高，SRB在10^5～10^6个/mL之间，TGB在10^2～10^5个/mL之间，水质偏碱性，pH 7.8～9.0，钙镁离子含量高，水型$CaCl_2$；采油二厂南一区油井井筒腐蚀结垢严重，研究表明，其腐蚀以硫化物及SRB腐蚀为主，并伴有Cl^-腐蚀。至2003年年底，对36口生产井和多口常关井的天然气组分分析表明，CO_2平均含量1.59%，H_2S平均含量低于5mg/m^3，按石油天然气行业标准SY/T 6168—1995气藏分类，长庆油田为低含CO_2，微含H_2S气藏。同时气藏不产地层水，气井产出水属于凝析水。

长庆油田重视防腐蚀的研究工作，2016年，针对长庆油田洛河水导致油水井套管外腐蚀的问题，首次成功研发了适用于长庆油田洛河水环境下套管外防腐的新型无溶剂环氧涂层与施工工艺，并实现工业化生产；建立了井下套管外牺牲阳极定量评价体系；突破无溶剂高固分环氧涂层在石油套管上的自动化喷涂工艺难点，实现了规模化应用。该技术已满足长庆油田生产和建设要求，5 年来累计应用了 2685 口油水井，产生了巨大的经济和社会效益。

1.5.12 江汉油田[34]

江汉油田是我国中南地区重要的综合型石油基地。油田主要分布在湖北省境内的潜江、荆沙等 7 个市县和山东寿光市、广饶县以及湖南省境内衡阳市。目前，油田已建成江汉油区、山东八面河油田、陕西安塞坪北油田、建南气田、涪陵工区等油气生产基地。

江汉油田的腐蚀环境相对来讲比较苛刻。①含盐量高。全油田油井综合含水率高达 87%，污水矿化度高达 20×10^4～31×10^4mg/L，Cl^-含量高达 10×10^4～17×10^4mg/L，水型 Na_2SO_4。未经处理的污水 pH 一般在 6～6.5 之间。②硫化物高。油井采出液普遍含硫化物，综合分析表明，硫化氢是造成这些区块腐蚀的主要因素之一。③CO_2 含量高。各区块采出水均含有 CO_2，原油伴生水中游离 CO_2 含量最高达 350mg/L，存在碳酸腐蚀。④江汉油田注水站、污水处理站均为开式流程，回注污水含有的溶解氧使设备的腐蚀更为严重。⑤细菌腐蚀作用。王场、浩口、钟市、高场等油田的 SRB、TGB 一般不高于 10^2 个/mL，而广华、马 36、洪湖、张港、新沟、老二区、拖市等油田 SRB 达到 10^5～10^6 个/mL，TGB 达到 10^3～10^5 个/mL，高细菌含量加快了水系统设备及管网、容器的腐蚀速率。

1.5.13 江苏油田[35]

江苏油田主要位于水系发达的高邮湖、洪泽湖等地区，油区分布在江苏的扬州、盐城、淮阴、镇江 4 个地区 8 个县市。1970 年，苏 20 井试获工业油流，苏北油气普查实现了战略性突破。到目前为止，已先后发现了 36 个油气田，累计探明石油地质储量 2.2836 亿 t，探明含油面积 195.14km^2，天然气地质储量 78.7 亿 m^3，探明含气面积 140.97km^2。目前勘探的主要对象在苏北盆地东台坳陷。从整体发展态势上看，油气生产目前和今后相当长的时期内仍处于兴盛期。

江苏油田的主要腐蚀因素有：①高矿化度盐水。随着油田开发进入中后期，含水越来越高，总矿化度在 4800～45000mg/L 之间；Cl^-浓度在 1800～25000mg/L 之间，水型 $NaHCO_3$。②近年来，随着油田开发的不断深入，地层水中 SRB 大量繁殖，导致设备的腐蚀及结垢。结垢现象普遍存在于油井井筒、油气分离器、污水处理管线、输油管线、注水泵、注水管线，直到注水井底等。油井井筒腐蚀结垢造成油井检泵频繁，直接导致油田开发和生产运行成本增加。例如，江苏油田采油二厂黄 88 区块 2008 年投入开发，综合含水虽然不到 50%，却是腐蚀结垢的“重灾区”。2009～2011 年，黄 88 区块共作业 86 井次，其中 63 井次发现腐蚀结垢现象，部分油井在作业时抽油杆因腐蚀断脱，检泵周期甚至不到 3 个月。③油、气、水介质中含量较高的 CO_2、H_2S 导致设备腐蚀。

1.5.14　塔里木油田[10, 36]

塔里木油田位于新疆南部的塔里木盆地，包括号称“死亡之海”的塔克拉玛干大沙漠。东西长 1400km，南北最宽处 520km，总面积 56 万 km^2，这里蕴藏着丰富的油气资源。原油年生产能力达 400 多万 t，油气产量列全国油气田第 7 位。塔里木油田自 1989 年开始石油会战以来，投入开发的油田有轮南、桑塔木、解放渠东、东河塘、塔中 4、塔中 16、牙哈 1 及大宛齐等 8 个油田以及克拉 2、牙哈、吉拉克、桑南和吉南 4 等 5 个气田，是西气东输的主要气源，英买力气田群正在进行开发建设。

塔里木油田是我国油井最深的油田，因此勘探开发难度大、成本高，油田建设投资巨大，例如钻采十分困难的沙漠地带的深井和超深井，每口井造价往往高达几千万元。井下环境介质腐蚀性极强，以最先开发的轮南油田为例，其原始地层压力在 50MPa 以上，温度为 120℃左右，Cl^-含量高（130×10^3mg/L），矿化度高（200×10^3mg/L），CO_2 分压为 0.7～3.5MPa。东河油田及塔中油田的介质环境更为苛刻，东河油田 CO_2 含量高达 31.7%（摩尔分数），H_2S 含量 140mg/m^3，而塔中油田除了含高浓度 CO_2 外，H_2S 含量高达 4800mg/m^3。

塔里木油田目前存在较严重的腐蚀，从轮南油田一些油管腐蚀情况来看，主要的腐蚀类型为局部腐蚀，局部腐蚀速率最高达 5.9mm/a，腐蚀的部位有油管内外部的坑蚀、油管冲刷腐蚀穿孔、丝扣腐蚀、电泵腐蚀等，多数腐蚀具有 CO_2 腐蚀的特征形状。纵观塔里木轮南油田的油井，腐蚀多发生在油井中部，这与 CO_2 腐蚀发生的温度和压力范围有关。因为从井底向上，温度逐渐降低，从井底 140℃左右经 CO_2 腐蚀最敏感温度区间向低温变化，而 CO_2 分压则在逐渐降低。在油井中部，温度正好在 CO_2 腐蚀最容易发生的温度区间，而 CO_2 分压又不太低，两者协调作用导致在轮南油田腐蚀多发生在 2000～3500m 井段。同时由于在油管内壁 CO_2 含量相对较高，而油管外壁主要是气举气，CO_2 和水含量都很低，所以，CO_2 腐蚀主要发生在油管内壁。

塔里木油田自开发初期就非常重视油气田腐蚀方面的科研工作，承担着“出产品、出人才、出经验、出技术”的历史重任，为中国石油工业的发展做出了重大贡献。

1.5.15　吐哈油田[37]

吐哈油田位于新疆吐鲁番、哈密盆地，盆地东西长 600km、南北宽 130km，面积约 $5.3\times10^5km^2$。1991 年 2 月全面展开吐哈石油勘探开发会战。现已发现吐哈、鄯善、丘陵、吐鲁番、温米等 14 个油气田。

吐哈油田开发初期，含水率较低，油气田设备的腐蚀并不严重，但从 1998 年以来，每年的平均含水率在逐步上升。随着油井含水率上升，油田逐步出现腐蚀结垢情况，且有日趋严重的现象。抽油杆、油套管及泵结垢严重，结垢导致泵卡增多，在电潜泵井尤为明显，严重缩短检电泵周期，使得维护工作量逐年增加。腐蚀导致抽油井油管破坏与抽油杆断裂故障率升高，给生产带来了较大损失，治理难度加大。目前，发现有大量的注水井以及部分地面管网同样存在大量腐蚀结垢现象。

吐哈油田含油污水矿化度较高，例如温米油田矿化度 10000～50000mg/L；鄯善油田矿化度 10000mg/L；丘陵油田矿化度 2800～8000mg/L；吐鲁番油田矿化度 170000mg/L。Cl^-含量高，并常伴有 H_2S、CO_2（CO_2 占伴生气体组分的 0.156%，硫化氢占 0.007%）以及溶解氧等腐蚀性气体和 SRB 等有害物质，它们对井下油管、抽油杆及地面集输管线均产生严重的内腐蚀，同时，鄯善油田油井结垢比较严重，影响油气田的正常生产。

1.5.16　塔河油田[38, 39]

截至 2015 年年底，西北油田分公司负责开采的区块有 7 个，即塔河油田、西达里亚油田、巴什托油气田、雅克拉凝析气田、大涝坝凝析气田、轮台 S3-1 凝析气田、亚松迪气田。这几个油气田主要分布在塔河与天山南地区，位于新疆库车、轮台、沙雅和尉犁县境内。其中塔河油田是西北油田分公司的主力油田之一。

从人文地理特征看，塔河油田位于塔里木河流域胡杨林自然保护区，地表植被繁茂，季节性水域丰富。生态环境脆弱，少数民族聚集。从油藏角度看，塔河油田是我国发现的第一个超深、超稠碳酸盐岩油藏，也是国内最大的超深、超稠油油田，稠油产量占塔河油田分公司原油产量的 45%。

在近年来的塔河油田的腐蚀调研基础上，对塔河油田的腐蚀现状、腐蚀原因、腐蚀形貌等总结如下：

随着油田综合含水率的上升及管线设备服役年限的增加，腐蚀问题逐渐暴露出来，腐蚀穿孔次数呈上升趋势。塔河油气田地面腐蚀具有“六集中”的特点：即腐蚀多发生在管线内壁底部、流速流态变化处、高程差变化处、管线下游段、油水界面处、不同区块介质汇入处六个部位。

（1）集输管道腐蚀穿孔以内部点蚀为主，且主要发生于管道底部。

塔河油田设备腐蚀比较严重，2010 年全年共发生腐蚀穿孔 284 次，其中地面生产系统腐蚀 259 次，井筒腐蚀 25 次。塔河 4 区、11 区、1 区、AT 南区的集输干线及 10 区间开井单井管线腐蚀穿孔十分严重。其中 5 条单井管线、5 条集输管线及 4 条污水管线共发生腐蚀 137 例，占总地面腐蚀的 53%。从打开的失效管段看，全面腐蚀减薄不严重，腐蚀穿孔为内部点蚀造成，且主要集中于管道中下部，以底部最多。

这是因为塔河油田油气藏埋藏深（5300～7000m），油藏温度高（120～140℃），地层压力高（44.0～68.8MPa），地层水矿化度高（总矿化度 $18\sim24\times10^4$mg/L、Cl^-含量 $12\times10^4\sim19\times10^4$mg/L）。油气井中含 H_2S 井 423 口，平均 H_2S 浓度 2242.6mg/m^3，最高 H_2S 浓度 126279mg/m^3；含 CO_2 井 626 口，平均浓度 3.2%，最高 CO_2 浓度 16%；H_2S 和 CO_2 共存的井 405 口；综合含水在 50%左右。高温高压、高矿化度水以及 H_2S、CO_2 酸性气体存在，采出液 pH 在 5.2～6.4 之间，使得井下系统腐蚀环境非常恶劣，而地面系统管线类型多样、容器设备复杂、点多面广，而且腐蚀介质随油气水集输处理工艺影响而不断变化，腐蚀环境复杂多样。塔河油田个别区块（如塔河 10 区）单井管线既是生产井又是注水井，通常需要采用盐水对生产管线扫线，注水扫线工艺引入的溶解氧导致设备发生氧腐蚀。所以，高 H_2S、高 CO_2 酸性气体以及高矿化度水的综合作用是引起塔河油田设备发生腐蚀的主要原因。

（2）含水高的管线腐蚀多发。

油气集输管道的腐蚀穿孔也多发于含水较高的管道，对比发现，2010 年腐蚀主要发生在含水大于 30%的系统，占总腐蚀的 87%。联合站污水系统的腐蚀在每年的腐蚀穿孔中均占有较大比例。

（3）含氧管道整体减薄。

某混输站外输管线油气水混输，该管道多次发生腐蚀穿孔，对该管道的开挖超声波壁厚表明，腐蚀表现为均匀内腐蚀，沿管段剖面顺时针壁厚检测最薄点为 1.7～2.5mm。腐蚀失效分析表明，该站所辖单井产出液含 CO_2、H_2S 和高矿化度水，同时由于注水替油或间歇生产，输送流体中可能含溶解氧，注入水和扫线用水溶解氧含量较高（最高 0.4mg/L）。另外，2014 年油田在部分区块开始采用的注气（氮气、二氧化碳、空气、水蒸气）开采技术引入的氧引起设备的严重腐蚀。

（4）低流速管线腐蚀多发。

调研发现，塔河油田设备的腐蚀与介质的流速有很大关系，99%的腐蚀发生在介质流速低于 1m/s 的系统。

（5）管线低洼和爬坡位置等易产生积水管段腐蚀频发。

通过对腐蚀穿孔次数较多的11-1站外输管线、KZ1外输管线及TH10106单井管道现场调查分析，发现管道存在较大的海拔高程差，在低海拔及爬坡处经常发生腐蚀刺漏，这种腐蚀现象主要与多相流体动力学中的“地形起塞”有关[25]。当上游的水平管段或倾斜管段为气液分层流动时，液体会在凹形弯曲处的上坡段一侧不断滞留而引起管线栓塞，阻滞气流通过。随着气体在凹形弯曲处上坡段中的逐渐积累，气体压力不断增大，压力增大到一定程度后，气体会突然吹开上坡段管线的栓塞，流体呈瞬间的加速流动，对管线底部施加了很强的壁剪切力，如此形成的这种周期性或间歇式的流体使管线逐渐减薄，发生腐蚀刺漏。

（6）管线阴极保护绝缘接头部位易腐蚀。

受阴极保护影响，绝缘接头/法兰部位为管线的薄弱环节，腐蚀问题突出，2010年该类腐蚀共发生33次，占总腐蚀的13%。虽然随综合含水的上升，其他部位的腐蚀穿孔数增加，掩盖了绝缘接头/法兰部位的腐蚀问题，但很多管线都遇到了绝缘接头/法兰部位的腐蚀问题，且从统计时间上看，早于其他部位的腐蚀。

综上所述，塔河油田碳酸盐岩缝洞型油藏具有“两超三高”（超深、超稠、高温、高盐、高硫）特点；采出液具有“五高一低”（高H_2S、高CO_2、高Cl^-、高H_2O、高矿化度、低pH）特点。酸压建产、高温集输、注水注气等生产工艺增大了腐蚀风险。

塔河油田钢铁材料的腐蚀机理：“H_2O-CO_2-H_2S-Cl^-”共存的酸性腐蚀环境体系的强电化学腐蚀，沉积物垢下自催化作用、H_2S-CO_2协同作用、Cl^-催化作用，加速了钢铁的局部腐蚀进程。

塔河油田钢铁材料的腐蚀形貌有四种，即孤立蚀坑、连续蚀坑群、溃疡状、沟槽状。

1.5.17 玉门油田[40, 41]

玉门油田位于甘肃玉门市境内，总面积114.37km^2。油田于1939年投入开发，1959年年生产原油曾达到140.29万t，占当年全国原油产量的50.9%。玉门生产的油品，为抗日战争和解放战争做出了特殊贡献。创造了70年代60万t稳产10年和80年代50万t稳产10年的优异成绩，被誉为中国石油工业的摇篮。先后投入开发的有老君庙、鸭儿峡、石油沟、白杨河、单北、青西六个油田。

玉门油田是个老油田，综合含水高，总矿化度9000mg/L。水型：$CaCl_2$、Na_2SO_4。腐蚀给玉门油田地面、集输系统造成的损失是巨大的。腐蚀点主要发生在污水回注系统中的容器和管线；金属容器底部、顶部及罐壁的焊接部位；埋在低凹及潮湿土壤层中的各种管线。

玉门油田腐蚀的主要因素有：①溶解氧的腐蚀：玉门油田注入水的溶解氧含

量，清水高于污水和混合水，其腐蚀速率与溶解氧含量成正比。②CO_2 引起的腐蚀：玉门油田 CO_2 含量远高于注入水水质标准。③细菌引起的腐蚀：玉门油田的注入水含有大量的腐生菌、铁细菌、硫酸盐还原菌。④H_2S 引起的腐蚀。⑤土壤引起的腐蚀。腐蚀形态主要是孔蚀和应力腐蚀开裂。

1.5.18 青海油田[42, 43]

青海油田是我国最早开发的油田之一，主要勘探开发领域位于素有“聚宝盆”之称的柴达木盆地。盆地的地理面积约 25 万 km^2，沉积岩面积约 12 万 km^2，具有油气远景的中新生界沉积面积约 9.6 万 km^2。青海油田也是世界上海拔最高的油田，油田工作区平均海拔高度 2900～3100m，气候十分干燥，空气中氧气含量仅为内地的 70%，是国内自然条件最艰苦的油田之一。目前油气勘探程度较低，但具有广阔的发展前景。已探明油田 16 个，气田 6 个。

青海油田原油中所含地下水盐分较高，总矿化度 1000～170000mg/L；Cl^-，60000～100000mg/L。水型：$CaCl_2$。随着青海油田开发时间的推延，以及注水、酸化压裂等增产措施的实施，套管损坏情况越来越严重。为了减少或避免套管损坏的进一步加剧，解决套损技术难题，青海油田先后开展了套损井的调研和综合治理工作，取得了一定成效，使一批老井和套损井恢复了生机，为青海油田的增储上产工作做出了贡献。

1.5.19 海洋油气田[44, 45]

除陆地石油资源外，我国的海洋油气资源也十分丰富。中国近海海域发育了一系列沉积盆地，总面积达近百万平方千米，具有丰富的含油气远景。这些沉积盆地自北向南包括：渤海盆地、北黄海盆地、南黄海盆地、东海盆地、冲绳海槽盆地、台西盆地、台西南盆地、台东盆地、珠江口盆地、北部湾盆地、莺歌海-琼东南盆地、南海南部诸盆地等。中国海上油气勘探主要集中于渤海、黄海、东海及南海北部大陆架。

1966 年联合国亚洲及远东经济委员会经过对包括钓鱼岛列岛在内的我国东部海底资源的勘察，得出的结论是，东海大陆架可能是世界上最丰富的油田之一，钓鱼岛附近水域可以成为“第二个中东”。据我国科学家 1982 年估计，钓鱼岛周围海域的石油储量为 30 亿～70 亿 t。还有资料反映，该海域海底石油储量约为 800 亿桶，超过 100 亿 t。

南海海域更是石油宝库。中国对南海勘探的海域面积仅有 16 万 km^2，发现的石油储量达 52.2 亿 t，南海油气资源可开发价值超过 20 万亿元人民币，在未来 20

年内只要开发 30%，每年可以为中国 GDP 增长贡献 1～2 个百分点。而有资料显示，仅在南海的曾母盆地、沙巴盆地、万安盆地的石油总储量就将近 200 亿 t，是世界上尚待开发的大型油藏，其中有一半以上的储量分布在应划归中国管辖的海域。经初步估计，整个南海的石油地质储量大致在 230 亿～300 亿 t 之间，约占中国总资源量的 1/3，属于世界四大海洋油气聚集中心之一，有“第二个波斯湾”之称。据中国海洋石油总公司 2003 年年报显示，该公司在南海西部及南海东部的产区，截至 2003 年年底的石油净探明储量为 6.01 亿桶，占中海油已探明储量的 42.53%。

到目前为止，渤海湾地区已发现 7 个亿吨级油田，其中渤海中部的蓬莱 19-3 油田是迄今为止中国最大的海上油田，又是中国目前第二大整装油田，探明储量达 6 亿 t，仅次于大庆油田。至 2014 年，中国海洋石油总公司（简称中国海油）油气总产量再次实现 5000 万 t，这是中国海油自 2010 年达到 5000 万 t 后，已经第五年实现稳产，成为中国油气增长的主体[46]。

参 考 文 献

[1] 林涛，侯子旭. 塔河油田石油工程技术与实践[M]. 北京：中国石化出版社，2012.
[2] 杨涛，杨桦，王凤江，等. 含 CO_2 气井防腐工艺技术[J]. 天然气工业，2007，27（11）：1-3.
[3] 王凤平，李晓刚，杜元龙. 油气开发中的 CO_2 腐蚀[J]. 腐蚀科学与防护技术，2002，14（4）：224-227.
[4] Zhang X Y，Wang F P，He Y F，et al. Study of the inhibition mechanism of imidazoline amide on CO_2 corrosion of Armco iron[J]. Corrosion Science，2001，43（8）：1417-1431.
[5] 张学元，王凤平，于海燕，等. 二氧化碳腐蚀防护对策研究[J]. 腐蚀与防护，1997，18（3）：8-11.
[6] 路民旭，白真权，赵新伟，等. 油气采集储运中的腐蚀现状及典型案例[J]. 腐蚀与防护，2002，23（3）：105-113.
[7] 李小地. 中国大油田的分布特征与发现前景[J]. 石油勘探与开发，2006，33（2）：127-130.
[8] 刘宝和. 中国石油勘探开发百科全书[M]. 北京：石油工业出版社，2013.
[9] 杜元龙. 金属设备的卫士[M]. 济南：山东教育出版社，2001.
[10] 柯伟. 中国腐蚀调查报告[M]. 北京：化学工业出版社，2003.
[11] 王凤平，康万利，敬和民. 腐蚀电化学原理、方法及应用[M]. 北京：化学工业出版社，2008.
[12] Fontana M G，Greene N D. Corrosion Engineering[M]. New York：McGraw-Hill Book Company，1978.
[13] 曹楚南. 腐蚀电化学[M]. 北京：化学工业出版社，1994.
[14] 董慧明. 油田硫酸盐还原菌的生物控制技术研究[D]. 大连：辽宁师范大学硕士学位论文，2007.
[15] 王凤平，张学元，苏俊华，等. 轮南油田注水系统结垢趋势预测[J]. 油田化学，1999，16（1）：31-33.
[16] 曹丽. 牺牲阳极在地下井水及海水环境中的阴极保护性能及应用[D]. 大连：辽宁师范大学硕士学位论文，2015.
[17] 李晓刚，刘智勇，杜翠微，等. 石油工业环境典型应力腐蚀案例与开裂机理[M]. 北京：科学出版社，2014.
[18] 张艳玲，刘小辉，王文. 回用污水中的溶解氧腐蚀研究[J]. 石油化工腐蚀与防护，2014，31（4）：21-25.
[19] 张学元，王凤平，杜元龙. 二氧化碳腐蚀机理及影响因素[J]. 材料开发与应用，1998，13（5）：35-40.
[20] 国家能源局. SY/T 5329—2012. 碎屑岩油藏注水水质指标及分析方法[S]. 北京：石油工业出版社，2012.
[21] 李双林，赵重石，王海秋. 大庆油田地面设施腐蚀与防护系统调查[J]. 油田地面工程，2005，24（10）：42.
[22] 王喜红. 大庆油田集气系统的腐蚀与防护技术研究[D]. 长春：吉林大学硕士学位论文，2011.

[23] 龙媛媛. 胜利油田典型区块集输系统的腐蚀及防护[J]. 石油化工腐蚀与防护，2006，23（6）：1-2，6.

[24] 张春光. 浅述辽河油田输油管道的腐蚀原因及防护措施[J]. 防腐保温技术，2002，（3）：37-39.

[25] 张清玉. 油气田工程实用防腐蚀技术[M]. 北京：中国石化出版社，2009.

[26] 叶春艳. 克拉玛依油田典型套管 CO_2 腐蚀行为及防护措施评价[D]. 西安：西安石油大学硕士学位论文，2004.

[27] 刘熠，陈学峰. 西南油气田输气管道内壁腐蚀的控制[J]. 腐蚀与防护，2007，28（5）：256-258.

[28] 杜清珍，谢刚，杨梅红，等. 华北油田油井腐蚀原因分析[J]. 西南石油大学学报：自然科学版，2013，35（3）：142-148.

[29] 冯庆贤，要建楠，冯博舒. 大港油田注水管线腐蚀机理研究[J]. 全面腐蚀控制，2014，28（11）：61-65.

[30] 石仁委，龙媛媛. 油气管道防腐蚀工程[M]. 北京：中国石化出版社，2008.

[31] 黎政权. 吉林油田含 CO_2 气井腐蚀与防护技术研究[D]. 大庆：东北石油大学硕士学位论文，2010.

[32] 李景全，石丽华，杨彬，等. 油田污水系统硫化氢的危害及其治理[J]. 表面技术，2016，45（2）：65-72.

[33] 白林. 长庆油田腐蚀机理及防腐防垢技术研究与应用[D]. 西安：西北大学硕士学位论文，2012.

[34] 熊德珍，张功亚. 江汉油田注水采油设备的腐蚀与防护[J]. 油田化学，1991，8（4）：310-313.

[35] 孙舫. 江苏油田注水水质腐蚀因素及控制[J]. 油气田地面工程，1997，16（6）：49-52.

[36] 张学元，杨春艳，王凤平，等. 轮南油田水介质对 A3 钢腐蚀规律研究[J]. 石油与天然气化工，1999，28（3）：215-217.

[37] 张寅龙. 吐哈油田管道腐蚀分析与缓蚀剂评价研究[D]. 成都：西南石油大学硕士学位论文，2014.

[38] 战征，蔡奇峰，汤晟，等. 塔河油田腐蚀原因分析与防护对策[J]. 腐蚀科学与防护技术，2008，20（2）：152-154.

[39] 羊东明，葛鹏莉，朱原原. 塔河油田苛刻环境下集输管线腐蚀防治技术应用[J]. 表面技术，2016，45（2）：57-64.

[40] 袁玉刚，景士宏，赵金辉，等. 玉门油田改善二次采油配套技术应用现状及下步攻关方向[C]. 改善二次采油配套技术应用现状及下一步攻关方向研讨会. 2002.

[41] 初炜. 浅谈联合站管线的腐蚀与防护[J]. 安全、健康和环境，2005，5（9）：32-33.

[42] 张顺世，王俊民. 青海油田套损现状及综合治理技术[J]. 青海石油，2009，（4）：1-5.

[43] 吕伟伟，丁永来. 青海油田水电厂饮用水罐腐蚀原因分析[J]. 腐蚀与防护，2011，（8）：667-668.

[44] 陈肇日，陈海彬，陈圣乾，等. 海上油气田设施腐蚀与防护[J]. 全面腐蚀控制，2011，（6）：10-13.

[45] 乐钻. 南海东部海域海上油气田设施腐蚀与防护应用技术[M]. 北京：石油工业出版社，2012.

[46] 佚名. 渤海油田连续五年产量突破 3000 万方. http://energy.people.com.cn/n/2015/0113/c71661-26375976.html [2015-12-31].

第 2 章　油气田 CO_2 腐蚀

2.1　CO_2 的一般性质

在自然界中，CO_2 是最丰富的化学物质之一，大气里含 CO_2 0.03%～0.04%（体积分数），总量约为 2.75×10^{12}t，主要由含碳物质燃烧和动物的新陈代谢过程产生，也包含在天然气或油田伴生气中和以碳酸盐形式存在的矿石中。

二氧化碳俗称碳酸气，又名碳酸酐。其分子式为 CO_2，相对分子质量为 44.01。CO_2 的密度比空气大，约为空气密度的 1.53 倍，是无色、无嗅的气体。CO_2 是非极性分子，但可溶于极性较强的溶剂（包括原油和凝析油）中。其溶解度大小与温度、压力和溶剂的性质有关。CO_2 溶于水中时生成碳酸（H_2CO_3）。碳酸为二元弱酸，其一级电离常数 $K_1=3.5\times10^{-7}$（18℃），二级电离常数 $K_2=4.4\times10^{-11}$（25℃）。在 0.101MPa 和 25℃时，CO_2 溶于水溶液的 pH 为 3.7，在 2.37MPa 和 0℃时 pH 为 3.2。在高压（约 4.6MPa）下冷却 CO_2 溶液至 0℃，可以从水溶液中析出其固态水合物 $CO_2\cdot8H_2O$。

CO_2 在水中的溶解度是压力及温度的函数，溶解度随压力的增加而增加，但超过 7.0MPa 后，其溶解能力大为减弱；CO_2 溶解度对温度比较敏感，温度升高，溶解度降低。标准压力、不同温度下 CO_2 在水中的溶解度见表 2-1。

表 2-1　不同温度下 CO_2 在水中的溶解度（标准压力）

温度/℃	0	10	20	30	40	60	80
溶解度/（mg/L）	3371	2310	1723	1324	1055	719	552

2.2　油气田 CO_2 的来源

油气工业中广泛存在着 CO_2，油气田 CO_2 的来源主要有两方面[1-7]，一方面，在油气田开采过程中会伴有 CO_2 气体产生，即所谓的“伴生气”，通常称之为“甜气”。这种 CO_2 气体，主要是很久以前地球上大量存在的植物和动物，通过地质构造演变和运动被反压到了地层一定的深度处，在缺氧环境条件下经千百万年的腐烂和分解或其他的生化反应，大多数转变为地下的原油或天然气，成为人们今天可以开采的资源；在上述转化过程中，同时生成副产物 CO_2 气体或其他物质等。

另一方面，为了提高原油的采收率，充分利用地下有限的资源，国内外许多油田现采用了回注气体采油工艺（三次采油的一种重要方式），其中技术上比较成熟且已较多应用的有向油层注天然气、CO_2、空气、N_2等。注入CO_2气体强化采油工艺（EOR）是三次采油中最具潜力的提高采收率的方法之一，因CO_2气体与原油的溶解性较好，在地层岩石孔隙中通过加压注入CO_2气体，CO_2溶于原油后会使原油溶胀并使其黏度明显降低，可有助于将井下岩石孔隙中所存在的油气尽可能地提取出来，从而提高油气井的采出率。所以，CO_2驱油必然使CO_2带入原油的钻采集输系统。另外，在油田的钻井和完井操作过程中，钻井液和完井液必然与空气接触而吸收空气中的CO_2气体。同样，在处理站和石油工业下游的处理过程中，原油和天然气也不可避免地引入空气的CO_2气体。但是这些过程中所引入的CO_2气体量，相比石油天然气开采过程中的CO_2伴生气要少得多。

2.3　油气田CO_2腐蚀危害、研究历史及评价

油气田注入CO_2后会导致设备、管道的腐蚀和结垢。CO_2腐蚀是油气工业中最常见的腐蚀。绝大多数生产油、气井都程度不同地含有CO_2。挪威的Ekofisk油田、德国的北部油气田以及美国的大部分油气田都存在CO_2引起的腐蚀问题[8, 9]。我国的华北油田、塔里木油田、中原油田、吉林油田以及南海的一些气田等也程度不同地存在CO_2导致的油气田设备腐蚀和结垢[10–15]。在我国华北油田，一口高产自喷井，运行仅一年半时间，由于高含量CO_2的腐蚀而造成井喷事故发生，油井提前报废，直接经济损失数百万元，其平均腐蚀速率达4.8mm/a。壁厚5.5mm的API N80油管钢，经18个月，油管内表面破坏率高达58%，质量损失达63%，在不到24cm管长范围内穿孔数达280个，其油管内、外壁腐蚀形貌如图2-1所示。

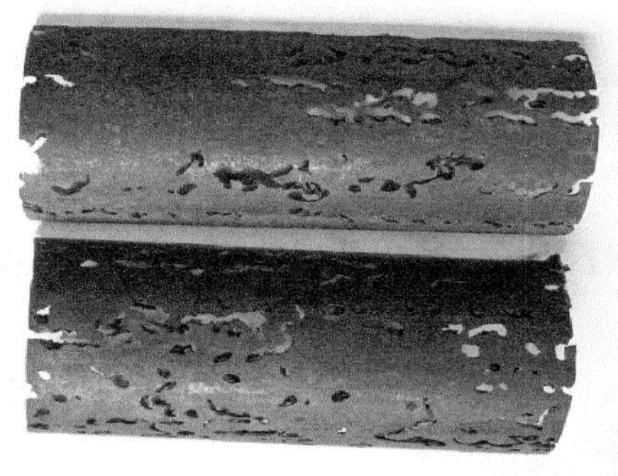

(a) 外表面

(b) 内表面

图2-1　API N80油管钢CO_2腐蚀表面腐蚀形貌图

CO_2在油气田水介质中能引起钢铁迅速的全面腐蚀和严重的局部腐蚀。CO_2腐蚀典型特征是呈现局部的点蚀及半球形深蚀坑[16]。这种腐蚀的穿孔率较高，通常腐蚀速率可达3～7mm/a，因此在高含CO_2的天然气开采与集输中对金属设备的破坏非常大。在厌氧条件下腐蚀速率高达20mm/a，从而使油气井的使用寿命大大减少，给油气田生产造成巨大的经济损失。此外，地下水中的一些金属离子易与CO_2生成碳酸盐垢，当其与腐蚀产物$FeCO_3$共同沉积在管材内表面时，缩小了管道的有效截面，影响正常生产，在一定条件下加剧腐蚀[8,11]。

早在1924年就有CO_2腐蚀的报道[17]，得出了在相同pH下CO_2水溶液的腐蚀性比盐酸强的结论；1940年提出了CO_2腐蚀研究报告[18]。20世纪60年代以来，随着高CO_2油气田的相继开发，各国对油气田中CO_2产生的严重腐蚀破坏、主要的影响因素及其破坏机理和腐蚀防护措施等进行了广泛研究，这是继对含硫油气的腐蚀防护研究之后，形成的油气开发中腐蚀防护研究的一个新热点，作为这个时期的研究成果，现已在工程应用上有效果明显的腐蚀防护专项技术（如缓蚀剂、防护涂料和耐蚀材料等）。目前，国内外许多研究机构仍在投入很大的力量从事CO_2腐蚀的研究工作，法国ELF公司用了6年时间对分布在挪威、荷兰、突尼斯、喀麦隆等地区的40多个油气田的CO_2腐蚀情况及其影响因素进行了详细的调查研究，找出了腐蚀程度与各种影响因素的相对关系，建立了预测CO_2腐蚀程度的数学模式。挪威能源技术研究所（Institute for Energy Technology，IFE）对影响CO_2腐蚀速率的诸多因素进行了系统的研究；日本的钢铁研究公司根据IFE的结论，开发生产出了防止CO_2腐蚀的专用管材。我国在60年代中期开始，由中国科学院长春应用化学研究所金属腐蚀与防护研究室与四川石油设计院合作进行防腐攻关，为含CO_2（3%）和硫化氢（0.8%～1.2%）的威远震旦系气田的开发提供了一整套防护技术，保证了这个气田的顺利开发。此后，中国科学院金属腐蚀与防护研究所相继与华北油田、中原油田和四川石油设计院合作，系统研究了CO_2腐蚀的主要影响因素和影响规律，研制出了抑制CO_2腐蚀的缓蚀剂[11]。

和油气工业中的其他腐蚀一样，目前对油气田CO_2腐蚀程度的分级主要参考美国NACE标准（NACE standard RP0775-2005 *Preparation，Installation，Analysis，and Interpretation of Corrosion Coupons in Oilfield Operations*）和中国石油天然气行业标准（SY/T 5329—2012《碎屑岩油藏注水水质指标及分析方法》）。

NACE在标准RP0775-2005中对腐蚀程度进行了较为详细的规定，现将具体内容列于表2-2。

表 2-2　NACE 对腐蚀程度的规定

分类	全面腐蚀速率/（mm/a）	点蚀速率/（mm/a）
轻度腐蚀	<0.025	<0.13
中度腐蚀	0.025～0.12	0.13～0.20
严重腐蚀	0.13～0.25	0.21～0.38
极严重腐蚀	>0.25	>0.38

2.4　油气田 CO_2 腐蚀机理

CO_2 对油气田设备及管道的腐蚀主要包括全面腐蚀和局部腐蚀，在局部腐蚀中，最主要的腐蚀形式是坑蚀、缝隙腐蚀、应力腐蚀开裂、氢腐蚀等。

2.4.1　CO_2 全面腐蚀机理

事实上，单纯干燥的 CO_2 气体对材料几乎没有腐蚀性。然而，CO_2 一旦溶于水中，尤其是高矿化度盐水中，腐蚀问题将变得十分突出。CO_2 在潮湿的环境中或溶于水后，相同的 pH 下比盐酸的腐蚀性还强，因此它对油气田设备的腐蚀比盐酸还严重。

对裸露的钢铁表面而言，钢铁在 CO_2 水溶液中的全面腐蚀是电化学腐蚀过程，阳极过程等同于钢在其他酸溶液的阳极过程，即钢铁的溶解：

$$Fe = Fe^{2+} + 2e \tag{2-a}$$

对于钢铁溶解的基元步骤，研究者普遍认同 Bockris 等提出的铁在其他酸中的溶解与 pH 有关的机理，即铁的溶解按下列反应进行[19]：

$$Fe + OH^- \longrightarrow FeOH + e \tag{2-a1}$$

$$FeOH \longrightarrow FeOH^+ + e \tag{2-a2}$$

$$FeOH^+ \longrightarrow Fe^{2+} + OH^- \tag{2-a3}$$

由于 CO_2 腐蚀的阴极过程比阳极过程复杂得多，所以，目前对 CO_2 腐蚀的阴极过程机理看法不一，存在多个不同的观点。de Waard 和 Milliams 等最先提出了 CO_2 腐蚀的机理[20]，认为在无氧的 CO_2 溶液中，钢的腐蚀只有 H^+的还原反应，钢腐蚀速率受析氢动力学控制，即溶液中 CO_2 水解电离出的 H^+通过还原反应产生吸附态氢，而后原子氢逐步扩散到金属表面，这一过程中氢的析出同其他无机酸稀溶液中氢的析出没有区别。腐蚀受析氢过程动力学控制，其极限电流与同一 pH 的酸溶液中氢放电的数值相同，CO_2 引起的腐蚀其实质就是酸腐蚀过程。其基元反应步骤如下：

$$CO_2(\text{溶液})+H_2O \rightleftharpoons H_2CO_3(\text{溶液}) \tag{2-b1}$$

$$H_2CO_3(\text{溶液})+H_2O \rightleftharpoons H_3O^+(\text{溶液})+HCO_3^-(\text{溶液}) \tag{2-b2}$$

$$H_3O^+(\text{溶液}) \rightleftharpoons H_3O^{+*} \tag{2-b3}$$

$$H_3O^{+*}+e^- \rightleftharpoons H(\text{吸附})+H_2O^* \tag{2-b4}$$

*表明离子处于相界周围。

但是，后续的研究发现，钢铁在 CO_2 溶液中的腐蚀比在同一 pH 的酸溶液中严重。由此 G.Schmitt 等认为[21]，H^+和碳酸均可在电极上还原析出，CO_2 能够对 H^+放电反应起催化作用，加快了阴极过程。即 CO_2 分子首先吸附在金属表面，而后与水结合成吸附的碳酸，碳酸再进一步发生解离，生成吸附态碳酸氢根和吸附态原子氢，随后发生自催化和非催化过程，其反应历程为

$$CO_2(\text{溶液}) \rightleftharpoons CO_2(\text{吸附}) \tag{2-c1}$$

$$CO_2(\text{吸附})+H_2O \rightleftharpoons H_2CO_3(\text{吸附}) \tag{2-c2}$$

$$H_2CO_3(\text{吸附})+e \rightleftharpoons H(\text{吸附})+HCO_3^-(\text{吸附}) \tag{2-c3}$$

$$H_2CO_3(\text{吸附})+H_2O^* \rightleftharpoons H_3O^{+*}+HCO_3^{-*} \tag{2-c4}$$

$$H_3O^{+*}+e \rightleftharpoons H(\text{吸附})+H_2O^* \tag{2-c5}$$

$$HCO_3^-(\text{吸附})+H_3O^+ \rightleftharpoons H_2CO_3(\text{吸附})+H_2O \tag{2-c6}$$

根据溶液 pH 的不同，上述机制可能有两种不同过程，一种是反应按步骤 c1→c2→c3→c6（碳酸还原反应）或 c1→c2→c4→c5（H^+还原反应）进行，在这一过程中，H_2CO_3（吸附）直接还原成 H（吸附）和 HCO_3^-（吸附），而后吸附原子氢结合生成氢气，而吸附碳酸氢根离子可进行解吸离开金属表面，使得新的反应在金属表面的这些部位得以继续进行，也可以是吸附碳酸解离产生氢离子，接着还原成氢原子，这一过程为非催化过程。另一种是按步骤 c1→c2→c3→c6→c3（H^+催化下的碳酸还原反应）进行，吸附的碳酸氢根离子被氢离子中和成碳酸，由碳酸直接或间接产生更多的氢，这一过程为催化过程。

同时气相中的 CO_2 与溶液存在下列平衡：

$$CO_2(\text{气}) = CO_2(\text{溶液}) \tag{2-c7}$$

由反应（2-c7）可知，增加 CO_2 分压，平衡反应向右移动，CO_2（吸附）量增加，使反应（2-c2）～反应（2-c5）的平衡均向右移动，加速了腐蚀反应的速率控制过程——阴极过程。

研究人员 Linda 等和 Nesic 等学者对裸碳钢的 CO_2 腐蚀提出如下观点[22, 23]，在不同 pH 条件下，会有不同的还原反应。当 $pH<4$ 时，由于 H^+的浓度较高，H^+

的还原是主要的还原反应：$H^{+}+e \longrightarrow H$；当 $4<pH<6$ 时，除了 H^{+} 的还原外，还有碳酸的直接还原反应，即 $H_2CO_3+e \longrightarrow H+HCO_3^-$。这个增加的阴极反应即可解释，在相同的 pH 时（与完全电离的酸比较）碳酸具有更大的腐蚀性。即 $pH<6$ 时，CO_2 腐蚀机理的阴极过程有三个还原反应存在，即 H^{+} 的还原、碳酸（H_2CO_3）和水（H_2O）的直接还原（$H_2O+e \longrightarrow H+OH^-$）。

Ogundele 和 Xia 等认为[24, 25]，在 CO_2 腐蚀机理中，阴极过程为水（H_2O）的直接还原和 HCO_3^- 的还原。

综上所述，CO_2 引起腐蚀的阴极过程主要有两种观点：一是非催化的 H^{+} 阴极还原反应，二是表面吸附 CO_2 的 H^{+} 催化还原反应。

上述腐蚀机理是对裸露的金属表面而言。实际上，在含 CO_2 油气环境中，钢铁表面在腐蚀初期可视为裸露表面，数天后将被碳酸盐腐蚀产物膜所覆盖。所以，CO_2 水溶液对钢铁的腐蚀，除了阴极受氢去极化反应速率控制外，还与腐蚀产物是否在钢表面成膜、膜的结构以及膜的稳定性有着十分重要的关系。

Hausler 等认为[26]，一旦金属表面上形成腐蚀产物层，那么腐蚀过程的所有动力学关系都发生了变化。主要的腐蚀速率控制步骤变为穿过固体中间相（$FeCO_3$ 或 Fe_3O_4）的物质或电荷传递过程，影响物质或电荷传递的因素成为影响腐蚀速率的主要因素，腐蚀速率可由下式确定

$$r=k/\delta \tag{2-1}$$

式中：r 为腐蚀速率；k 为膜的渗透性；δ 为膜的厚度。

2.4.2 CO_2 局部腐蚀机理

CO_2 的腐蚀破坏往往是由局部腐蚀造成的，故从 20 世纪 90 年代起，CO_2 腐蚀研究领域的重点逐渐转移到局部腐蚀机理和防护技术上来。CO_2 局部腐蚀最典型的特征是呈现局部的点蚀、轮癣状腐蚀和台面状坑蚀。其中，台面状坑蚀是 CO_2 腐蚀过程中最严重的一种情况，这种腐蚀的穿透率相当高，给油气田生产造成巨大的损失。

1. 坑点腐蚀

钢铁在含 CO_2 油气田上观察到的腐蚀破坏主要由腐蚀产物膜局部破损处的点蚀引发台地腐蚀或轮癣状腐蚀而导致的蚀坑和蚀孔，管道钢材在气相和液相环境中都可能发生坑蚀。其中台地腐蚀是腐蚀过程中最严重的一种情况，其腐蚀穿透率可达 3～7mm/a。CO_2 蚀坑常为半球形深坑，且边缘呈陡角。其蚀坑和蚀孔的典型腐蚀形貌如图 2-2 所示。

图2-2 CO_2蚀坑和蚀孔典型形貌

很多学者认为[27-30]，产生台地腐蚀的原因为：在CO_2腐蚀进行的同时，在金属表面覆盖了$FeCO_3$或Fe_3O_4腐蚀产物膜，而膜生成的不均匀或破损常常引起局部的（无膜）台地腐蚀，加速了碳钢的局部腐蚀。

也有腐蚀工作者如 Nyborg 等利用原位拍摄技术研究了腐蚀产物膜生成及发展过程，提出了台地腐蚀机制[31]，认为CO_2局部腐蚀最初发生在几个小点，小点发展到一定尺寸时，小孔之间连成一片。一些外部因素将覆盖小孔腐蚀产物膜打开，形成台地腐蚀形貌。

2. 缝隙腐蚀

对于金属零部件，金属与金属或非金属之间形成缝隙（如焊接、铆缝垫片或沉积物下），这时碳酸进入缝隙而在缝隙里面停留，使缝隙内部腐蚀加剧。

缝隙腐蚀的破坏性一般是沟缝状，严重时可穿透，其腐蚀机理为闭塞电池腐蚀，分为如下四个步骤：

（1）电解质进入缝隙内；

（2）缝隙内腐蚀闭塞区金属离子增浓；

（3）HCO_3^-等阴离子进入闭塞区，金属离子水解，pH 下降；

（4）裂缝内产生自催化加速过程，氢在尖端析出，深入裂缝前缘使金属脆化。

3. 应力腐蚀破裂

已有研究表明，在CO_2-H_2O体系中，发现有阳极型的应力腐蚀开裂（SCC）。前两个阶段与缝隙腐蚀相同。腐蚀是在对流不畅、闭塞的微小区域内进行，成为闭塞电池腐蚀。在第三阶段，由于金属内存在一狭长的活性通路，在拉应力作用下，通路前端的膜反复、间歇地破裂，腐蚀沿着与拉应力垂直的通路前进。当在闭塞区（裂缝尖端）产生了氢，一部分氢可能扩散到金属尖端的内部，引起脆化，在拉应力作用下有可能发生脆化断裂。裂纹在腐蚀和脆断的反复作用下迅速扩展。

4. 腐蚀磨损

流体对金属表面同时产生腐蚀和磨损的破坏形式称为腐蚀磨损。在高速液流的冲击下，由于腐蚀产物被冲击气流带走，金属表面裸露，腐蚀加剧。若流体的流速高或有湍流存在，同时流体中含有气泡和固体离子，其腐蚀磨损将会相当严重。湍流引起的腐蚀磨损常位于流体从大截面流入小截面时，可导致管子入口数十毫米处发生严重腐蚀。冲击磨损常发生在流体改变运动方向的地方，如管子的弯头。

腐蚀磨损常见的外部特征有：存在局部性沟槽、波纹和凹凸不平的形状，这些形状常常带有方向性。

5. 氢腐蚀

在一定条件下，天然气中的水凝结在管面形成水膜，CO_2 溶解并极易附着在管面，使金属发生氢去极化腐蚀：

$$CO_2+H_2O = HCO_3^- + H^+$$

$$H^+ + e = H$$

若氢原子不能迅速结合为氢分子排出，则部分氢原子可能扩散到金属内部，引起各种破坏，如氢鼓泡、氢诱发阶梯裂纹等。

1）氢鼓泡

当氢原子扩散到钢中，在其缝隙处结合成氢分子，而当氢分子不能扩散时，就会积累形成巨大内压，引起钢材表面鼓泡，甚至破裂。这种现象常在低强度钢，特别是含大量夹杂物的低强度钢中发生。

2）氢诱发阶梯裂纹

氢诱发阶梯裂纹是指暴露于 CO_2 环境中的钢，会生成一些平行于轧制方向并连接贯通成阶梯状的裂纹。这种裂纹的特征是裂纹互相平行并被短的横向裂纹连接起来，形成“阶梯”。连接主裂纹的横向裂纹是由主裂纹间的剪切应力引起的，它会使有效壁厚减少，从而导致管线过载，出现泄漏或破裂。

氢鼓泡多发生在表面缺陷部位，而氢诱发阶梯裂纹一般出现于钢的深处，两者都是吸收了初生态氢，然后在钢材不连续的缺陷部位聚集，形成内部高压。

6. 空泡腐蚀

空泡腐蚀常称为气蚀（气体腐蚀），它是腐蚀磨损的一种特殊形式。由于液体的湍流或温度变化引起局部压力下降，空泡析出，一般泡内仅有少量的水蒸气，存在的时间非常短，一旦破灭，将产生强大冲击波，其压力有时可以达到 400MPa，使金属保护膜破坏。膜破坏处的金属遭受腐蚀，随即重新成膜，在同一点上又形成新的空泡，并迅速破灭，如此反复进行，结果产生分布紧密的深蚀孔，使金属表面变得十分粗糙。

7. 冲蚀

冲蚀也是腐蚀磨损的一种形式，它的破坏主要表现在如下三个方面：①气相流体与管壁间的剪切力造成界面机械疲劳；②产出气携带出的杂质（如岩土粉末、腐蚀产物粉粒等）对管壁的直接冲击；③由冲蚀形成的“微坑”及“擦痕”，也为形成众多的微腐蚀电池创造了良好的条件。冲蚀力还能将具有一定阻蚀作用的腐蚀产物层剥离带走，将活性金属表面始终暴露于腐蚀介质中，从而加速腐蚀过程。其特征为：腐蚀面无腐蚀产物层堆积，表面平整粗糙，以及蚀槽大体上沿气体流向延伸。

目前对 CO_2 腐蚀机理还存在一些争议，但总的来讲，在含 CO_2 的介质中，腐蚀产物（$FeCO_3$）、垢（$CaCO_3$）或其他的生成物膜在钢铁表面不同的区域覆盖度不同，这样，不同覆盖度的区域之间形成了具有很强自催化特性的腐蚀电偶或闭塞电池。CO_2 的局部腐蚀就是这种腐蚀电偶作用的结果。

尽管人们对 CO_2 腐蚀问题进行了较为广泛的研究，也取得了许多有益的研究成果，但有关 CO_2 溶液所引起的局部腐蚀，如点蚀等方面的研究却很少。而在实际的工业生产过程中，局部腐蚀造成的危害要远远大于全面腐蚀。一般说来，局部腐蚀的产生大多发生在金属表面被保护性腐蚀产物部分覆盖的情况下，这些保护性膜的生成又是随机和不规律的。这些亚稳态、细小的腐蚀产物常常可能引起局部腐蚀的发生。

2.5　影响 CO_2 腐蚀的因素

影响 CO_2 腐蚀的因素很多，如温度、CO_2 分压、溶液 pH、溶液含盐量、腐蚀产物膜、介质流速，甚至浸泡时间等。由于众多的影响因素以及这些因素的相互交叉作用，CO_2 腐蚀相当复杂，因而在较大的参数变化范围内，很难搞清其中某一因素对其腐蚀规律的具体影响。

2.5.1　温度的影响

温度是 CO_2 腐蚀最重要同时也是最复杂的影响因素。图 2-3 表示 CO_2 分压分别为 0.1MPa 及 3.0MPa 时碳钢平均腐蚀速率与温度之间的关系[32,33,34]。由图 2-3 可见，

碳钢的 CO_2 腐蚀速率与温度呈现比较复杂的关系。在温度低于 100℃时，腐蚀速率随温度升高而明显增加；在 100℃左右腐蚀速率出现极大值；超过 100℃腐蚀速率又急剧下降。实际上，在温度低于 60℃以下，钢的腐蚀速率还存在一个极大值（含锰钢在 40℃附近，含铬钢在 60℃附近）；图 2-3 仅仅显示的是温度 40℃以上的腐蚀速率。

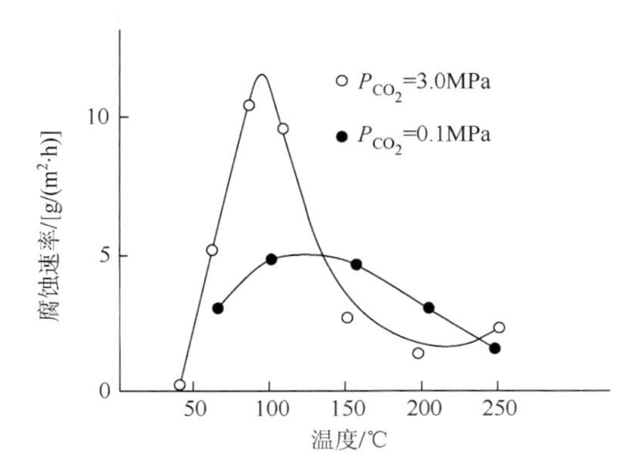

图 2-3　一定 CO_2 分压下碳钢腐蚀速率与温度的关系

图 2-4 是一定 CO_2 分压下，几种油管钢的腐蚀速率与温度之间的关系[35]，从该图可以看出，CO_2 分压在 0.3MPa 下，温度在 80～90°C 时，油管钢腐蚀速率最低。

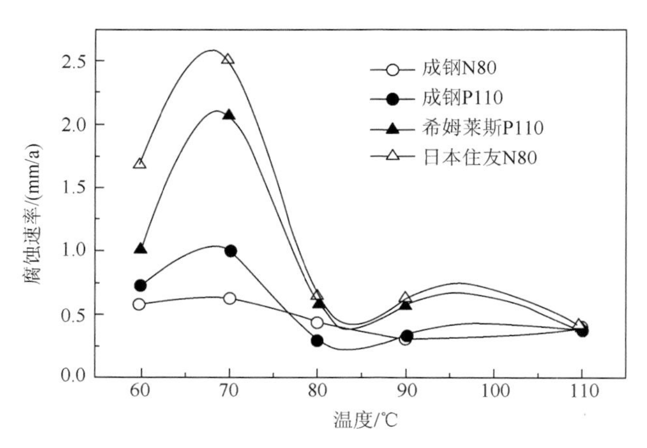

图 2-4　四种油管钢腐蚀速率与温度的关系（P_{CO_2}=0.3MPa）

不同温度下 CO_2 腐蚀速率差别较大的原因可以解释如下：

（1）在较低温度下（＜60℃），钢材表面不能形成完善的 $FeCO_3$ 腐蚀产物膜，腐蚀速率单纯随温度的增加而升高，此时金属表面光滑，反应生成的 $FeCO_3$ 疏松而无附着力，钢表面主要发生全面腐蚀。随着温度的升高，CO_2 气体在介质中的溶解度降低，导致 CO_2 腐蚀速率降低；同时当温度在 60℃附近时，金属表面开始形成了碳酸亚铁腐蚀产物膜，腐蚀速率略有下降，此时钢的 CO_2 腐蚀速率出现第一个极大值。故在 60℃附近，CO_2 腐蚀在动力学上出现了质的变化，钢铁表面的腐蚀产物膜如图 2-5（a）所示。

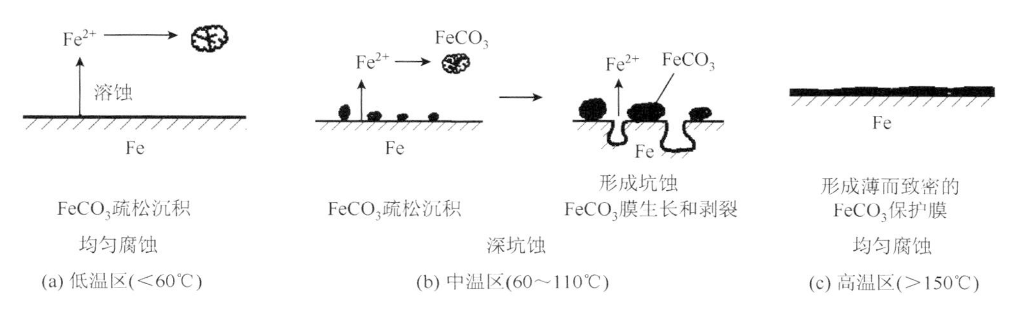

图 2-5　不同温度区间 CO_2 腐蚀产物膜形成机制[36]

（2）在 60～110℃之间，一方面，温度的升高增加了电化学反应和化学反应速率，故 CO_2 腐蚀速率随温度升高而增加；另一方面，在 60℃时，钢铁表面开始有 $FeCO_3$ 腐蚀产物膜生成，且高温有利于 $FeCO_3$ 保护膜的形成，因 $FeCO_3$ 的溶解度具有负的温度系数，其溶解度随温度升高而降低。在 100℃左右，钢表面上形成 $FeCO_3$ 腐蚀产物膜，但膜多孔，附着力差，膜上的多孔区在腐蚀过程中成为阳极区，出现坑蚀等局部腐蚀。

在 110℃或更高的温度范围，钢铁表面发生如下的反应：

$$3Fe+4H_2O = Fe_3O_4+4H_2$$

钢铁表面的腐蚀产物膜层也由 $FeCO_3$ 变成厚而松散、无保护性、杂有少量 Fe_3O_4 的 $FeCO_3$ 膜，并且随温度升高 Fe_3O_4 量增加，甚至在膜中占主导地位。对于含铬钢，在高温时主要转变为铬的氧化物。

上面影响因素及温度升高造成的 CO_2 溶解度降低这些错综复杂的关系导致碳钢的 CO_2 腐蚀在 110℃附近出现钢的第二个腐蚀速率极大值。在这个温度区间，钢铁 CO_2 腐蚀不仅表现出高的全面腐蚀，而且表现出较严重的局部腐蚀（深孔）。在该温度区间钢铁表面的腐蚀产物膜如图 2-5（b）所示。

（3）温度在 150℃以上，Fe^{2+}初始的溶蚀速率加大，在钢铁表面的浓度增大，而 $FeCO_3$ 的溶解度降低，大量的 $FeCO_3$ 结晶核均匀地附着在金属表面上，钢铁表面生成致密、附着力强的 $FeCO_3$ 和 Fe_3O_4 膜，腐蚀速率较低。该温度区间钢铁表面的腐蚀产物膜如图 2-5（c）所示。

由此可见，温度是通过影响化学反应速率与成膜机制来影响 CO_2 腐蚀的，具体体现在以下三方面因素：

（1）温度影响了介质中 CO_2 的溶解度。如温度升高，CO_2 气体在介质中的溶解度降低，导致 CO_2 腐蚀速率降低。

（2）温度影响了反应进行的速率。如温度升高，电化学反应速率增加，CO_2 腐蚀速率增加。

（3）温度影响了腐蚀产物成膜的机制。温度的变化，影响了基体表面 $FeCO_3$ 晶核的数量与晶粒长大的速率，从而改变了腐蚀产物膜的结构与附着力，即改变了膜的保护性[37]。

2.5.2 CO_2 分压的影响

CO_2 分压是衡量 CO_2 腐蚀性的一个重要参数，许多研究者对 CO_2 腐蚀速率与 CO_2 分压之间的关系也进行了大量研究。图 2-6 是一些研究者得出的碳钢平均腐蚀速率与 CO_2 分压之间的关系[10]，由图可见，碳钢平均腐蚀速率与 CO_2 分压的对数值近似满足线性关系。

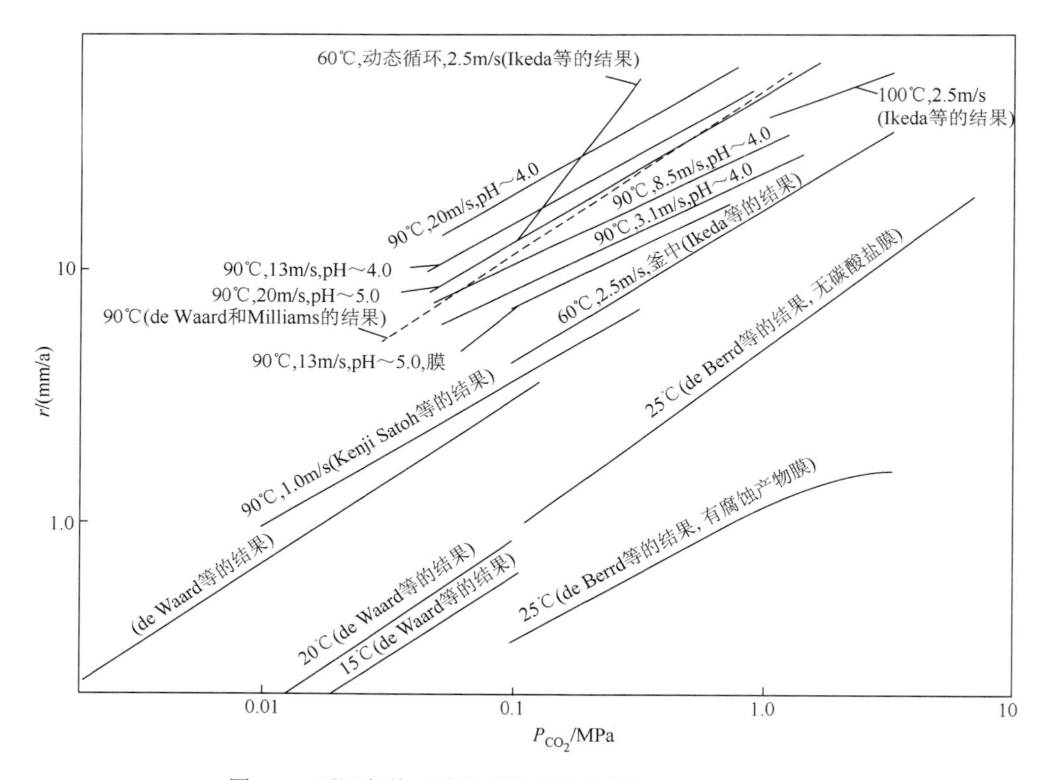

图 2-6　不同条件下碳钢平均腐蚀速率与 CO_2 分压的关系

作者的研究也发现，N80 钢在模拟轮南油田回注污水介质中腐蚀速率 r（mm/a）和 CO_2 的分压 P_{CO_2} (MPa) 的对数符合线性关系[8]：

$$\lg r=1.0058\lg P_{CO_2}-0.4095 \tag{2-2}$$

de Waard 和 Milliams 由实验数据提出了当 $T<60℃$、$P_{CO_2}<0.2$MPa 条件下，碳钢或低合金钢腐蚀速率与 CO_2 分压（P_{CO_2}）间的 de Waard-Milliams 关系式[20]：

$$\lg r=0.67\lg P_{CO_2}+C \tag{2-3}$$

式中：r 为腐蚀速率（mm/a）；P_{CO_2} 为 CO_2 分压（bar（1bar=0.1MPa））；C 为温度校正常数。

式（2-3）表明，钢的平均腐蚀速率随 P_{CO_2} 增加而增大。在 $P_{CO_2}<0.2$MPa、$T<60℃$ 且介质为层流状态时，该式与许多实验结果符合[21，33，38，39]，而当温度大于 60℃时，由于腐蚀产物的影响，计算结果往往高于实测值。因此该式只能用来估算没有膜的裸钢的最大腐蚀速率。此外，该式不能反映出流动状态、合金元素等对腐蚀速率有重要影响的事实，所以该式有一定的局限性。为此，de Waard 等以从油气田现场取得的腐蚀数据为基础建立起更结合现场实际的腐蚀速率计算公式[20]：

$$\lg r=0.67\lg P_{CO_2}-1710/T+5.8 \tag{2-4}$$

式中：T 为温度（K）。

1975 年，de Waard 和 Milliams 提出了在无 $FeCO_3$ 保护膜下 CO_2 对碳钢的腐蚀速率计算公式[40]，并在工业上获得广泛应用。方程式如下：

$$\begin{aligned}\lg r&=0.67\lg P_{CO_2}-\frac{2.32\times10^3}{T}-5.55\times10^{-3}T+7.96\\&=0.67\lg P_{CO_2}+C\end{aligned} \tag{2-5}$$

需要注意的是，式（2-2）～式（2-5）得出的是碳钢在 CO_2 腐蚀体系中的全面腐蚀的平均腐蚀速率，目前更复杂的局部腐蚀速率还很难通过计算得出，有待进一步开展 CO_2 局部腐蚀的系统研究。

从图 2-3 可以看出，在高温（$T>150℃$）条件下，P_{CO_2}=0.1MPa 时的腐蚀速率反而比 P_{CO_2}=3.0MPa 时高，这是由成膜的竞争机制所决定的。从成膜的反应方程式来看，在低的 CO_2 分压下易生成 Fe_3O_4，而它的生成将影响 $FeCO_3$ 保护膜的形成。

$$3Fe+4H_2O = Fe_3O_4+8H^++8e$$

$$Fe+H_2CO_3 = FeCO_3+2H^++2e$$

由此可见，高温（$T>150℃$）条件下，较高的 CO_2 分压对碳钢的腐蚀具有抑制作用。

油气田现场腐蚀与防护经验表明，CO_2 分压在判断 CO_2 腐蚀程度中起着重要的作用。由 Cron 和 Marsh 等学者的研究结果认为[41]：当 CO_2 分压超过 0.021MPa 时，该烃类流体是具有腐蚀性的，这是油气田判断 CO_2 腐蚀程度的基本判据。当前石油工业默认的 CO_2 腐蚀程度详细判据列于表 2-3 中。

表 2-3　石油工业对 CO_2 腐蚀程度的判据

CO_2 分压/MPa	腐蚀严重程度
＜0.021	轻微
0.021～0.21	中等
＞0.21	严重

Lohodny 等的研究也表明[42]，在气井中，当 CO_2 分压大于 206.85kPa 时将发生腐蚀；当 CO_2 分压在 20.685～206.85kPa 之间，腐蚀有可能发生；当 CO_2 分压小于 20.685kPa 时，腐蚀忽略不计。

油气工业设备中的 CO_2 分压一般计算方法：

输油管线中 CO_2 分压=井口回压×CO_2%

井口 CO_2 分压=井口油压×CO_2%

井下 CO_2 分压=饱和压力（或流压）×CO_2%

式中，CO_2%表示 CO_2 的摩尔分数。大量的研究结果表明：温度 T 在 60℃以下，CO_2 分压 P_{CO_2} 在 0.021～0.21MPa 之间，产生全面腐蚀；T 在 100℃左右，P_{CO_2} 在 0.21MPa 左右，会产生严重坑蚀或癣状腐蚀；而 T 在 150℃以上则形成具有保护性的 $FeCO_3$ 腐蚀产物膜。也就是说温度和 CO_2 分压是引起腐蚀的关键。

2.5.3　介质流速的影响

在大多数流体流动状态下，流体会对钢铁表面产生一个切向作用力。根据 K. G. Jordan 和 P. R. Rhodes 的研究结果[43]，切向作用力可表示为

$$\tau_w = 0.0395 Re^{-0.25} (\rho v^2) \tag{2-6}$$

式中：τ_w 为管内壁的切向应力（N/m^2）；ρ 为流动介质密度（kg/m^3）；v 为管内介质流动速率（m/s）；Re 为雷诺系数（$Re=v\rho d/\eta$），d 为管道内直径（m），η 为流体运动黏滞率（m^2/s）。

影响切向作用力大小的因素较多。雷诺系数和流动状态有关，Re＜2100 为层流；Re＞4000 为湍流；Re=2000～4000 为过渡状态。当液体介质中含有大量 CO_2

气体时，会形成不同的流态，主要有分层流（stratified flow）、波状分层流（stratified wavy flow）、段塞流（slug flow）、雾状流（mist flow）、环状流（annular flow）、混状流（churn flow）、分散泡状流（dispersed bubble flow）和加长泡状流（elongated bubble flow）。当介质中有固、气、液三相共存且在流动条件下，就有可能对钢管表面产生冲刷腐蚀[44, 45]。

切向作用力的作用结果可能会阻碍金属表面保护膜的形成或对已形成的保护膜起破坏作用，从而使腐蚀加剧。

C. A. Palacios 研究了 N80 钢在 71℃的两相流动体系中 CO_2 的腐蚀行为[46]，测试出 N80 钢在 CO_2 饱和的 3%NaCl 溶液中不同气体、液体流速条件下的腐蚀速率。试验结果见表 2-4。

表 2-4　N80 钢在 CO_2 饱和的 3%NaCl 中的腐蚀速率（P_{CO_2}=1.1MPa）

试验序号	$v_液$/(m/s)	$v_气$/(m/s)	pH	腐蚀速率/(mm/a)	
				失重法	电化学法
1	0.3	0	3.4	34	35
2	2.4	0	3.4	32	35
3	0.3	0.3	3.4	35	35
4	0.3	18	3.4	42	10
5	2.4	1.8	3.4	50	30
6	0.36	0	没有控制	没有测量	20*
7	0.60	0	没有控制	30	5**
8	2.4	0	没有控制	46	35
9	0.6	0.6	没有控制	39	28
10	2.4	1.8	没有控制	33	30

* 表示加入 $NaHCO_3$ 160h 后；

** 表示试验结束后进行电化学测量，检出有 $FeCO_3$ 垢。

由图 2-7 可见，N80 钢在流动的 CO_2 饱和的 3% NaCl 溶液中的腐蚀速率随流速及 CO_2 分压的增加而增加。

由表 2-4 数据可见，N80 钢在流动的 CO_2 饱和的 3% NaCl 溶液中的腐蚀速率是比较高的，尤其在高流速的气液两相介质中的腐蚀速率最高，达到 50mm/a。

现场经验和实验室研究都发现，随介质流速增加或流动状态从层流过渡到湍流状态，钢铁的腐蚀速率有惊人的增加，并导致严重的局部腐蚀。在 60～90℃下试验发现：在 Fe^{2+}饱和情况下加上紊流会出现台面状腐蚀，当流速为 20m/s 时腐蚀最严重。在 100℃左右，出现环状腐蚀，当流速在 2.5～7m/s 时其腐蚀形态不受影响。而流速在 7～15m/s 时腐蚀速率随流速增大而加速。

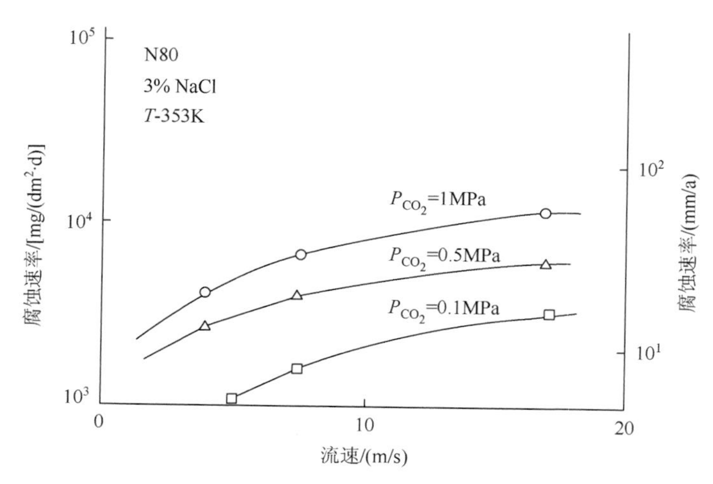

图 2-7　不同 CO_2 分压下 N80 钢在 3% NaCl 溶液中腐蚀速率与流速的关系

油气田生产中，流体流速对 CO_2 腐蚀速率的影响主要体现在以下几个方面：

（1）高流速增大了腐蚀介质到达金属表面的传质速率，且高流速阻碍保护膜的形成或破坏保护膜，腐蚀速率增加。

（2）流速的增大，使 H_2CO_3 和 H^+等去极化剂更快地扩散到金属表面，使阴极去极化增强，消除了扩散控制，同时使腐蚀产生的 Fe^{2+}迅速离开腐蚀金属表面，这些作用使腐蚀速率增大。

（3）在流速低时，能使缓蚀剂充分达到管壁表面，促进缓蚀作用。

（4）流速较高时，冲刷使部分缓蚀剂未发挥作用。

（5）当流速高于 10m/s 时，缓蚀剂不再起作用。流速增加，腐蚀速率提高。流速较高时，将形成冲刷腐蚀。

在大量试验数据基础上，得出腐蚀速率随流速增大的经验公式[47]：

$$r=bv^n \tag{2-7}$$

式中：r 为腐蚀速率；v 为流速；b 与 n 为常数，在大多数情况下，n 取 0.8。

油气工业中流动情况很复杂，从静止（环形空间、闭井）到高速湍流状态都存在。因此，研究各种流动状态下的腐蚀特性具有实际意义。

Gopal 等[48]认为，段塞流中湍流的强度以及气泡的空化作用会导致腐蚀产物膜的破坏，造成严重的局部腐蚀。Schmitt 等[49]的研究认为，当流速超过一定的临界值以后，切应力会对腐蚀产物膜产生破坏，所以，腐蚀产物膜的力学性能作为研究流体对腐蚀产物膜破坏作用的基本边界条件无疑是非常必需的数据。为此，

Schmitt 测量了 API-J55、API-C75 两种级别的油管钢的力学性能，肯定了局部腐蚀产生的初始位置是在腐蚀产物膜的破裂处，并且进一步阐述了流体致局部腐蚀的观点，如图 2-8 所示。

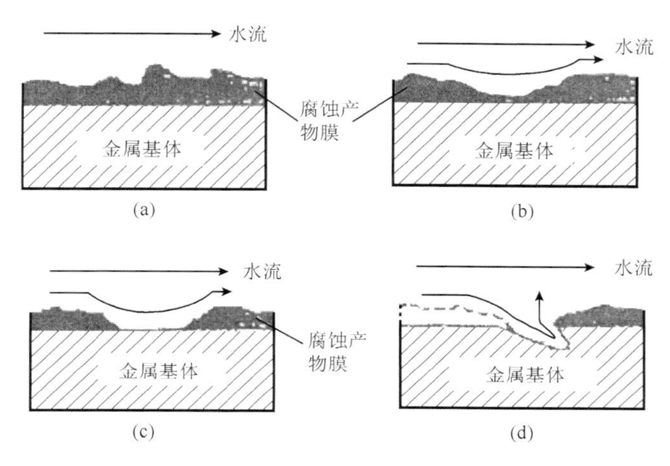

图 2-8　高速湍流导致金属的局部腐蚀

（a）金属表面完整的腐蚀产物膜；（b）腐蚀产物膜被部分冲走；
（c）腐蚀产物膜破裂后裸露的金属表面；（d）腐蚀产物膜破坏的地方产生的局部腐蚀

流速对腐蚀速率的影响可分为两种情况：一种情况是金属表面没有腐蚀产物膜；另一种情况是金属表面有腐蚀产物膜。

当金属表面没有腐蚀产物膜覆盖时，流速会使 CO_2 腐蚀速率明显增加。流速增大，使介质中的去极化剂更快地扩散到电极表面，阴极去极化增强，同时产生的 Fe^{2+} 迅速地离开腐蚀金属表面，这些作用使得腐蚀速率增大。Schimtt 认为[50]，流速较低的情况下腐蚀速率受离子扩散控制，在流速较高的情况下腐蚀速率受电荷转移控制。

当金属表面被腐蚀产物膜覆盖以后，此时腐蚀速率主要受腐蚀产物膜控制，因此流速对腐蚀速率的影响不大[21, 51]。但是，像段塞流这样的流型对腐蚀产物膜具有很强的破坏作用，在腐蚀产物膜破坏的地方会形成严重的局部腐蚀。

研究人员[52, 53]采用高温高压釜，在油田模拟采出液中考察了温度、CO_2 分压和流速对 P110 材料腐蚀速率的综合影响。模拟腐蚀介质的组成为 NaCl 100g/L，$CaCl_2$ 11g/L，$NaHCO_3$ 0.8g/L。试验时间：48h。材质：P110 钢。

温度、CO_2 分压、流速对腐蚀速率的交互作用如图 2-9 所示。图中所示分别为在 0.5m/s、1.5m/s、2.2m/s 流速下全面腐蚀速率随温度、CO_2 分压的变化关系图。由图 2-9 可以看出，在三个流速下，腐蚀速率对温度的依赖关系也都出现一个峰值，但与静态下不同的是，腐蚀速率峰值温度点移至 110℃。另外腐蚀速率随 CO_2

分压的变化也与静态下有所不同，静态下腐蚀速率随 CO_2 分压的变化类似抛物线规律，而在图中腐蚀速率却随 CO_2 分压的增加呈单调上升趋势。可以预测在流速一定的条件下，如果沿着 CO_2 分压升高的方向继续试验，腐蚀速率对 CO_2 分压的依赖关系可能依然类似抛物线规律。另外可以看出，随着流速增大，全面腐蚀速率明显增加，这主要归因于流体流动对产物膜的冲刷作用以及强化传质作用。

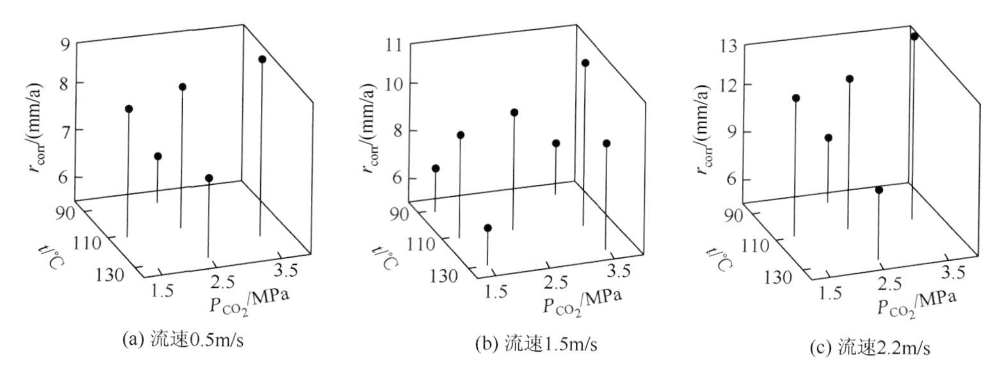

图 2-9　不同温度和分压对 P110 钢腐蚀速率的影响

2.5.4　腐蚀产物膜的影响

油气田腐蚀的研究经验表明，当油管钢表面形成腐蚀产物膜以后，其腐蚀速率由腐蚀产物膜的性质决定。腐蚀产物膜强烈地影响着金属的腐蚀速率。完整、致密、附着力强的稳定性膜可减少腐蚀速率，而膜的缺陷、膜脱落可诱发严重的局部腐蚀。各种腐蚀影响因素诸如腐蚀气体分压、溶液组成、pH 等也都是通过对腐蚀产物膜的性质产生一定的影响，从而改变腐蚀速率和腐蚀形态，导致全面腐蚀或局部腐蚀，如孔蚀、台地状侵蚀、涡状腐蚀、冲刷剥蚀及应力腐蚀开裂（SCC）等。碳钢及低合金钢的 CO_2 腐蚀极大地依赖于腐蚀过程中表面膜的形成。尽管多数研究者认为 CO_2 腐蚀产物膜的成分、性质与温度有很大关系，但还存在一定的争议。Ikeda 等[36]对不同温度下 CO_2 腐蚀产物膜形成分三种情况进行总结，如图 2-5 所示。在低温区（<60℃），腐蚀产物膜在金属表面不易形成，所以腐蚀类型表现为全面腐蚀；在中温区（60～110℃），金属表面形成的是粗糙、多孔、疏松的碳酸亚铁（$FeCO_3$）腐蚀产物膜，腐蚀速率一方面较高，另一方面未被腐蚀产物膜封闭的基材表面成为阳极而迅速地被腐蚀，引起坑蚀等；在高温区（>150℃），会形成致密、黏附力强的腐蚀产物膜，腐蚀速率大大降低，腐蚀类型为全面腐蚀。

Heuer 和 Stubbings[54]利用 X 射线光电子能谱（XPS）进行 CO_2 腐蚀产物研究，

认为 $FeCO_3$ 的形成是由阳极反应造成的，它既可以由 Fe^{2+} 与 CO_2 直接作用形成，也可能是由 Fe^{2+}、HCO_3^- 反应形成 $Fe(HCO_3)_2$ 后再分解为 CO_2、水及 $FeCO_3$。

de Waard 等的研究结果表明[33]，CO_2 腐蚀产物膜的主要成分为 $FeCO_3$ 和 Fe_3C，当腐蚀溶液中碳酸亚铁浓度达到过饱和时，$FeCO_3$ 在金属表面结晶形成腐蚀产物膜，$FeCO_3$ 腐蚀产物膜晶体微观形貌如图 2-10 所示。$FeCO_3$ 膜具有一定的保护作用，能够在金属反应中阻止腐蚀性介质进入以减缓金属的腐蚀速率。

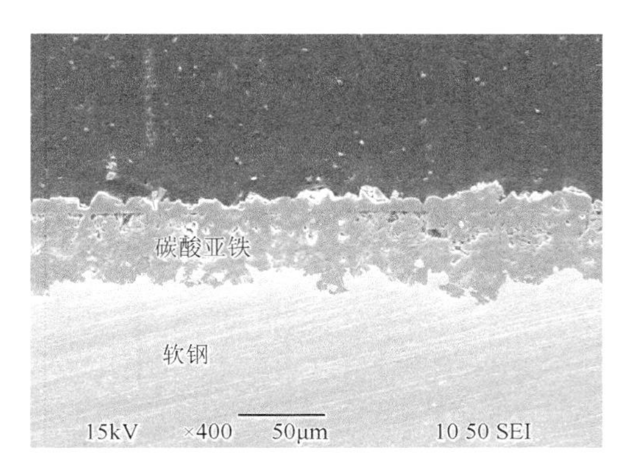

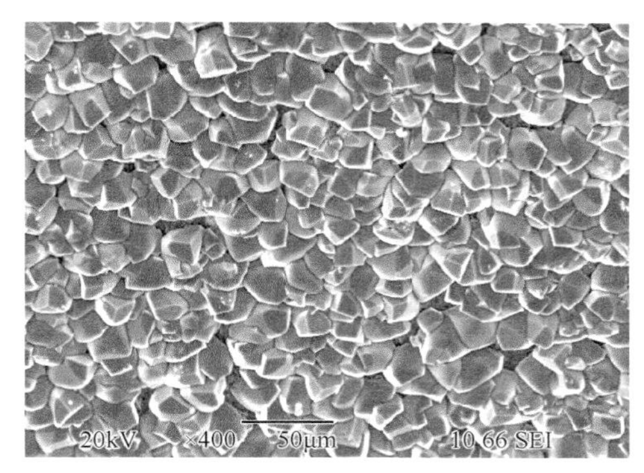

图 2-10　CO_2 腐蚀体系中碳钢表面生成的腐蚀产物膜 $FeCO_3$ 横截面及表面形貌（80℃，pH 6.6，P_{CO_2} =0.5bar，静态）

而 Fe_3C 则作为金属腐蚀后的“骨架”，是金属的未腐蚀部分，Fe_3C 层呈多孔结构，不具有保护性，Fe_3C 同金属一样是电导体，阴极的腐蚀反应容易在 Fe、C 表面发生，导致钢的底层物质与未被腐蚀溶液溶解的 Fe_3C 形成原电池，从而使底层金属继续腐蚀。Kermani 等[55]对此进行了高度概括与总结，见表 2-5。CO_2 腐蚀产物膜大体可分为四个主要类型：传递膜、Fe_3C 膜、$FeCO_3$ 膜、$FeCO_3$+Fe_3C 膜。表 2-5 中汇总了它们大致的特点。

表 2-5　腐蚀产物膜特征

腐蚀产物膜	形成温度	自然属性	生长特点及组成
传递膜	室温或低于室温	厚度＜1μm，一旦形成，即具有保护性	当温度降低到室温过程中形成较快，主要组成 Fe、O
Fe_3C 膜	不限	厚度＜100μm，具金属性，可导电，无附着力	疏松多孔，主要组成 Fe、C
$FeCO_3$ 膜	50～70℃	附着力强，具有保护性，不可导电	立方晶体，主要组成 Fe、C 和 O
$FeCO_3$+Fe_3C 膜	≤150℃	依赖于 $FeCO_3$ 和 Fe_3C 的结合形式	主要组成 Fe_3C 和 $FeCO_3$

在油井高温高压 CO_2 腐蚀多相流介质环境中，腐蚀产物膜会遇到三种力学-化学作用，即基体金属的变形作用、不同状态的流动流体剪切作用和固体颗粒的冲击作用。在这些力的作用下，腐蚀产物膜发生破损，导致严重的局部腐蚀。目前，针对上述力学-化学作用，研究人员研究了 CO_2 腐蚀产物膜的破坏行为与局部腐蚀的内在联系[48, 49, 56-63]。其中，Ramachandran 研究了基体变形对腐蚀产物膜的影响，指出由于脆性的腐蚀产物膜与塑性的基体金属的变形不相协调，当管道内部压力使基体金属承受环向应力时，产生的高应变会导致腐蚀产物膜破坏。

除了温度、流动状态等对 CO_2 腐蚀产物膜的组成及性质有重要影响外，pH 也是影响 $FeCO_3$ 膜性质最重要的因素，而且是影响膜密度的唯一参数。另外，材料的热处理状态、Cr 含量、介质、pH 等因素对腐蚀产物膜的影响也有许多报道[46]，此处不一一赘述。

另外一些研究人员则从理论上对 CO_2 腐蚀的产物膜进行研究，Van Hunnik[64]和 Nesic[65]分别建立了腐蚀产物膜形成模型，引入成膜性（scaling tendency）以及局部成膜性（local scaling tendency）概念用于判断材料在不同环境下腐蚀产物膜的保护性和局部腐蚀发生的可能性大小。Gopal 等[66]则建立了腐蚀产物膜在多相流下的传质模型，有利于预测腐蚀速率。Ramachandran 等[67]利用分子动力学计算了腐蚀产物膜的孔隙率，为研究腐蚀产物膜的力学性能、局部腐蚀以及传质过程提供了数据。Crolet 等[38]研究了具有一定导电能力的 $FeCO_3$ 腐蚀产物膜与基体产生电偶腐蚀的机理，提出了膜致腐蚀的观点。由上述研究者对腐蚀产物膜的研究结果看，研究工作几乎覆盖了腐蚀产物膜的所有重要特性，因此，这也使人们对腐蚀产物膜的认识逐渐清晰。

油气田的 CO_2 腐蚀是多因素的耦合，这就决定了腐蚀现象具有多样性，腐蚀产物膜也是如此。由于 CO_2 腐蚀的复杂性，绝大部分实验只能对其中一个或两个因素在其他条件一定的情况下进行研究，这往往导致结果的局限性。所以，只有通过较长时期深入细致的研究，才能克服实验条件带来的局限性，才能使人们能够充分了解腐蚀产物膜的特性、影响因素及与钢基体耐蚀性能之间的相关性。

2.5.5 pH 的影响

裸钢在含 CO_2 的除 O_2 水中，在 pH 低于 3.8 时，腐蚀速率随 pH 降低而增大[68, 69]。电化学实验表明，pH=2～4 区间，CO_2 饱和溶液中的阴极电流密度大于 N_2 饱和溶液中的阴极电流密度；在 pH=4.5～6 区间，两种情况下的阴极电流密度大致恒定，显示出钢在 pH=4～6 之间的 CO_2 腐蚀速率和催化机制的规律相符合。

pH 不仅是 P_{CO_2} 和 T 的函数，也与水中 Fe^{2+}和其他离子浓度有关。除 O_2 纯水中，若无 Fe^{2+}等离子，CO_2 溶于水可使 pH 显著降低，有很强腐蚀性。而在同样 P_{CO_2} 和 T 条件下，Fe^{2+}增加 30mmol/mol，就使水的 pH 从 3.9 增加到 5.1，这个作用相当于 P_{CO_2} 变化了约 1MPa 的效果[69]。pH 升高影响 $FeCO_3$ 溶解度，在局部高 pH 下，接近钢表面的 Fe^{2+}沉积为 $FeCO_3$ 膜[70]，从而影响钢的腐蚀速率。

2.5.6 Cl^-的影响

API P105 钢在 CO_2 饱和的含高 Cl^-浓度溶液中的电化学腐蚀机理可表示为[71]：

阳极反应：

$$Fe+Cl^-+H_2O = [FeCl(OH)]^-_{ad}+H^++e$$

$$[FeCl(OH)]^-_{ad} \longrightarrow FeClOH + e \qquad \text{（控制步骤）}$$

$$FeClOH+H^+ = Fe^{2+}+Cl^-+H_2O$$

阴极反应：

$$CO_2+H_2O = H_2CO_3$$

$$H_2CO_3 + e \longrightarrow H_{ad} + HCO_3^- \qquad \text{（控制步骤）}$$

$$HCO_3^-+H^+ = H_2CO_3$$

$$H_{ad}+H_{ad} = H_2$$

在常温下，随着溶液中 Cl^-含量的增加，CO_2 在溶液中的溶解度减少，则碳钢的腐蚀速率降低。但介质中若含有 H_2S，则结果会截然相反。由此可见，Cl^-参与了钢铁腐蚀的阳极过程，对钢铁的腐蚀具有促进作用。研究也表明，Cl^-对钢铁腐蚀的影响比较复杂，故 Cl^-对钢铁电化学腐蚀行为的影响一直存在争议[10]。尽管 Cl^-不是一种去极化剂，但是在钢铁的腐蚀过程中起着很重要的作用。

迄今为止，关于 Cl^-对钢铁腐蚀的阳极反应影响，主要存在三种机制，即 Lorenz 的卤素抑制机制[72]、Robert 等提出的卤素促进机制和不参与阳极的溶解机制[73,74]。对于阴极过程的影响主要有促进机制和不参与阴极过程两种机制[75,76]。

一般认为，Cl^-浓度只有达到一定程度以上才能发生点蚀，这一临界浓度和材料有本质的联系。例如，只有当溶液中的 Cl^-浓度超过 1.0mol/L 时，Cr29.4 的铁铬合金钢在 H_2SO_4+NaCl 溶液中才发生点蚀[77]。

Cl^-浓度在 10～10^5mg/L 下，对在 100℃左右出现的坑蚀等局部腐蚀的速率和形态没有影响，但在 150℃左右的温度环境和在有 $FeCO_3$ 保护膜存在的情况下，Cl^-浓度越高，腐蚀速率越大，特别是当 Cl^-浓度大于 3000mg/L 时更为明显。其原因是金属表面吸附的 Cl^-延缓了 $FeCO_3$ 保护膜的形成[78]。

Cl^-浓度和点蚀电位之间的关系为[79]

$$E_b^{Cl^-} = a + b\lg c_{Cl^-} \tag{2-8}$$

式中：$E_b^{Cl^-}$ 为临界点蚀电位（V（SCE））；c_{Cl^-} 为 Cl^-浓度（mol/L）；a 和 b 为与钢种和其他组分有关的系数。

2.5.7 细菌的影响

在含 CO_2 的油气田中，细菌对油气田设备的腐蚀不容忽视。油气田中的细菌主要有硫酸盐还原菌、腐生菌和铁细菌。无论哪种细菌，都会加剧设备的腐蚀。因此，中华人民共和国石油天然气行业标准 SY/T 5329—2012 对油田回注污水中细菌的含量指标进行了明确规定（表 2-6）。

表 2-6 油田回注污水中细菌的含量指标

标准分级	A1	A2	A3	B1	B2	B3	C1	C2	C3
硫酸盐还原菌含量/（个/mL）	0	＜10	＜25	0	＜10	＜25	0	＜10	＜25
铁细菌含量/（个/mL）	$n\times10^2$			$n\times10^3$			$n\times10^4$		
腐生菌含量/（个/mL）	$n\times10^2$			$n\times10^3$			$n\times10^4$		

注：$1\leqslant n<10$。

1. 硫酸盐还原菌

硫酸盐还原菌（sulfate-reducing bacteria，SRB）是指在一定条件下能够将硫酸根离子还原成二价硫离子，进而生成副产物硫化氢，对金属有很大腐蚀作用的细菌。SRB 是世界上发现最早的引起金属腐蚀危害的微生物。

自然界中，SRB 存在两种类型。一种是无芽孢的脱硫弧菌属（*Desulfovibrio*）；另一种是有芽孢的脱硫肠状菌属（*Desulfotomaculum*）。油田中最常见的具有严重腐蚀性的细菌是脱硫弧菌。

SRB 属厌氧菌，所以当它生长繁殖时，要求较低的氧化还原电位，其可能生长的电位上限为−100mV（SHE）。电位值越低，SRB 繁殖速率越快，因此培养基的电位值保持在−100～−200mV 之间最适宜。

SRB 的生长温度随菌种不同而异，分为中温型和高温型两类，中温型在 30～35℃最适宜，高于 45℃停止生长。高温型的最适宜温度为 55～60℃。脱硫弧菌属中温型，在油田中最适宜的生长温度为 20～40℃。实验发现其生长的最高温度随压力增加而明显增高。

脱硫弧菌生长的 pH 范围较广，一般在 5.5～9.0 之间均可生长，最适宜的 pH 为 7.0～7.5。在含盐度从零到饱和的天然水中，都能发现 SRB[80]。许多脱硫弧菌对盐具有较高的适应性。能在高达 10^5mg/L 的 NaCl 溶液中生长。只有在浓度更高时，其生长才受到限制。

H_2S 可以降低 SRB 的生长速率，并且在浓度较高时，可以将其生长速率降到零。溶解铁浓度的减少也可降低 SRB 的生长速率。

国内一些油气田回注污水中不含溶解氧或溶解氧含量较低，根据金属腐蚀理论，在中性环境没有足够的 H^+ 及其他阴极去极化剂时，金属是不腐蚀的。然而，若体系中存在 SRB 时，腐蚀就可以继续进行。Von Wolzogen Kuhr 提出了 SRB 参与阴极去极化过程的理论[81]：

$$Fe \longrightarrow Fe^{2+} + 2e \quad \text{阳极过程}$$

$$H_2O \longrightarrow H^+ + OH^- \quad \text{水电离}$$

$$H^+ + e \longrightarrow H \quad \text{阴极过程}$$

$$SO_4^{2-} + 8H \longrightarrow S^{2-} + 4H_2O \quad \text{细菌的阴极去极化}$$

$$Fe^{2+} + S^{2-} \longrightarrow FeS \quad \text{腐蚀产物}$$

$$Fe^{2+} + 2OH^- \longrightarrow Fe(OH)_2 \quad \text{腐蚀产物}$$

总反应：

$$4Fe + SO_4^{2-} + 4H_2O \longrightarrow 3Fe(OH)_2 + FeS + 2OH^-$$

SRB 对油气田设备腐蚀特征为：①点蚀区充满黑色腐蚀产物，即硫化亚铁；②产生深的坑蚀，形成结疤，在疏松的腐蚀产物下面出现金属光泽；③点蚀区表面由许多同心圆构成，其横断面呈锥形。

SRB 对油气田设备的危害主要有：①SRB 直接参与腐蚀反应，在细菌菌落的下面直接造成点蚀；②细菌产生 H_2S，从而引起 H_2S 腐蚀；③在不含 H_2S 的系统中，若有 SRB 时，就可能造成碳钢的硫化物脆性开裂和爆皮；④酸性腐蚀可生成不溶的硫化铁层，这种不溶的硫化铁层是一种极强的堵塞物，腐蚀反应中产生硫化铁沉淀可造成输送管线堵塞；⑤使储油层含硫。SRB 的活动已使许多储油层含硫量增加[82]。

目前国内外 SRB 的检测方法有两类共六种[83, 84]，一类是培养法，主要包括测试瓶法、琼脂深层培养法和溶化琼脂管法三种；另一类是直接测定法，主要包括 ATP 法、ECSA 法和 ARA 法三种。

培养法比直接测定法灵敏度高，能测定含 SRB 较低的水样，但培养法所需时间较长，检测结果往往偏低。而直接测定法比培养法快。测试瓶法是目前较为理想的检测方法，培养时间过长是其最大的缺点。琼脂深层培养法尽管能在较短时间内提供检测结果，但该法产生假阳性和假阴性，使用受到限制。溶化琼脂管法对低含量的 SRB 不敏感，对高含量的 SRB 检测结果往往偏低，操作繁琐。ATP 法只检测水样中细菌的总数。ECSA 法所使用的仪器昂贵，检测下限又高达 10^4

个/mL。ARA 法是目前最快的 SRB 检测方法，对 SRB 具有特异性，但检测下限为 10^2 个/mL，还是高了一些。现在我国油田中广泛使用的方法为测试瓶法，在中国石油天然气行业标准 SY/T 5329—2012 中作了详尽的阐述。

2. 铁细菌

铁细菌主要是在亚铁转化成高价铁化合物的过程中起催化作用，利用铁氧化中释放的能量来满足其生命的需要，并在该过程中大量分泌氢氧化铁。油田水中常见的铁细菌种类有嘉氏铁柄杆菌属（*Gallionella*）、铁细菌属（*Crnothrix*）、纤毛菌属（*Leptothrix*）、球衣菌属（*Sphaerotilns*）及鞘铁细菌（*Siderocapsa*）。

铁细菌的生长与亚铁离子、有机物、氧、pH 及温度有密切关系。水中的亚铁浓度对细菌生长极为重要。一般在总铁量为 1～6mg/L 的水中，铁细菌繁殖旺盛。含铁量大于 0.2mg/L 的水中，一定能发现铁细菌，而含铁量小于 0.1mg/L 的水中也有铁细菌，不含铁的水中，只要其他条件好，该细菌也可以从管道等铁器表面吸收铁而生存。

不同铁细菌对有机物要求不一样。例如，嘉氏铁柄杆菌是严格自养的，有机物对它有害，培养物中含 0.01%有机物就使其生长大大延缓。而其他异养铁细菌以有机物为营养源，所以需要有机物，而且特别偏爱铁与锰的有机化合物。

铁细菌是好氧菌，在静止水中，完全缺氧的深层是很难生长繁殖的，除非有藻类提供氧。在流动水中，有的水虽然氧浓度不高，但有一定的溶解氧，铁细菌仍可生长。在含氧量小于 0.5mg/L 的水系统中铁细菌也能生长。

酸性环境一般对铁细菌发育有利。因此在天然环境中，二氧化碳含量高的含铁水给铁细菌的生长创造了良好的条件。相反，碱性的水不适宜铁细菌生长。

对于铁细菌一般温度偏低有利，嘉氏铁柄杆菌在 6℃时繁殖最快，而其他异养铁细菌室温生长较好，最适温度为 22～25℃。

油田注水系统中铁细菌大量生长的常见特征如下：①水浑浊度和色度增加，有时 pH 发生变化；②铁含量增加；③溶解氧减少；④过滤器管线和设备里有红褐色的沉淀物；⑤注水能力降低，井口压力增高，过滤器堵塞以及管线和设备发生腐蚀。

铁细菌具有腐蚀性，其原因是铁细菌在水管内壁可以形成氧浓差电池，发生如下的反应：

$$Fe \longrightarrow Fe^{2+} + 2e \quad \text{阳极过程}$$

$$O_2 + 2H_2O + 4e \longrightarrow 4OH^- \quad \text{阴极过程}$$

$$Fe^{2+} + 2OH^- \longrightarrow Fe(OH)_2 \quad \text{腐蚀产物}$$

$$2Fe(OH)_2 + 1/2O_2 + H_2O \longrightarrow 2Fe(OH)_3 \quad \text{腐蚀产物}$$

总反应：

$$4Fe + 6H_2O + 3O_2 \longrightarrow 4Fe(OH)_3$$

铁细菌是在与水接触的结瘤腐蚀中最常见的一种菌。虽然不直接参加腐蚀反应，但是能造成腐蚀和堵塞。通过氢氧化铁层下的 SRB 的活动或者由于形成氧浓差电池引起腐蚀。铁细菌沉淀出大量的氢氧化铁，造成设备或管路的严重堵塞。

目前油气田铁细菌的常用检测方法是测试瓶法。

3. 腐生菌

腐生菌（saprophytic bacteria，TGB）是异养型细菌。在一定条件下，它们从有机物中得到能量，产生黏性物质，与某些代谢产物累积可造成堵塞。

腐生菌既能在咸水中生存也能在淡水中生存，既能在需氧系统中生存也能在厌氧系统中生存。但是，其常见于低盐度的需氧系统中。腐生菌属于中温型细菌，生长温度在 10～45℃，最适温度为 25～30℃。

腐生菌菌群（TGB）极其普遍地存在于石油、化工等工业领域的水循环系统中，其繁殖时产生的黏液与铁细菌、藻类原生动物等一起附着在管线和设备上，造成生物垢，堵塞注水井和过滤器，同时也产生氧浓差电池而引起电化学腐蚀，并会促进 SRB 等厌氧微生物的生长和繁殖，有恶化水质、增加水体黏度、破坏油层和腐蚀设备等多重副效反应。

4. 硫细菌

硫细菌主要包括能氧化单质硫、硫代硫酸盐、亚硫酸盐和若干连多硫酸盐而产生强酸的微生物。

从普遍性来说，这类菌的腐蚀虽不及 SRB，但一旦出现，后果是十分惊人的。氧化硫硫杆菌（*Th. thiooxidans*）和氧化铁硫杆菌（*Th. ferroxdans*）的产酸腐蚀反应如下：

$$Na_2S_2O_3 + 2O_2 + H_2O \longrightarrow Na_2SO_4 + H_2SO_4$$

$$4FeS_2 + 15O_2 + 2H_2O \longrightarrow 2Fe_2(SO_4)_3 + 2H_2SO_4$$

此属菌绝大多数是严格自养菌，从二氧化碳中获得碳，个别菌兼性自养。除脱氮硫杆菌厌氧生长，其他都是严格好氧菌。最适温度 28～30℃，有的菌株喜欢酸性条件，也有的在微碱性条件下也能生存。

2.5.8 H_2S 的影响

H_2S 对 CO_2 的腐蚀影响也很复杂，微量的 H_2S 不但影响了腐蚀的阴极过程，而且对 CO_2 腐蚀产物结构和性质也有很大影响。有研究表明[85]，金属腐蚀速率随

H_2S 浓度的增加而减小，当 H_2S 浓度大于某个临界浓度时，腐蚀速率随 H_2S 的浓度增加而增大。

近来研究认为[86]，在低于 100℃的温度范围内，腐蚀速率随 H_2S 浓度的增大而增大，但当 H_2S 浓度大于某个临界浓度时，腐蚀速率随之减小。H_2S 加速腐蚀的原因是 H_2S 影响了 CO_2 腐蚀的阴极过程，当 H_2S 浓度较高时，由于生成较厚的 FeS 沉积膜而减缓腐蚀，H_2S 在高于 100℃时则对腐蚀速率影响很小。

H_2S 对 CO_2 腐蚀的影响有双重作用，在低浓度时，H_2S 可以直接参加阴极反应，导致腐蚀加剧；高浓度时，H_2S 可以与铁反应生成 FeS 膜，从而减缓腐蚀。即它既可通过阴极反应加速 CO_2 腐蚀，也可通过 FeS 的沉积而减缓腐蚀，其变化与温度和水的含量有关。例如，在低温（30℃）下，少量 H_2S（3.3mg/L）可使钢铁的 CO_2 腐蚀成倍加速，而高含量 H_2S（330mg/L）则使钢铁腐蚀速率降低；高温下，当 H_2S 含量大于 33mg/L 时，钢铁的腐蚀速率反而比纯 CO_2 低；温度超过 150℃时，钢铁的腐蚀速率则不受 H_2S 含量的影响。

2.5.9 氧含量的影响

氧对 CO_2 腐蚀的影响主要有两方面，一方面，氧起了去极化剂的作用，去极化还原电极电位高于 H^+去极化的还原电极电位，因而它比 H^+更易发生去极化反应；另一方面，Fe^{2+}与由 O_2 去极化生成的 OH^-反应生成 $Fe(OH)_2$ 沉淀，若 Fe^{2+}迅速氧化成 Fe^{3+}的速率超过 Fe^{3+}的消耗速率，腐蚀过程就会加速进行。当钢铁表面未生成保护膜时，O_2 含量的增加使碳钢腐蚀速率增加。如钢铁表面已生成保护膜，则 O_2 的存在几乎不影响碳钢的腐蚀速率。在 O_2 含量不超过 1670mg/L、温度在 100℃左右或更低、$FeCO_3$ 膜难以形成的情况下，钢铁的腐蚀速率与 O_2 含量的多少呈线性关系，其原因是由 CO_2 腐蚀的阴极反应加上 O_2 的去极化反应所致。

$$O_2 + 4H^+ + 4e \longrightarrow 2H_2O$$

氧对 CO_2 腐蚀的影响主要是基于以下几个因素：氧起了去极化剂的作用，如果在 pH＞4 的情况下，Fe^{2+}能与氧直接反应生成 Fe^{3+}，氧易引发点蚀。

2.5.10 合金元素的影响

Cr 是提高合金耐 CO_2 腐蚀最常用的元素之一[87]，在 90℃以下的饱和 CO_2 水溶液中，很少量的铬就能明显地提高合金材料的耐腐蚀效果。Cr 在碳酸亚铁膜中的富集，会使膜更加稳定。在不同的电位、pH 条件下，Cr 会生成不同的腐蚀产物。Cr 含量对合金在 CO_2 溶液中的全面腐蚀速率和局部腐蚀速率影响大。当 Cr 在合金中的含量为 0.5%时，合金会有很好的耐 CO_2 腐蚀特性，同时合金的强度不会改变。在高温时，Cr 对 CO_2 腐蚀的影响不是非常明确。有的研究表明，Cr 的存在会降低材料的耐 CO_2 腐蚀性[88, 89]，另有文献报道，具有最高腐蚀速率的温度随钢中 Cr 含量的增加而增加[87]。

Ni 常被添加在钢或焊条里用来提高可焊性和焊接处的强度，但 Ni 合金钢对 CO_2 腐蚀的影响颇有争议，故不赘述。

2.5.11　结垢的影响

在油田生产过程中，地下储层、采油井井筒、地面油气集输设备、管线内均可能产生无机盐结垢，尤其在含 CO_2 的油气井中，当含有 Ca^{2+}时，会形成大量的 $CaCO_3$ 垢和相应的腐蚀产物。垢会沉积在钢铁表面，引起垢下腐蚀[90]，另外，垢层覆盖部分和裸露部分的金属管道也会形成电偶腐蚀。

油田污水中几种常见的危害最大的水垢主要有碳酸盐垢（主要成分为 $CaCO_3$）、硫酸盐垢（主要成分为 $CaSO_4$、$BaSO_4$、$SrSO_4$ 等）、铁化合物垢（主要成分为 $FeCO_3$、FeS、$Fe(OH)_2$、$Fe(OH)_3$）。实际上，一般垢的组成都不是单一的，往往是混合垢，只不过以某种垢为主。

影响油、气、水系统结垢的因素很多，其中最重要的是油田产出水及其溶质类型。例如，塔里木轮南油田地层水属 $CaCl_2$ 型，水中富含 Ca^{2+}、SO_4^{2-}、HCO_3^- 等易成垢离子，只要条件发生变化，地层水中的溶解物质的平衡状态即被破坏，就有可能结垢。这些条件的变化主要包括温度、压力、pH 及含盐量。

温度主要影响垢的溶解度。一般来说，温度升高，难溶盐的溶解度降低，故易在钢铁表面结垢。

压力通过改变 CO_2 分压来影响 $CaCO_3$ 垢的形成。从油田污水中产生 $CaCO_3$ 垢的主要反应为

$$Ca^{2+} + 2HCO_3^- \longrightarrow CaCO_3 \downarrow + CO_2 + H_2O$$

当水中 CO_2 含量低于 $CaCO_3$ 溶解平衡所需的含量时，反应向右进行，生成 $CaCO_3$ 垢。例如，油、气、水三相分离后，CO_2 分压降低，水中 CO_2 含量减少，pH 升高，有可能产生 $CaCO_3$ 垢。反之，压力增加，CO_2 分压增加，pH 降低，$CaCO_3$ 溶解度增加，结垢可能性减小。

压力降低使 $CaSO_4$ 的溶解度降低的原因与 $CaCO_3$ 不同，它与 CO_2 无关。无水石膏（$CaSO_4$）在 100℃和 0.1MPa 下，在蒸馏水中的溶解度为 0.075%（质量分数），压力增至 10.0MPa 时，溶解度增至 0.09%，压力下降对地下井筒和管线结垢都有很大影响。

溶液 pH 也对结垢有影响，因为水中 CO_2 含量影响 pH 和 $CaCO_3$ 的溶解度。

pH 较低，$CaCO_3$沉淀就少，反之，pH 高，$CaCO_3$沉淀就多。对铁化合物垢也一样。而对硫酸盐型的垢，pH 影响不大。

另外，油田水中常见离子的结垢趋势均随矿化度的增加而减小。这是由于离子强度的增加使难溶盐的溶解度增大。

油田水常见的水垢及影响水垢形成的主要因素见表 2-7。

表 2-7　油田水系统常见的水垢及影响水垢的主要因素

名称	化学式	结垢的主要因素
碳酸钙	$CaCO_3$	CO_2分压、温度、含盐量、pH
硫酸钙	$CaSO_4·2H_2O$，$CaSO_4$	温度、压力、含盐量
硫酸钡、硫酸锶	$BaSO_4$，$SrSO_4$	温度、含盐量
铁化合物	$FeCO_3$，FeS，Fe_2O_3，$Fe(OH)_2$，$Fe(OH)_3$	腐蚀、溶解气体、pH

尽管油气田水体系的结垢的影响因素复杂，但可以预测油气田水系统的结垢趋势[91，92]，其基本依据都是在一定温度、压力下的溶度积规则。并以此为基础，通过大量的模拟试验，得出了精确度较高的修正方法。

2.5.12　其他影响因素

除了上述影响CO_2腐蚀的主要因素外，还存在着时间对平均腐蚀速率的影响，Ca^{2+}和Mg^{2+}、细菌的腐蚀、有机酸、无机盐结垢、原油中油气组分（碳氢化合物）、局部腐蚀和应力腐蚀以及液膜的影响。

前述是对影响CO_2腐蚀的各种单项因素的作用机理分析。在油气井井下和地面设备的实际情况中，各种因素都可能同时存在，又相互影响，特别是在井下，从井底到井口的温度、压力及水的凝结情况等都随井深发生变化。如有地层水，则水中各金属或非金属离子含量的变化也对腐蚀产生影响，因此井下的CO_2腐蚀情况更是错综复杂，难以用单项因素影响进行分析。

另外，在油气田开发过程中，不可避免地要遇到多相流和湿酸性气体环境的问题，除了单相流中的诸多因素外，还必须考虑水湿性及水合物等对管材的影响等。

参 考 文 献

[1]　蔡益栋，郭鹏超，刘大锰. 庆深气田CO_2来源、形成及其分布规律研究[J]. 石油天然气学报，2009，31（1）：174-176.

[2]　戴金星. 中国含油气盆地的无机成因气及其气藏[J]. 天然气工业，1995，15（3）：22-27.

[3] Gold T，Soter S. The deep earth gas[J]. Science American，1980，246（6）：130-137.
[4] 戴春森，宋岩，孙岩. 中国东部二氧化碳气藏成因特点及分布规律[J].中国科学（B辑），1995，25（7）：764-771.
[5] 刘克奇，金之钧. 塔里木盆地塔中低凸起奥陶纪油气成藏体系[J]. 地球科学——中国地质大学学报，2004，29（4）：489-494.
[6] 金佩强，张恒发，陈林风. 国外提高采收率技术新进展[J]. 国外油田工程，2009，25（4）：8-10.
[7] 刘中春. 塔河油田缝洞型碳酸盐岩油藏提高采收率技术途径[J]. 油气地质与采收率，2012，19（6）：66-68.
[8] 王凤平，李晓刚，杜元龙. 油气开发中的 CO_2 腐蚀[J]. 腐蚀科学与防护技术，2002，14（4）：224-227.
[9] 万里平，孟英峰，梁发书. 油气田开发中的二氧化碳腐蚀及影响因素[J].全面腐蚀控制，2003，17（2）：14-17.
[10] 张学元，邸超，雷良才. CO_2 的腐蚀和控制[M]. 北京：化学工业出版社，2000.
[11] 张学元，王凤平，陈卓元，等. 油气开发中 CO_2 腐蚀的研究现状和趋势[J]. 油田化学，1997，14（2）：190-196.
[12] 张学元，杨春艳，王凤平，等. 轮南油田水介质对A3钢腐蚀规律研究[J]. 石油与天然气化工，1999，28（3）：215-217.
[13] 张学元，王凤平，苏俊华，等. LN2-3井油管腐蚀行为[J]. 腐蚀科学与防护技术，1999，11（4）：222-226.
[14] 朱克华，刘云，苏娜，等. 油井二氧化碳腐蚀行为规律及研究进展[J]. 全面腐蚀控制，2013，（10）：23-26.
[15] 张清，李全安，文九巴，等. CO_2/H_2S 对油气管材的腐蚀规律及研究进展[J]. 腐蚀与防护，2003，24（7）：277-281.
[16] Dunlop A，Hassel H L，Rhodes P R. Fundamental considerations in sweet gas well corrosion[A]//Hausler R H，Goddard H P. Advances in CO_2 Corrosion[C]. NACE International，Houston，Texas，1984：52.
[17] Whitman G W，Russel R P，Altieri V J，Effect of hydrogen-ion concentration on the submerged corrosion of steel[J]. Ind Eng Chem，1924，16（7）：665-670.
[18] Ikeda A，Ueda M，Mukai S. CO_2 corrosion behavior and mechanism of carbon steel and alloy steel. Corrosion/83，NACE International，Houston，Texas，1983：45.
[19] Bockris J O M，Drazic D，Despic A R. The electrode kinetics of the deposition and dissolution of iron[J]. Electrochim Acta，1961，4（4）：325-328.
[20] de Waard C，Lotz U，Milliams D E. Predictive model for CO_2 corrosion engineering in wet natural gas pipeline[J]. Corrosion，1991，47（12）：976-985.
[21] Schmitt G. Fundamental aspects of CO_2 corrosion[A]//Hausler R H，Giddard H P. Advances in CO_2 Corrosion[C]. NACE International，Houston，Texas，1984，1：10-19.
[22] Gray L G S，Anderson B G，Danysh M J，et al. Effect of pH and temperature on the mechanism of carbon steel corrosion by aqueous carbon dioxide. Corrosion/90，Paper No 40，NACE International，Houston，Texas，1990.
[23] Nesic S，Postlethwaite J，Olsen S. An electrochemical model for prediction of corrosion of mild steel in aqueous carbon dioxide solutions[J]. Corrosion，1996，52（4）：280-294.
[24] Ogundele G I，White W E. Some observation on corrosion of carbon steel in aqueous environment contaioning carbon dioxide[J]. Corrosion，1986，42（2）：71-78.
[25] Xia Z，Chou K C，Smilowska Z S. Pitting corrosion of carbon steel in CO_2-contaioning NaCl brine[J]. Corrosion，1989，445（8）：636-642.
[26] Hausler H R. The mechanism of CO_2 corrosion of steels in aqueous CO_2 environments[J]. NACE Corrosion，Houston，Texas，1985.
[27] Uchida T，Umino T，Arai K. New monitoring system for microbiological control effectiveness on pitting corrosion of carbon steel. Corrosion 97，Paper No 408，NACE International，Houston，Texas，1997.
[28] 杨武，顾濬祥，黎樵燊，等. 金属的局部腐蚀[M]. 北京：化学工业出版社，1990.
[29] Eashwar M，Subramanian G，Balakrishnan K，et al. Mechanism for barnacle-induced crevice corrosion in stainless

steel[J]. Corrosion，1992，48（7）：608-612.

[30] Wang G Y，Akid R. Role of nonmetallic inclusions in fatigue，pitting，and corrosion fatigue[J]. Corrosion. 1996，52（2）：92-102.

[31] Nyborg R. Initiation and growth of mesa corrosion attack during CO_2 corrosion of carbon steel，transfer in multiphase flows. Corrosion/1998，Paper No 48，NACE International，Houston，Texas，1998.

[32] Schmitt G，Rothman B. Corrosion of unalloyed and low alloyed steels in carbonic acid solutions[A]//Newton L E，Hauler R H. CO_2 Corrosion in Oil and Gas Production-selected Papers，Abstracts and References[C]. NACE International，Houston，Texas，1984：1-12.

[33] de Waard C，Lotz U. Prediction of CO_2 corrosion of carbon steel. Corrosion'93. NACE International，Houston，Texas，1993：1-22.

[34] de Waard C，Lotz U. Prediction of CO_2 corrosion of carbon steel[A]//A Working Party Report on Prediction CO_2 Corrosion in Oil and Gas Corrosion of Carbon Steel[C]. Corrosion'94. NACE International，Houston，Texas，1994：1-24.

[35] 叶春艳. 克拉玛依油田典型套管CO_2腐蚀行为及防护措施评价[D]. 西安：西安石油大学硕士学位论文，2004.

[36] Ikeda A，Ueda M，Mukai S. CO_2 behavior of carbon and Cr steels[A]//Hausler R H，Giddard H P，Advances in CO_2 Corrosion[C]. Corrosion/84，Paper No l，NACE International，Houston，Texas，1984：289.

[37] Nazari M H，Allahkaram S R，Kermani M B. The effects of temperature and pH on the characteristics of corrosion product in CO_2 corrosion of grade X70 steel[J]. Materials & Design，2010，31（7）：3559-3563.

[38] Crolet J L，Thevenot N，Nesic S. Role of conductive corrosion products on the protectiveness of corrosion layers. Corrosion/96，Paper No 4，NACE International，Houston，Texas，1996.

[39] Smart J S. III. A review of erosion corrosion in oil and gas production. Corrosion'90，Paper No 10，NACE International，Houston，Texas，1990.

[40] de Waard C，Milliams D E. Carbonic acid corrosion of steel[J]. Corrosion，1975，31（5）：177-181.

[41] Cron C J，Marsh G A. Overview of economic and engineering aspects of corrosion in oil and gas production[J]. Journal of Petroleum Technology，1983，35（7）：1033-1041.

[42] Lohodny-Sarc O. Corrosion inhibition in oil and gas drilling and production operations[A]//A Working Party Report on Corrosion Inhibition[C]. NACE International，Houston，Texas，1994：104-120.

[43] Jordan K G，Rhodes P R. Corrosion of carbon steel by CO_2 solutions：The role of fluid flow. Corrosion'95，Paper No 125，NACE International，Houston，Texas，1995.

[44] Lu B T. Erosion-corrosion in oil and gas production（Part 1）[J]. Chemical Engineering of Oil & Gas，2013，41（1）：1-10.

[45] Lu B T. Erosion-corrosion in oil and gas production（Part 2）[J]. Chemical Engineering of Oil & Gas，2013，41（2）：95-105.

[46] Palacios C A，Shadley J R. CO_2 Corrosion of N-80 steel at 71℃ in a two-phase flow system[J]. Corrosion，1993，49（8）：686-693.

[47] Nesic S，Solvi G T，Enerhaug J. Comparison of the rotating cylinder and pipe flow tests for flow-sensitive carbon dioxide corrosion[J]. Corrosion，1995，51（10）：773-787.

[48] Gopal M，Rajappa S. Effect of multiphase slug flow on the stability of corrosion product layer. Corrosion/99，Paper No 46，NACE International，Houston，Texas，1999.

[49] Schmitt G，Bosch C，Mueller M. A probabilistic model for flow Induced localized corrosion. Corrosion/2000，Paper No 49，NACE International，Houston，Texas，2000.

[50] Schmitt G A，Mueller M. Critical wall shear stresses in CO_2 corrosion of carbon steel. Corrosion/1999，Paper No 44，NACE International，Houston，Texas，1999.

[51] Eriksrud E，Sontvedt T. Effect of flow on CO_2 corrosion rates in real and synthetic formation waters[A]//Hausler R H，Giddard H P. Advances in CO_2 Corrosion[C]. NACE International，Houston，Texas，1984，1：20.

[52] 张学元，王凤平，杜元龙. 高矿化度介质中CO_2对API-N80钢腐蚀规律的研究[J]. 金属学报，1999，35（5）：513-516.

[53] 张学元，王凤平，杜元龙. CO_2腐蚀机理及影响因素[J]. 材料开发与应用，1998，13（5）：35-40.

[54] Heuer J K，Stubbings J F. An XPS characterization of $FeCO_3$ films from CO_2 corrosion[J]. Corrosion Science，1999，41（7）：1231-1243.

[55] Kermani M B，Morshed A. Carbon dioxide corrosion in oil and gas production-A compendium critical review of corrosion science and engineering[J]. Corrosion，2003，59（8）：659-683.

[56] Ramachandran S，Campbell S，Warrd M B. The interactions and properties of corrosion inhibitors with byproduct layers. Corrosion/2000，Paper No 25，NACE International，Houston，Texas，2001.

[57] Schmitt G A，Mueller M，Papenfuss M. Understanding localized CO_2 corrosion of carbon steel from physical properties of iron carbonate scales. Corrosion/1999，Paper No 38，NACE International，Houston，Texas，1999.

[58] Schmitt G A，Polytechnic I，Gudde T，et al. Fracture mechanical properties of CO_2 corrosion product scales and their relation to localized corrosion. Corrosion/1996，Paper No 9，NACE International，Houston，Texas，1996.

[59] Onsrurn G，Sontvedt T. Recording of local flow disturbances behind obstacles where mesa attack have occurred. Corrosion/98，Paper No 40，NACE International，Houston，Texas，1998.

[60] Nyborg R. Initiation and growth of mesa corrosion attack during CO_2 corrosion of carbon steel. Corrosion/98，Paper No 48，NACE International，Houston，Texas，1998.

[61] Seal S，Sapre K，Desai V，et al. Surface chemical and morphological changes in corrosion product layers and inhibitors in CO_2 corrosion in multiphase flowlines. Corrosion/2000，Paper No 46，NACE International，Houston，Texas，2000.

[62] Al-Hashem A H，Carew J A，Al-Sayegh A. The effect of water-cut on the corrosion behavior of L80 carbon steel under downhole condition. Corrosion 2000，NACE International，Houston，Texas，2000：26-31.

[63] Mora-Mendoza J L，Turgoose S. Influence of turbulent flow on the localized corrosion processes of mild steel with Inhibited aqueous CO_2 systems. Corrosion/2001，Paper No 63，NACE International，Houston，Texas，2001.

[64] Van Hunnik E W J V，Hendriksen E L J，Pots B F A M. The Formation of protective $FeCO_3$ corrosion product layers in CO_2 corrosion. Corrosion/1996，Paper No 6，NACE International，Houston，Texas，1996.

[65] Nesic S，Lee J，Ruzic V A. Mechanistic model of iron carbonate film growth and the effect on CO_2 corrosion of mild steel. Corrosion/2002，Paper No 237，NACE International，Houston，Texas，2002.

[66] Gopal M，Jiang L. Calculation of mass transfer in multiphase flows. Corrosion/1998，Paper No 50，NACE International，Houston，Texas，1998.

[67] Ramachandran S，Jovanciceric V. Molcular modeling of the inhibition of mild steel carbon dioxide corrosion by imidazolines[J]. Corrosion，1999，55（8）：259-267.

[68] Ikeda A，Mukai S，Ueda M. CO_2 Corrosion behavior of carbon Cr steels[J]. Sumitomo Search，1985，(31)：91-102.

[69] Videm K，Dugstd A. Effect of flow rate，pH，Fe^{2+}concentration and steel quality on the CO_2 corrosion of carbon steels. Corrosion 87，Paper No 42，NACE International，Houston，Texas，1987.

[70] Moiseeva L S，Kuksina O D. Predicting the corrosion aggressiveness of CO_2-containing media in oil and gas wells[J]. Chemical & Petroleum Engineering，2000，36（5）：307-311.

[71] 张学元，余刚，王凤平，等. Cl^-对 API P105 钢在含 CO_2 溶液中的电化学腐蚀行为的影响[J]. 高等学校化学学报，1999，20（7）：1115-1118.

[72] Lorenz W J. Der einfluss von halogenidionen auf die anodische auflösung des eisens[J]. Corrosion Science，1965，5（2）：121-131.

[73] Chin R J，Ken Nobe J. Electrodissolution kinetics of iron in chloride solutions[J]. Electrochem Soc，1972，119（11）：1457-1461.

[74] Atkinson A，Marshall A. Anodic dissolution of iron in acidic chloride solutions[J]. Corrosion Science，1978，18（5）：427-439.

[75] 董俊华，曹楚南，林海潮. 酸度和氯离子浓度对工业纯铁腐蚀的促进作用机制研究[J]. 腐蚀科学与防护技术，1995，7（4）：293-299.

[76] 毕新民，曹楚南. pH 值和氯离子浓度对铁在酸溶液中的腐蚀电化学行为的影响[J]. 中国腐蚀与防护学报，1983，3（4）：199-216.

[77] 华忠志. 在役天然气管线及分离器腐蚀分析与研究[D]. 西安：西安石油大学硕士学位论文，2009.

[78] Mao X，Liu X，Revie R W. Pitting corrosion of pipeline steel in di-lute bicarbonate solution with chloride ions[J]. Corrosion，1994，50（9）：651-657.

[79] Leckie H P，Uhlig H H. Environmental factors affecting the critical potential for pitting in 18-8 stainless Steel[J]. J Electrochem Soc，1966，113（2）：1262-1267.

[80] Postgate J R. The Sulphate-Reducing Bacteria[M]. Cambridge，England：Cambridge University Press，1979.

[81] Von Wolzogen Kuhr C A H，Van der Vlugt I S. The graphitization of cast iron as an electrobiochemical process in anaerobic soils[J]. Water，1964，18（1）：147-165.

[82] Simth R S，Landes S H，Thurlow M T. Guidelines help counter SRB activity in injection water[J]. Oil & Gas Journal，1978，12：87-91.

[83] Tatnall R E，Stanton K M，Ebersole R C. Testing for the presence of sulphate-reducing bacteria[J]. Mater Performance，1988，27（8）：71-80.

[84] 倪怀英. 微生物腐蚀测定方法的现状及研究动向[J]. 石油与天然气化工，1985，14（4）：45-50.

[85] Smith S N，Joosten M. Corrosion of carbon steel by H_2S in CO_2 containing oilfield environments. Corrosion/2006，Paper No 06115，NACE International，Houston，Texas，2006.

[86] Brown B，N，Parakalas S，Nesic S. CO_2 corrosion in the presence of trace amounts of H_2S. Corrosion/2004，Paper No 04736，NACE International，Houston，Texas，2004.

[87] 苏俊华，张学元，王凤平，等. 饱和 CO_2 的高矿化度溶液中咪唑啉缓蚀机理的研究[J]. 材料保护，1999，32（5）：32-33.

[88] Lotz U，Van Bodegom L，Outwehand C. The effect of type of oil or gas condensate on carbonic acid corrosion[J]. Corrosion，1991，47（8）：635-645.

[89] Kimura M，Saito Y，Nakano Y. Effects of alloying elements on corrosion resistance of high strength linepipe steel in wet CO_2 environment. Corrosion 94，Paper No 18，NACE International，Houston，Texas，1994.

[90] 张学元，邸超，王凤平，等. LN209 井油管沉积物下方腐蚀行为[J]. 腐蚀科学与防护技术，1999，11（5）：279-283.

[91] 王凤平，张学元，苏俊华，等. 轮南油田注水系统结垢趋势预测[J]. 油田化学，1999，16（1）：31-33.

[92] 王凤平，辛春梅. 吉林油田注水系统结垢趋势预测[J]. 东北师大学报：自然科学版，1999，（2）：43-47.

第3章 油气田 H_2S 腐蚀

3.1 油气田中 H_2S 的来源、分布及性质

3.1.1 油气田中 H_2S 的来源及分布

目前全球几乎所有发现的气藏中都或多或少含有 H_2S，其中已发现的高含 H_2S 气田近 20 个[1]。它们分别分布在加拿大阿尔伯达[2, 3]，法国拉克[4]，美国密西西比[5]、南得克萨斯、东得克萨斯、怀俄明，德国威悉-埃姆斯，伊朗阿斯马里-沙阿普尔港，苏联伊尔库茨克[6]和中国的川东北[7]、华北赵兰庄等富含碳酸盐的含油气盆地或蒸发盐比较发育的储层中[8]。这些气田中的 H_2S 含量一般占气体组分的 4%～98%。其中美国南得克萨斯侏罗系灰岩储层中的 H_2S 含量高达 98%，为世界之最。含 H_2S 气田多存在于碳酸盐岩-蒸发岩地层中，尤其存在于与碳酸盐伴生的硫酸盐沉积环境中。

有些油气田在勘探之初就检测出 H_2S 气体，并与油气一起采出，这种情况属于底层流体中的原生 H_2S；有些油气田开采之初或投产时不含 H_2S，但生产一段时间后才开始出现 H_2S，通常是因为生产过程中添加了含硫的化学剂，如磺化高分子化合物降解产生 H_2S。如大庆油田长垣伴生气在 20 世纪 80 年代以前基本不含 H_2S，90 年代中期以后，发现老油区的伴生气含有 H_2S，并且含量呈上升趋势。在 H_2S 含量增加的同时，油田伴生气中的 CO_2 含量也在近 20 年间增加了约 10 倍[9]。塔里木东河油田自 1990 年投产，多年来一直高含 CO_2，未见 H_2S 气体，但从 2006 年开始，在东河油田从井口到联合站均发现 H_2S，联合站内的 H_2S 含量高达 $83mg/m^3$。所以，油气田中 H_2S 的来源是比较复杂的。

根据 H_2S 的成因机理，可将自然界中的 H_2S 分为三大类[10-13]：①生物成因；②热化学成因；③火山喷发成因等。

1. 生物成因

天然气中的 H_2S 可以通过生物降解或微生物硫酸盐还原产生，其形成的途径主要有两种。途径一：通过硫酸盐还原菌（SRB）对硫酸盐的异化还原代谢而实现，SRB 利用各种有机质或烃类作为给氢体来还原硫酸盐，在异化作用下直接形成 H_2S。这种 SRB 在进行厌氧的硫酸盐呼吸作用中，将硫酸盐还原生成

H_2S。该过程是 H_2S 生物化学成因的主要作用类型，其形成的 H_2S 丰度一般不会超过 3%。途径二：通过微生物同化还原作用和植物等的吸收作用形成含硫有机化合物，然后在一定条件下分解而产生 H_2S，即在腐败作用主导下形成 H_2S 的过程。如鸡蛋、食物等腐败分解后闻到的气味就是 H_2S。腐败作用是在含硫有机质形成之后，当同化作用的环境发生变化，不利于同化作用进行时，就可能会发生含硫有机质的腐败分解，从而释放出 H_2S。一般来说，这种方式生成的 H_2S 规模和含量都不会很大，也难以聚集，但分布很广，主要集中分布于埋藏较浅的地层中。

SRB 可以来自于油气田的回注水系统，有的油田注水中 SRB 含量达到了 6000 个/mL。这也在一定程度上解释了某些油气田在生产一段时间后才开始出现 H_2S 气体的原因。存在于管线中的 SRB 分为游离型和附着型，附着型的 SRB 形成菌瘤，往往担任着产生 H_2S 的主要作用。

2. 热化学成因

热化学成因主要是通过硫酸盐热化学的还原作用（thermochemical sulfate reduction，TSR）产生 H_2S，即硫酸盐矿物（石膏）与有机物或烃类发生作用，将硫酸盐还原生成 H_2S 和 CO_2（硫酸盐被还原和气态烃被氧化）[14]。其反应式为：

$$2C + CaSO_4 + H_2O \longrightarrow CaCO_3 + H_2S + CO_2$$

$$\sum CH + CaSO_4 \longrightarrow CaCO_3 + H_2S + H_2O$$

目前普遍的观点认为，在硫酸盐热化学还原成因中，碳酸盐岩-蒸发岩中的石膏是形成 H_2S 的基础。硫酸盐热化学还原成因是生成高含 H_2S 天然气和 H_2S 型天然气的主要形式，一般认为它发生的启动温度为 150℃。由于温度随着地层埋深的增加而增加，所以，产生的 H_2S 含量也随地层埋深增加而增加。在井深 2600m，H_2S 含量在 0.1%～0.5%之间；而超过 2600m 时，H_2S 含量在 2%～23%之间；当地温超过 200～250℃时，热化学作用将加剧而产生大量 H_2S。

热化学分解成因也包含含硫有机化合物在热力作用下，含硫杂环断裂形成 H_2S，这又被称为裂解型 H_2S。例如，热作用于油层时，石油中的有机硫化物分解产生 H_2S。

油气田生产过程中的无机硫酸盐或有机硫化物也会在高温作用下产生 H_2S。主要包括：修井泥浆高温分解；石膏泥浆高温分解；某些钻井液中含硫添加剂（如磺化酚醛树脂等）或洗井液中的含硫添加剂（如木质磺酸盐）在高温时的热分解；采用含硫的接头丝扣润滑剂发生反应；某些含硫原油或含硫水被用于泥浆系统。

3. 火山喷发成因

由于地球内部硫元素的丰度远高于地壳，岩浆活动使地壳深部的岩石熔融并产生含 H_2S 的挥发成分，所以火山喷发物中常常含有 H_2S。而 H_2S 的含量主要取决于岩浆的成分及气体运移条件等，因此火山喷发气体中 H_2S 的含量极不稳定，且只有在特定的运移和储集条件下才能保存下来。

一般根据地层中 H_2S 的含量划分含 H_2S 气藏[15]。含 H_2S 的气藏划分与 H_2S 含量关系见表 3-1。

表 3-1　含 H_2S 气藏分类

分类	微含硫气藏	低含硫气藏	中含硫气藏	高含硫气藏	特高含硫气藏	H_2S 气藏
H_2S 含量/（g/m^3）	＜0.02	0.02～5.0	5.0～30.0	30.0～150.0	150.0～770.0	≥770.0
H_2S 含量/%	＜0.0013	0.0013～0.3	0.3～2.0	2.0～10.0	10.0～50.0	≥50.0

该分类方式仅适用含 H_2S 油气藏简单分类，因多数油井除了含 H_2S 外，一般还含有 CO_2、氯化物等物质以及总压的变化，此类物质的饱和度也发生不同变化，因此含硫油气藏的划分必须综合考虑井况。

3.1.2　H_2S 的一般性质

H_2S 相对分子质量为 34.08，无色气体，有恶臭和毒性。熔点−82.9℃，沸点−61.8℃，密度 1.539（25℃），相对密度 1.1906（空气相对密度=1），密度比空气大，易在低洼处聚集。如果油气田发生 H_2S 泄漏，应往高处逃生。H_2S 在空气中容易燃烧，能够使银、铜制品表面发黑，与许多金属离子作用生成不溶于水或酸的硫化物沉淀。

H_2S 溶于水、乙醇、甘油。在 293K 时，一体积水能溶解 2.6 体积的 H_2S，H_2S 溶于水后生成氢硫酸（hydrosulfuric acid），浓度约为 0.1mol/L。与 CO_2 类似，H_2S 在水中的溶解度随温度升高而降低。然而，在相同温度与分压下，H_2S 在水中溶解的浓度高于 CO_2 在水中溶解的浓度，如图 3-1 所示。

氢硫酸是一种弱酸，按下式分步离解：

$$H_2S \rightleftharpoons H^+ + HS^- \quad K_1 = 9.1\times10^{-8}$$

$$HS^- \rightleftharpoons H^+ + S^{2-} \quad K_2 = 1.1\times10^{-12}$$

由此可见，在 H_2S 水溶液中含有 H^+、HS^-、S^{2-}和 H_2S 分子几种共存，溶液 pH 小于 7。

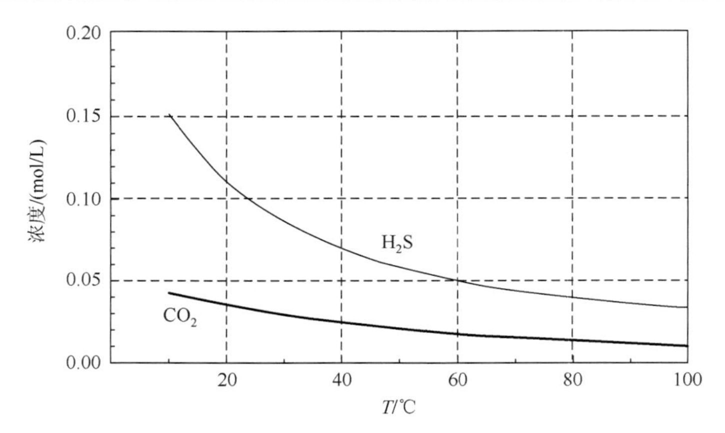

图 3-1　H_2S 与 CO_2 的水中溶解度与温度关系（25℃，$P_{H_2S}=P_{CO_2}$=0.1MPa）

氢硫酸比 H_2S 气体具有更强的还原性，容易被空气氧化而析出硫，使溶液变浑浊。

从热力学角度看，H_2S 在水中的溶解是放热反应，因而随着温度的升高溶解度降低。在压力不变的情况下满足：

$$C_{H_2S}=C_0\cdot\exp\frac{\Delta H}{RT}\tag{3-1}$$

式中：C_{H_2S} 为 H_2S 在水溶液中的溶解度；C_0 为常数；ΔH 为溶解热；R 为摩尔气体常数；T 为热力学温度。

有些文献[16]在计算体系中 H_2S 气体的分压时使用了 Dalton 分压定律及 Henry 定律，即 H_2S 分压 P_{H_2S} 与气体总压 P 的关系符合 Dalton 气体分压定律：

$$P_{H_2S}=x_{H_2S}\times P\tag{3-2}$$

由 Dalton 气体分压定律可知，通过快速检测气相中的 H_2S 浓度可计算气相中的 H_2S 分压。但是需要注意的是，Dalton 分压定律只适用于低压下的混合气体，对非理想气体则有显著的偏差。

也可以根据 Henry 定律计算 H_2S 分压。

$$P_{H_2S}=k\times C_{H_2S}\tag{3-3}$$

式中：x_{H_2S} 为 H_2S 气体的摩尔分数；P 为气体的总压；k 为 Henry 常数；C_{H_2S} 为水中 H_2S 的物质的量浓度。H_2S 在水中溶解的 Henry 常数可按下式计算[17]：

$$\ln k=-6517/T+0.2111\ln T-0.01014T+25.24\tag{3-4}$$

H_2S 在溶液中以一级电离为主，即 $H_2S\rightleftharpoons HS^-+H^+$，则有

$$[HS^-]\cdot[H^+]=k_1\times C_{H_2S}\tag{3-5}$$

式中：k_1 为化学反应常数。所以溶液中的 HS^- 和 H^+ 浓度主要与温度、气相中 H_2S

分压有密切关系。以上分析在溶液和薄液膜情况下都是适用的，但 Henry 定律要求气体在溶液中不与溶剂起反应（或虽起一些反应而极少电离）。

3.2 H_2S 监测与人身安全防护

含硫气田的开发中产生的 H_2S 是一种具有腐蚀性的有毒气体。它不仅对钢材造成严重的腐蚀，而且直接威胁到操作人员的人身安全。H_2S 气体危害人们的呼吸系统和神经系统，人体接触 H_2S 所引起的反应取决于 H_2S 气体的浓度和接触时间的长短。它能使血液中毒，对眼睛、黏膜及呼吸道有强烈的刺激作用。当浓度达 mg/L 级时，就能闻到臭味；浓度达到 150mg/L（0.015%）时，人会感到难受、头痛、胸部有受压感、疲倦；当浓度达 300mg/L 时，5～8min 后，鼻、咽喉的黏膜感到灼热性疼痛；当浓度达 500mg/L 时，将引起亚急性中毒，在 15～30min 内，眼和脸受到刺激、咳嗽、呕吐、眩晕、出冷汗、腹泻、呼吸和行动困难、昏睡和神志不清等，还可能引起气管炎、肺炎等症状；当浓度达到 700～800mg/L 时，30min 后将有生命危险；当浓度达 1000～1500mg/L 时，将导致急性中毒，引起失神、痉挛。高浓度 H_2S 可从呼吸道进入体内，使血液中毒、呼吸道麻痹，甚至死亡。

H_2S 在水溶液中可解离成 HS^- 和 H^+，在人体生理 pH 下，体内 H_2S 总量的 2/3 离解成 HS^-，约 1/3 为未离解的氢硫酸（H_2S），它们都具有局部刺激作用。H_2S 可与组织中碱性物质结合形成硫化钠，也具有腐蚀性，从而造成眼及呼吸道的损害。进入体内的游离 H_2S 和硫化物在血液中来不及氧化时，则引起全身中毒反应。

在含 H_2S 环境中操作时，需要首先解决的问题就是对 H_2S 进行监测，确定在工作区域内是否有 H_2S 存在，有多高浓度，使操作人员确定要采取什么样的防护措施。

在初期，人们采取嗅觉和试纸来监测 H_2S。H_2S 气体有臭鸡蛋气味，浓度低时，鼻子能嗅到，但是，浓度达到 100～150ppm（ppm 为 10^{-6}）时，H_2S 气体很快使得鼻子变迟钝，鼻子再也嗅不到 H_2S 气体，所以，嗅觉不是一种可靠的监测方法。后来采用乙酸铅试纸法监测 H_2S，根据乙酸铅试纸的颜色变化的深浅程度确定 H_2S 的浓度，但是乙酸铅试纸法只能定性监测 H_2S。另外，乙酸铅试纸与 H_2S 气体反应有一段时间滞后，大约 3～5min，所以，在监测高含 H_2S 浓度的场合就很危险。

近年来，随着电子仪器的发展，国内外均生产了不同形式的电子 H_2S 监测仪，这些电子式监测仪不仅能定量测定 H_2S 浓度，而且反应速度极快。根据用途，可将 H_2S 监测仪分为固定式和便携式两大类。固定式 H_2S 监测仪一般为多探头组成，便携式 H_2S 监测仪为单探头。固定式 H_2S 监测仪，用于现场 24h 连续监测 H_2S 浓度，有 1～12 个通道与探头连接，探头数量取决于现场气量采集点的数量。探头接线盒为防爆型，置于现场的危险区域，监测仪安装在离现场几百米外的控制室执行指示、报警。探头为扩散式，信号通过敷设的专用电缆传到控制室。报警浓度为三级可调，在现场，可将第一级调在 7mg/L 报警，作为预警，第二、三级调在 50mg/L 报警，作为紧急报警。

在高含硫油气田开采过程（钻井、测井、集输、脱硫等）中，一旦发生 H_2S 泄漏事故，H_2S 浓度将会迅速升高，并危及操作人员的安全，为此，操作人员必须采取有效的防护措施，并严格遵守 H_2S 人身安全防护的有关规定。在发生 H_2S 的泄漏或中毒事故时，操作人员应遵循事故处理程序。

（1）对在含有 H_2S 区域内的操作人员进行必要的培训。

（2）操作人员应充分了解 H_2S 的各种物理、化学特征，认识其对人体的危害性，尤其是要清楚人体接触不同 H_2S 浓度时的各种反应。

（3）操作人员在含有 H_2S 的区域内进行的所有操作（如 H_2S 浓度的监测、中毒人员的抢救等）都必须穿戴有效的防毒面具。

（4）操作人员在进入怀疑有 H_2S 的区域之前，必须首先测定 H_2S 的浓度。然后对沉积 H_2S 的危险区域作出醒目的标志。这些区域包括井口、油气取样口、排气孔、泥浆振动筛、压缩机与泵房、气体计量表间、低洼点、装有含 H_2S 的油水储罐及油、水、气管线等。

（5）对 H_2S 中毒人员急救应遵循适当的程序：立即将中毒人员送到有新鲜空气的地方。如果中毒人员已失去知觉并停止呼吸，要立即进行人工呼吸，并注射呼吸兴奋剂，直到恢复正常呼吸为止，然后送往医院。

3.3　H_2S 腐蚀物理化学机理

H_2S 腐蚀的物理化学机理认为，干燥的 H_2S 与 CO_2 一样都不具有腐蚀性，但溶解于水中的 H_2S 则具有较强的腐蚀性。钢铁材料在含 H_2S 的酸性水溶液中主要发生电化学腐蚀，整个电化学反应过程至少包括以下三个步骤：阳极反应、阴极反应和氢损伤开裂[18-24]。

3.3.1　阳极反应机理

在溶液中 H_2S 首先吸附在铁表面，铁经过一系列阴离子的吸附和脱附、阳极氧化反应、水解等过程生成亚铁离子或者硫化亚铁[25]。

$$Fe+H_2S+H_2O \longrightarrow FeHS^-_{ad}+H_3O^+$$

$$FeHS^-_{ad} \longrightarrow FeHS^+_{ad}+2e$$

$$FeHS^+_{ad}+H_3O^+ \longrightarrow Fe^{2+}+H_2S+H_2O$$

$$Fe^{2+}+HS^- \longrightarrow FeS+H^+$$

在弱酸溶液中，铁的阳极电化学反应产生的 $FeHS^+_{ad}$，也可能脱附 H^+直接转变为 FeS[26]。当生成的 FeS 致密且与基体结合良好时，FeS 对腐蚀有一定的减缓作用。但当生成的 FeS 不致密时，FeS 可与金属基体形成电位差为 0.2～0.4V 的强电偶[27]，反而促进基体金属的腐蚀。另外，当溶液中或金属基体表面有硫化物存在时，硫化物在一定程度上阻止了氢原子向氢分子的转变。这些氢原子在钢材表面层的缺陷部位结合成氢分子并聚集膨胀，产生氢压，在钢材的服役拉力叠加、协同作用下，就导致硫化物应力腐蚀开裂（SSC）。

尽管研究人员对钢铁的 H_2S 腐蚀机理进行了大量的研究，然而与 CO_2 腐蚀机理相比，H_2S 腐蚀机理目前还存在较多争议。尽管如此，人们普遍认为，H_2S 腐蚀中钢铁表面的硫化物腐蚀产物膜是决定腐蚀速率的主要因素[28]。

现有文献资料表明[29]，由于腐蚀环境的差异，钢铁在含 H_2S 腐蚀环境中生成的腐蚀产物膜的成分也有较大的差异，最常见的腐蚀产物是 Fe_9S_8（四方硫铁矿）、Fe_3S_4（硫复铁矿）、FeS_2（黄铁矿）、FeS（硫铁矿），用通式表示即 Fe_xS_y。如果生成的 Fe_xS_y 膜不致密，其则是一种阴极性腐蚀产物膜，它作为阴极与钢铁基体构成一个活性微电池，对钢铁基体继续进行腐蚀，所以，Fe_xS_y 的结构和性质对钢铁的腐蚀具有重要的影响。钢铁发生 H_2S 腐蚀后的水呈黑色（“黑水”），就是水中含有大量悬浮着的大量黑色 FeS 的缘故。Fe_9S_8 的保护性能最差，而 FeS_2 和 FeS 具有完整的晶格点阵，生成的致密的腐蚀产物膜对钢铁具有较好的保护性能。

硫化铁腐蚀产物膜的化学组成与钢的种类、化学成分和组织结构、腐蚀介质、溶液 pH、温度、压力及浸入时间等因素有密切的关系。钢铁在含 H_2S 溶液中生成的几种常见硫化物腐蚀产物的溶解性与 pH 关系曲线如图 3-2 所示。

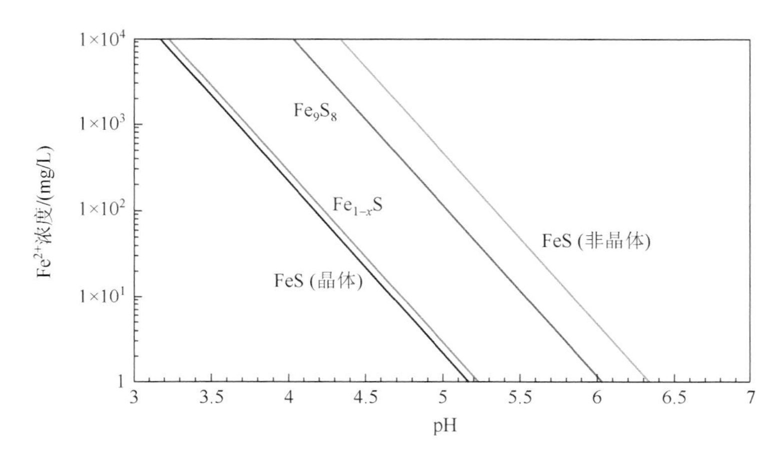

图 3-2　不同 Fe^{2+}平衡浓度下常见硫化铁溶解度与 pH 关系[29]

P_{H_2S} =0.1Pa，25℃，1%NaCl（质量分数）

由图 3-2 并总结有关文献资料可以发现如下一些规律：

（1）当 pH 小于 3 时，由于硫化铁相的相对较大的溶解度，硫化铁将通过反应溶解。所以在钢铁基体表面几乎不形成腐蚀产物膜。在这种情况下，H_2S 仅表现为加速钢铁的腐蚀。

（2）当 pH 介于 3～5 之间时，H_2S 腐蚀产物膜的主要成分为具有较好保护性能的 FeS 膜，以及部分 $Fe_{1-x}S$，所以 H_2S 开始表现出抑制腐蚀的作用。

（3）当 pH 大于 5 时，钢铁表面通常形成 Fe_9S_8，与 FeS 相比，Fe_9S_8 的保护能力较差，所以 H_2S 抑制腐蚀的效果又有所降低。

如果水中不仅溶解 H_2S，还溶解了 CO_2 或 O_2 等气体，则水的腐蚀性大大增强，钢铁表面的腐蚀产物也比较复杂，铁锈中的成分包括 FeS_x、$Fe_2O_3{\cdot}xH_2O$、Fe_2CO_3 等。

有些学者认为，在确定 H_2S 腐蚀机理时，阴极性腐蚀产物 Fe_xS_y 的结构和性质对腐蚀的影响将起着更主导的作用[30]。

3.3.2　阴极反应机理

由于溶液中同时存在 HS^-、H^+、S^{2-}和 H_2S，因此对于哪种离子发生还原反应，存在不同的观点。第一种观点[31]认为，只有氢离子参与阴极反应，且按照两种途径反应，一种途径是，H_2S 在水中离解释放出的氢离子直接发生阴极还原反应：

$$
\begin{array}{l}
H^+ + e \longrightarrow H_{ad} \\
\qquad\qquad\quad \downarrow \\
\qquad\qquad\quad H_{ab} \longrightarrow \text{向钢中扩散}
\end{array}
$$

阴极反应是碳钢在含有 H_2S 的水溶液中发生的氢去极化反应。实践证明，上述阴极析氢反应只是一个宏观结果，它的反应历程比较复杂，可简单归纳为以下几个步骤：

（1）水化氢离子向金属表面扩散，并在表面上脱水：

$$H(H_2O)^+ \longrightarrow H^+ + H_2O$$

（2）氢离子在金属表面阴极区结合电子，形成吸附在金属表面上的氢原子 H_{ad}：

$$H^+ + e \longrightarrow H_{ad}$$

（3）两个吸附氢原子脱附形成氢分子：

$$H_{ad} + H_{ad} \longrightarrow H_2$$

或电化学脱附形成氢分子：

$$H_{ad} + H^+ + e \longrightarrow H_2$$

（4）氢分子形成气泡从金属阴极表面上析出。

另一种途径是在 H_2S 的桥梁作用下氢离子间接发生阴极还原反应：

$$H_2S_{ad}+e \longrightarrow H_2S_{ad}^-$$

$$H_2S^-+H^+_{ad} \longrightarrow H_2S_{ad}\cdots H_{ad}$$

$$H_2S_{ad}\cdots H_{ad} \longrightarrow H_2S_{ad}+H_{ad}$$

从 H_2S 腐蚀的阴极反应看，H_2S 水溶液对钢铁的电化学腐蚀的主要产物是原子氢。当溶液中或金属基体表面有硫化物存在时，硫化物在一定程度上阻止了原子氢向氢分子的转变，于是原子氢会很快渗入金属基体中，并在金属材料表面的缺陷处原子氢结合成氢分子，导致体积膨胀和金属材料及设备的损伤开裂。

第二种观点[32]认为，在 H_2S 环境中只有 H_2S 发生还原反应，该反应同时受到 H_2S 扩散步骤控制和电化学极化控制；第三种观点[33]则认为，HS^-、H^+和 H_2S 都有可能参与阴极还原反应。

在 H_2S 环境中，由于 HS^-或其他毒性物质（如氰化物或氢氟酸）的存在，降低了阴极反应产生氢原子并转化为氢气的速率，因此一部分氢原子扩散进入钢基体内。氢原子扩散过程中，当遇到氢陷阱（如在晶界或相界上缺陷、位错、三轴拉伸应力区等）时，氢原子就停留在此处，随着扩散到达氢陷阱处的氢原子增多，重新结合为氢气，因此在陷阱处形成很高的氢压力；随着氢陷阱处的压力增加，在氢陷阱边缘处形成应力密度集中区，导致界面之间破裂并形成裂缝。当裂缝边缘应力强度因子超过钢的临界应力强度时，裂缝生长，裂纹的体积增加，裂缝处压力降低，强度也降低。经过一定时间后，随着扩散到达氢陷阱处的氢原子增多，裂缝压力又会升高，导致新一轮裂纹扩展[34]。

3.3.3　氢脆机理

对含 H_2S 油气田的腐蚀调研发现，含 H_2S 油气田投产初期，由于水的含量低，腐蚀的主要矛盾是 SSC 的发生，这主要取决于环境中 H_2S 的分压和材料的敏感性。SSC 的发生一般是在投产后 1～2 周内发生。20 世纪 60 年代我国开发四川威远气田所发生的 SSC 腐蚀破坏就是这一情况。虽然油气田的 H_2S 含量很低，其分压没有达到 NACE MR0175/ISO 15156 阐明的发生 SSC 的最低值[35]，但使用了相对敏感的材料，同时受应力（拉伸或内应力）的作用，同样能够观察到 SSC 的发生。图 3-3 就是某油田 P110 油管钢结箍发生的 SSC，这种破坏广泛存在于含硫油气的钻井、采油、集输和炼制加工的管道、阀门等设备和装置上。

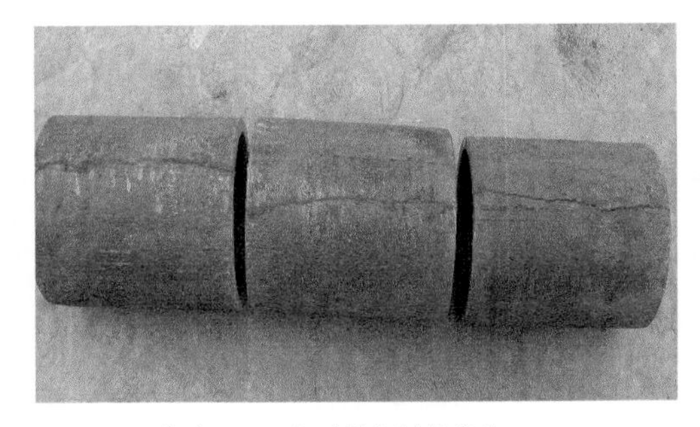
(a) 某油田P110级油管钢结箍发生SSC

(b) 油管裂缝处的SSC脆性断面

图 3-3　油气田设备发生的 H_2S 腐蚀开裂实例

随着油气田开采时间的延长，油气井综合含水率上升，这时腐蚀的主要矛盾则是污水中腐蚀性物质引起的溃疡腐蚀。这主要取决于油田生产污水的多少和污水中腐蚀性物质（H_2S、CO_2、Cl^-、HCO_3^- 等）的含量。

H_2S 环境开裂现象可以解释为，金属材料在含 H_2S 水溶液或溶液膜条件下，阴极反应析出的原子氢进入钢材组织中并富积达到一定的浓度，使钢铁发生严重的 H_2S 环境开裂。H_2S 环境开裂主要包括氢鼓泡（HB）、氢致开裂（HIC）、硫化物应力腐蚀开裂（SSC）以及应力定向氢致开裂（SOHIC）。而且，在酸性油气田环境中，材料的开裂起着主导作用。

1. 氢鼓泡（HB）

多数情况下的腐蚀过程中，金属材料的阴极反应析出氢原子，如果氢原子扩散到钢内空穴，并在该处结合成氢分子，氢分子由于不能扩散，就会积累在钢内部形成巨大内压，引起钢材表面鼓泡甚至破裂的现象称为氢鼓泡（hydrogen blister，HB），如图 3-4 和图 3-5 所示。低强钢，尤其是含大量非金属夹杂物的钢，最容易

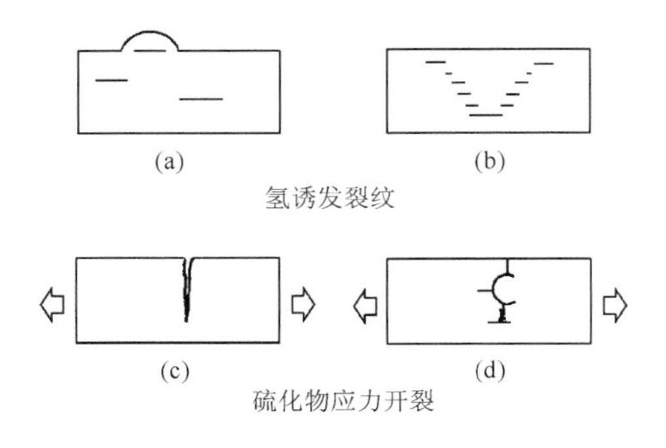

图 3-4　H_2S 局部腐蚀示意图

（a）HIC；（b）HB；（c）SSC；（d）SOHIC

发生氢鼓泡。产生氢鼓泡的腐蚀环境：介质中通常含有 H_2S、或者砷化合物、或者氰化物、或者含磷离子等物质，这些介质阻止了放氢反应。氢鼓泡分布平行于钢板表面。它的发生与外加应力无关，而与材料中的夹杂物等缺陷密切相关。氢鼓泡足以使数厘米厚的钢板开裂，对设备的破坏是非常严重的。

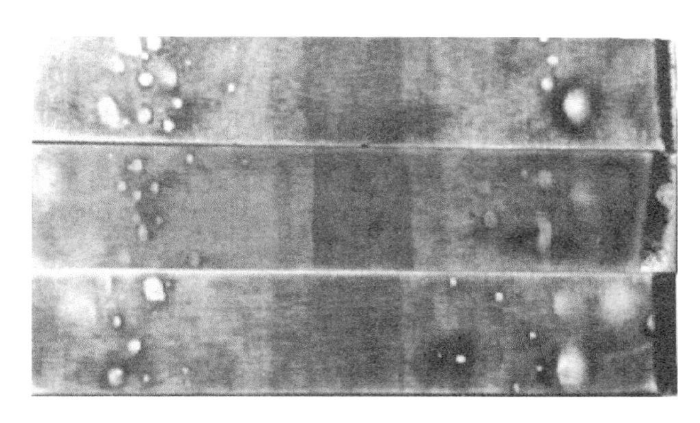

图 3-5　氢鼓泡形貌

2. 氢致开裂（HIC）

当电化学阴极反应产生的氢渗透到钢材内部组织比较疏松的夹杂物（包括硫化物和氧化物）处或晶格与夹杂物的交界处，并聚集起来形成一定的压力，经过一段时间的积累会使接触它的金属管道和设备内壁的断面上产生平行于金属轧制方向的梯状裂纹（图 3-4（b）），从而导致材料变脆，形成层状裂纹，这种破坏称为氢致开裂（hydrogen induced cracking，HIC）。HIC 不需要有外部作用压力。开裂的驱动力是由于氢鼓泡内部压力的累积而在氢鼓泡周围形成的高压。在这些高压区之间不同的平面上的鼓泡相互连接，从而导致钢材内部裂纹的产生和发展。这种破坏在石油化工生产系统中使用的低强度钢中最常见。例如，16Mn 钢在 H_2S 溶液中发生的氢致阶梯裂纹清晰可见，如图 3-6 所示。

HIC 过程一般分为三个过程：①阴极区析出的氢原子在金属表面上吸附，形成吸附的氢原子 HM（M 表示金属），并向金属主体扩散；②氢原子在异常组织处（主要如 MnS 处）聚集，变成氢分子，即 $2H^{+}+2e \longrightarrow H_2$，在金属内部产生足以形成裂纹的内压；③氢压力提高引起金属内部分层或裂纹，小裂纹趋向于互相联结，平行于钢材压延方向，形成直线或阶梯状裂纹。

HIC 常见于延性较好的低、中强度的管线用钢和容器用钢。HIC 是一组平行于轧制面、沿着轧制向的裂纹。它可以在没有外加拉伸应力的情况下出现，也不受钢级的影响。HIC 在钢内可以是单个直裂纹（图 3-4（a）），而且还包括钢表面的氢鼓泡（图 3-4（b））。HIC 可起源于第二类夹杂物如 MnS，并沿着碳、锰和磷元素偏析的异常组织扩展，也可沿珠光体带产生，裂纹从珠光体开始沿着铁素体扩展。

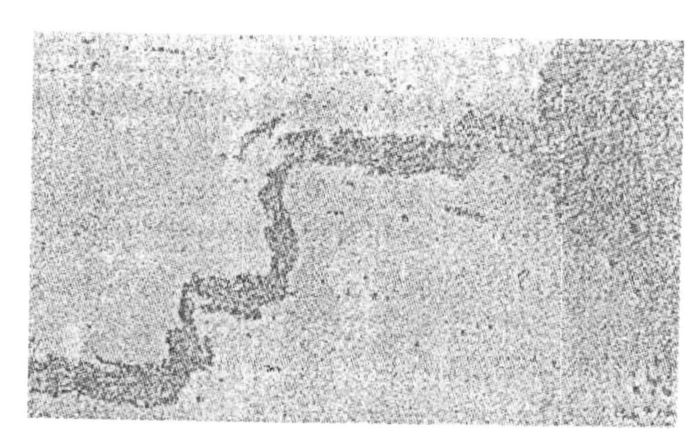

图 3-6　16Mn 钢在 H_2S 溶液中氢致阶梯裂纹

据资料报道[36]，通常认为这种不需外力平行于轧制向生成的 HIC，对材料的常规强度指标影响不大，但对韧性指标有影响，会使材料的脆断倾向增大。对 H_2S 环境断裂而言，具有决定意义的是材料的硫化物应力腐蚀开裂的敏感性，HIC 往往是敏感材料发生 SSC 的起裂源。因此，抗 SSC 性能良好的钢所制成的设备或构件，夹带氢诱发裂纹运行通常不失安全性。但由于氢诱发裂纹的存在仍有一定的实际或潜在危险性，于是抗 HIC 钢的研制也就势在必行了。

影响 HIC 的因素主要有材料因素和环境因素。

对于铸造热轧钢，HIC 易出现于珠光体带状组织及中心偏析区的异常组织。含碳量为 0.05%～0.15%的轧态钢，当含锰量超过 1.0%时，HIC 敏感性突然增大；而低碳（小于 0.15%）热轧钢在含锰量达到 2.0%时仍表现出良好的 HIC 抗力。对于边铸钢板，C、Mn、P 高会增加钢中的珠光体量，从而降低 HIC 抗力。

S 对 HIC 是极有害的元素，它与 Mn 生成的 MnS 夹杂，是 HIC 最易成核的位置。钙可以改变夹杂物的形态，从而提高钢的 HIC 抗力。非金属夹杂物的形态和分布直接影响着钢的抗 HIC 性能，特别是 MnS，热轧后沿轧制向分布被拉长的片状 MnS 最易导致 HIC。用降低硫含量或加钙处理来降低 MnS 含量及改变 MnS 的形状，使之成为分散的珠状体，是提高钢材抗 HIC 性能的有效措施。

3. 硫化物应力腐蚀开裂（SSC）

金属（合金）在含硫化物的水溶液中，阴极析出的原子氢向金属（合金）中渗透，使金属的塑性下降，脆性增加，在张应力作用下发生的低应力脆性断裂，在工程上通常称为硫化物应力腐蚀开裂（sulfide stress corrosion cracking，SSC）。

实际上，SSC的本质是金属中的氢和张应力同时作用引起的垂直应力方向的氢脆型开裂。裂纹的形状如图3-4（c）所示。

硫化物应力开裂常见高强度钢、高内应力的构件及硬焊缝。由于腐蚀而产生的氢原子在硫化物（S^{2-}）的催化下自身不结合成氢分子，而是进入钢内，进入钢内的氢原子总是向高应力（应力集中）区富集，如向具有较高三向拉伸应力的腐蚀凹坑底部和钢内微裂纹尖端及各种捕集氢的陷阱等处扩散富集而开裂。发生开裂的钢的表面通常见不到一般腐蚀，所以称这种由氢脆引起的破裂为硫化物应力腐蚀开裂。在开发四川含硫气田的过程中，曾发生过多次SSC事故。

SSC具有如下几个特点：①SSC发生于内外应力或应变条件下，并沿着垂直于拉伸应力方向扩展；②在比预想低得多的载荷下断裂，开裂应力远低于钢材的抗拉强度；③断裂多为突发性，一般材料经短暂暴露后就被破坏，以一周到三个月居多，裂纹扩展迅速，个别情况下从裂纹形成到断裂只需几小时；④断口平整，为脆性型；⑤低碳钢和低合金钢断口明显有腐蚀产物；⑥破裂源往往在薄弱处，如应力集中点、蚀孔、焊接热影响区等；⑦裂纹粗，无分枝或少分枝，多为穿晶型，也有沿晶型或混合型；⑧高强度、高硬度材料十分敏感。

SSC与钢材的化学成分、力学性能、显微组织、外加应力与残余应力之和以及焊接工艺等都有密切联系，也与环境因素密切相关，并在远低于工作应力下加速破坏。

钢材的强度（硬度）是SSC现场失效重要的变量，是控制SSC的主要指标。相同化学成分的钢，其强度（硬度）越高，SSC敏感性越大。NACE MR0175规定用于酸性环境的碳钢和低合金钢硬度必须小于或等于22HRC。

钢材的显微组织直接影响钢材的抗SSC性能。对碳钢的低合金钢，当其强度（硬度）相似时，各显微组织对SSC敏感性由小到大的排列顺序为：铁素体中均匀分布的球状碳化物，完全淬火+回火组织、正火+回火组织、正火组织、贝氏体及马氏体组织。淬火后高温回火获得的均匀分布的细小球状碳化物组织是抗SSC最理想的组织，而贝氏体及马氏体组织对SSC最敏感，其他介于这两者间的组织，对SSC敏感性将随钢材的强度而变化。

钢的化学成分对其抗SSC的影响迄今尚无一致的看法，但一般认为在碳钢和低合金钢中，镍、锰、硫、磷为有害元素。含镍钢即使硬度低于22HRC，其抗SSC性能仍很差。这是由于镍钢上析氢的过电位低，氢离子易于放电还原，促进氢的析出。抗SSC钢一般不含镍，即使含镍也不应高于1%。锰具有强烈的偏析倾向，偏析出的硬组织往往成为SSC的起裂源。对碳钢一般限制含锰量小于1.6%。磷和硫均是具有强烈偏析倾向的元素，在晶界上聚集时，对以沿晶方式出现的SSC起促进作用。硫和锰生成的硫化锰夹杂是最可能成核的位置。为提高钢材的SSC性能，要求钢中的硫、磷含量应尽可能地低。

在含H_2S酸性油气田中，往往都含有CO_2，CO_2一旦溶于水便形成碳酸，释

放出 H^+，降低了含 H_2S 酸性油气环境的 pH，从而增大 SSC 的敏感性，导致发生应力腐蚀开裂。

腐蚀介质中阴离子和某些阳离子的影响如下：阴离子的影响是按 $HS^- > CN^- > NO_2^- > OH^-$ 的顺序减少，也就是说，HS^- 是促进氢原子向金属内渗透的能力最强的阴离子。而在金属阳离子中，As^{3+} 是强烈促进氢向金属内渗透的阳离子。其原因是这些离子降低了氢原子在金属表面复合的速率，提高了金属内部渗透的能力。

4. 应力定向氢致开裂（SOHIC）

应力定向氢致开裂（stress oriented hydrogen induced cracking，SOHIC）是一组大约与主应力（残余应力和/或工作应力）方向垂直的一些交错小裂纹，将已有 HIC 连接起来的一种裂纹簇。如图 3-4（d）所示。事实上，SOHIC 可被看作是 HIC 和 SSC 共同作用的结果。

在这些裂纹中，氢原子的大量聚集形成氢分子压力，进而发展成 SOHIC。SOHIC 沿着预先存在的裂纹进一步扩展。引发 SOHIC 的原因有：SSC 裂纹、制造缺陷裂纹、少数 HIC 裂纹。像 HIC 一样，SOHIC 发生在焊接的热影响区及高应力集中的区域，但形成的裂纹是在贯穿容器壁厚方向的叠加。因此，SOHIC 常在热影响区及高应力区发生，并往往伴随其他腐蚀形式的出现，危害性更大。低强度钢易发生 HIC，而高强度钢易发生 SSC 和 SOHIC（尤其是 H_2S 浓度>50mg/L 时）。

碳钢在 H_2S 酸性环境中通常可导致上述四种类型的开裂损伤，此外在某些环境下还有其他类型的 H_2S 致开裂，其相互关系如图 3-7 所示[37]。

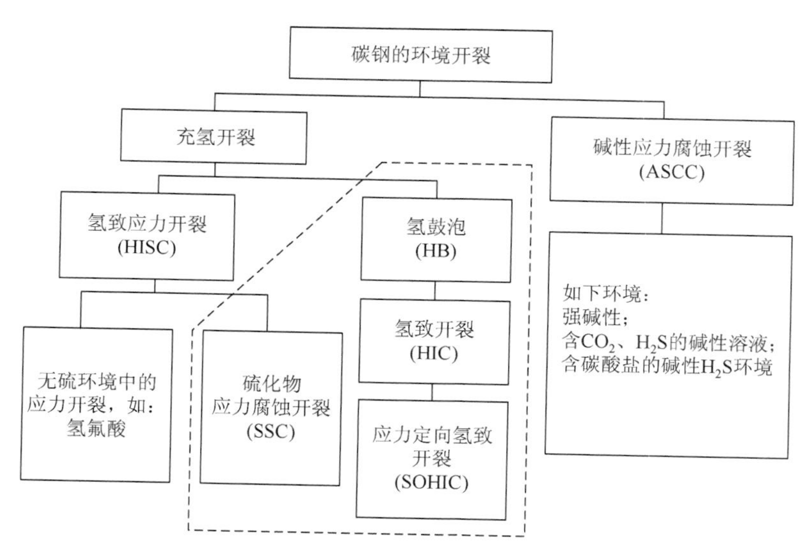

图 3-7　各种 H_2S 开裂机理的相互关系

5. 硫堵

在天然气中的 H_2S 浓度较高的条件下，H_2S 则发生如下反应：

$$H_2S \longrightarrow H_2+S$$

一方面，反应析出的硫与其接触的金属表面有强烈的化学腐蚀作用，导致钢铁的局部腐蚀：

$$S+Fe \longrightarrow FeS$$

或者元素硫与水发生如下的反应，也导致钢铁的腐蚀。

$$4S+4H_2O \longrightarrow 3H_2S+H_2SO_4$$

另一方面，地层中一旦有硫颗粒形成，则其会沉积或者在气体的带动下运移。在地层条件下硫的沉积是固相的。当硫在裂缝中沉积时，气体的可流动空间将减少，这就导致局部裂缝宽度和气体渗透率的降低，并且使压力降低，梯度增大。并且附在金属表面的元素硫及其与金属化学作用产生的腐蚀物会减少甚至堵塞天然气的流通截面，从而使天然气不能连续生产。

国内外对 H_2S 腐蚀机理进行了大量的研究，从联机检索的相关文献可以看出，近 30 年的研究呈上升趋势。根据以上对含 H_2S 环境中阳极和阴极反应机理的研究可知，目前对于电化学反应步骤、何种物质参与电化学反应、最终腐蚀产物成分、对金属腐蚀速率的影响程度、导致金属材料开裂的氢在金属中的存在状态、H_2S 腐蚀开裂机理等问题仍存在较大争议。油气田的高温、高压环境以及 H_2S 腐蚀体系的复杂性及较大的毒性，也增加了研究 H_2S 腐蚀机理的难度。

由此可见，油气田的 H_2S 腐蚀机理、腐蚀行为及影响因素非常复杂，H_2S 除了造成全面腐蚀外，其最具危害的还是固体力学化学腐蚀，即硫化物应力腐蚀开裂、氢致开裂等。具体来说，油气田 H_2S 腐蚀具有以下几个特征：

（1）腐蚀初期，微观腐蚀电池引起材料的全面腐蚀。

（2）腐蚀中、后期，不仅由全面腐蚀发展为局部的孔蚀、缝隙腐蚀、垢下腐蚀、水线腐蚀及磨损腐蚀等，而且 H_2S 还将引起钢材的氢鼓泡、硫化物应力腐蚀开裂和氢脆。

（3）H_2S 水溶液对金属有较强腐蚀作用，尤其是溶液中含有 CO_2 或 O_2 时，腐蚀更快。

（4）H_2S 离解产物 HS^-、S^{2-}对腐蚀都有促进作用。

（5）不同条件下生成的腐蚀产物性质不同。如低温下形成的 Fe_xS_y 促进腐蚀，温度较高时，形成的 FeS 抑制腐蚀；生成的腐蚀产物硫化铁膜的组成、结构不同，对钢铁随后的腐蚀影响也不同。特别是油气中水的状态以及所含的 CO_2、Cl^-、O_2、pH、温度和流速等因素直接影响膜的稳定性。膜的破坏、溶解以及生产系统中腐蚀产物的堆积均可导致生产设施的腐蚀失效，往往表现为局部腐蚀破坏。

（6）H_2S 对管材内壁的腐蚀。H_2S 在油管和套管内壁中造成的腐蚀具有从井底到井口油管内壁腐蚀均较严重的特征，但有向井口减弱的趋势。

（7）气田含有 H_2S 时，若生产气体中含水，那么所带来的 H_2S 腐蚀会比不含水的 H_2S 气田的腐蚀程度更高。腐蚀以井筒内液面为界，液面以上的油管腐蚀程度较液面以下的油管腐蚀程度低。腐蚀形成的孔洞越往下越多越大，有的腐蚀孔已发展到了快使油管断裂的程度。

3.4 油气腐蚀性判据

油气田的腐蚀性气体主要有 O_2、CO_2 及 H_2S。DNV（Det Norske Veritas 挪威船级社）于 1981 年颁布的 TNB111[38]认为，当油气的相对湿度大于 50%，腐蚀性气体的分压 $P_{O_2}>100$Pa，$P_{CO_2}>10$kPa，$P_{H_2S}>10$kPa 时，油气是腐蚀性的。当 H_2S 和 O_2 共存时，腐蚀性更强。

而另一份研究报告[39]则认为，油气井有产出水或凝析水是发生腐蚀的先决条件；当 $P_{CO_2}>200$kPa 时，对碳钢腐蚀性极强，而当 $P_{CO_2}<50$kPa 时，对碳钢无腐蚀性；当 $P_{H_2S}>2$kPa 时，属于含硫油气井（sour well），这时的腐蚀由 H_2S 或（H_2S+CO_2）引起，而非含硫油气井（sweet well）的腐蚀是由 CO_2 所致。

上述判据上的明显差异很可能是由于条件不同，因此，必须根据具体的工况条件研究确定相应的工艺参数与评价判据。

目前还没有得出有效的油气田领域的 H_2S 全面腐蚀或局部腐蚀普适判据。国际上比较权威的判据是美国腐蚀工程师协会 NACE MR0175-2003 *Metals for Sulfide Stress Cracking and Stress Corrosion Cracking Resistance in Sour Oilfield Environments* 和 SY/T 0599—2006《天然气地面设施抗硫化物应力开裂和抗应力腐蚀开裂的金属材料要求》，其均规定：

（1）含有水和酸性天然气体系，当气体总压（绝）≥0.4MPa，气体中的 H_2S 分压(绝)≥0.3kPa 的湿天然气为酸性天然气，该天然气可引起敏感材料发生 SSC。含 H_2S 天然气是否会导致敏感材料发生 SSC，可按图 3-8 进行判断。

（2）对于酸性多相原油体系（H_2O-H_2S-原油），总压（绝）≥1.8MPa，天然气中 H_2S 分压（绝）≥0.3kPa；或天然气中 H_2S 分压（绝）≥0.07MPa；或天然

气中 H_2S 体积含量≥15%，含水原油为酸性原油，可引起敏感材料发生 SSC，可按图 3-9 进行判断。

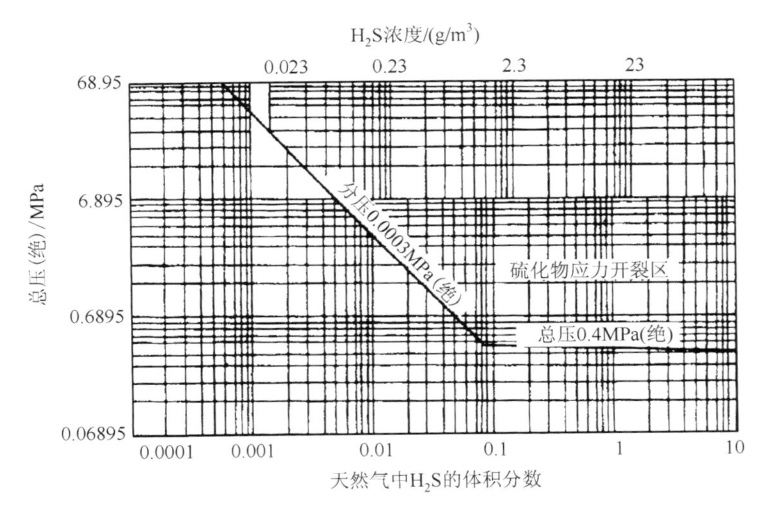

图 3-8　酸性天然气系统中 SSC 发生区的划分[35]

天然气体积是在 0℃、0.101325MPa 状态下

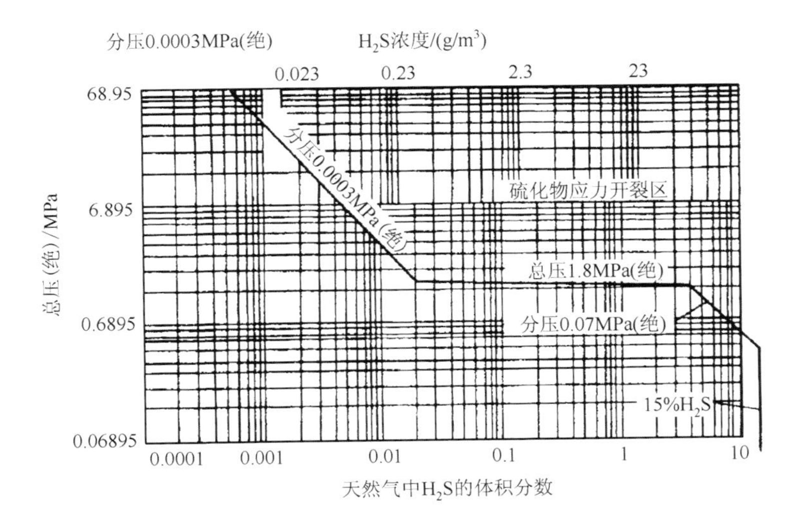

图 3-9　酸性多相原油系统中 SSC 发生区的划分[35]

天然气体积是在 0℃、0.101325MPa 状态下

虽然 NACE MR0175-2003 和 SY/T 0599—2006 均规定了发生 SSC 的临界 H_2S

分压是 0.3kPa，但并不能说 H_2S 分压低于 0.3kPa 就一定不发生敏感材料的 SSC。例如，四川含 H_2S 油气田上的 16Mn 螺旋缝埋弧焊管设备在 H_2S 分压低于 0.3kPa 下曾经发生过 SSC[30]。

3.5 H_2S 腐蚀的影响因素

H_2S 腐蚀主要受天然气中含水、H_2S 浓度、温度、pH、CO_2 以及流速的影响。

3.5.1 天然气中含水的影响

干燥的 H_2S 不具有腐蚀性，只有湿的 H_2S 才具有较强的腐蚀性。不同机构对湿 H_2S 的概念做了规定。文献[40]把湿 H_2S 环境粗略分为以下三类：①无水 H_2S 环境。处于这类环境中的设备基本上不发生 H_2S 腐蚀开裂。②有水 H_2S 环境，而且游离水中的 H_2S 总量小于 50μg/g，此类环境中设备的开裂敏感性居中。③有水 H_2S 环境，而且游离水中的 H_2S 总量大于 50μg/g，此类环境中设备的开裂敏感性最高。

1985 年中石化提出的“防止湿 H_2S 环境中压力容器失效的推荐方法”中关于 H_2S 环境的定义为：“在同时存在水和 H_2S 环境中，当 H_2S 分压大于或等于 0.00035MPa 时，或在同时存在水和 H_2S 的液化石油气中，当液相的 H_2S 含量大于或等于 10×10^{-6} 时，则称为湿 H_2S 环境。”

国际上比较权威的分类是 NACE MR0175-2003 对 H_2S 环境的规定：①酸性气体。气体总压≥0.4MPa，并且 H_2S 分压≥0.3kPa。②酸性原油和多相原油。当处理的原油是两相或三相原油（油、水、气）时，条件可放宽为：①气相总压≥1.8MPa 且 H_2S 分压≥0.3kPa；②当气相压力≤1.8MPa 时，H_2S 分压≥0.07MPa 或气相 H_2S 含量超过 15%。

3.5.2 H_2S 浓度（分压）的影响

实验表明[30]，碳钢在含 H_2S 蒸馏水中，当 H_2S 浓度在 200～400mg/L 之间，碳钢的全面腐蚀速率达到极大值，而后随 H_2S 浓度的增加而降低；当 H_2S 浓度高于 50mg/L 时，应考虑 H_2S 腐蚀问题；当 H_2S 浓度高于 1800mg/L 后，H_2S 浓度对腐蚀速率几乎没有影响，如图 3-10 所示。碳钢在含 H_2S 腐蚀体系中的腐蚀速率与 H_2S 浓度具有最高值行为，这与碳钢表面腐蚀产物膜的性质有直接关系。

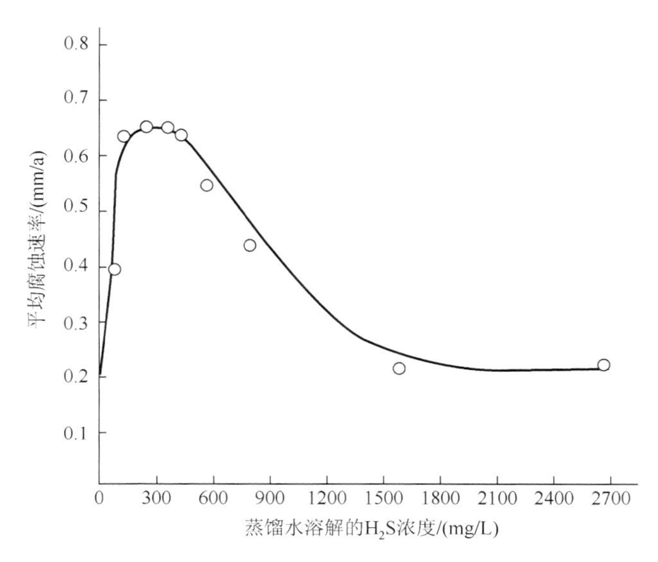

图 3-10　碳钢的全面腐蚀率与 H_2S 浓度的关系

李鹤林等研究了油气田腐蚀体系 H_2S 浓度与腐蚀速率的关系[41]，H_2S 含量较低和较高时，钢的腐蚀速率均较低，腐蚀速率与 H_2S 浓度有极大值，H_2S 浓度对腐蚀产物 FeS 膜有密切影响。随着 H_2S 含量的增加，钢呈现出明显的局部腐蚀特征，同时腐蚀倾向与腐蚀形态间也表现出一定的相关性。研究资料[24]表明，H_2S 质量浓度为 2.0mg/L 时，腐蚀产物硫化铁膜主要由 FeS_2 和 FeS 组成，只有少量 Fe_9S_8，由于 FeS_2 和 FeS 晶格完整，阳离子在腐蚀反应期间穿过膜扩散的可能性处于最低状态，则具有保护性能，于是腐蚀速率最低；H_2S 质量浓度为 2.0～20mg/L 时，腐蚀产物除 FeS_2 和 FeS 外，还有少量的 S 生成；H_2S 质量浓度为 20～600mg/L 时，腐蚀产物中 S 的含量最高。上述腐蚀产物中，Fe_9S_8 的晶格不完整，保护性能最差，于是腐蚀速率增加。对局部腐蚀而言，一般随 H_2S 浓度增加，局部腐蚀加重。

H_2S 浓度越高，则 HIC 的敏感性越大。发生 HIC 的临界 H_2S 分压随钢种而异。据资料报道，对于低强度钢一般为 0.002MPa，加入微量 Cu 后可升至 0.006MPa；经 Ca 处理的可达到 0.15MPa。也有研究报道，HIC 的发生可以用能够独立测定的两个因素 C_0 和 C_{th} 来论述。C_0 为从环境中吸收的氢含量，C_{th} 为发生裂纹的门槛氢含量。当 $C_0 > C_{th}$ 时就会发生开裂。而 C_0 和 C_{th} 值则随钢种而异。

如果含 H_2S 介质中还含有其他腐蚀性成分（如 O_2、CO_2、Cl^-等），H_2S 对金属的腐蚀速率将会随着这些腐蚀成分或含量多少而不同。

3.5.3　温度的影响

温度对 H_2S 腐蚀的影响显著且复杂。对全面腐蚀而言，温度的影响主要体现在三个方面[42]：①温度升高，H_2S 气体在介质中的溶解度降低，抑制了腐蚀的进行；②温度升高，各反应进行的速率加快，促进了腐蚀的进行；③温度升高，影响了腐蚀产物膜的形成机制，可能抑制腐蚀，也可能促进腐蚀。例如，在 10%H_2S 水溶液中，低温区 H_2S 腐蚀速率随温度升高而增加，当温度从 55℃增加到 84℃时，腐蚀速率大约增加 20%，此时碳钢表面生成的是无保护性的 $Fe_{(1+x)}S$ 和少量 FeS 腐蚀产物膜；温度继续升高，腐蚀速率降低，在 110～120℃时的腐蚀速率最低，这时碳钢表面生成的是保护性较好的 $Fe_{(1-x)}S$ 和 FeS_2 的腐蚀产物膜[30]。

对 H_2S 局部腐蚀来说，HB、HIC 和 SOHIC 的敏感性随着温度的升高而增加，但 SSC 的敏感性下降，并存在着一个不发生 SSC 的临界温度，此最高温度随着材料的强度极限而变化，一般在 65～120℃之间[30]。图 3-11 是常见油套管材料开裂敏感性与温度关系。氢致开裂需要氢的扩散，在应变速率相同时，温度越高，扩散越快，但升温又降低了 H_2S 的溶解度，因而也会出现敏感性最低的临界温度[43]。

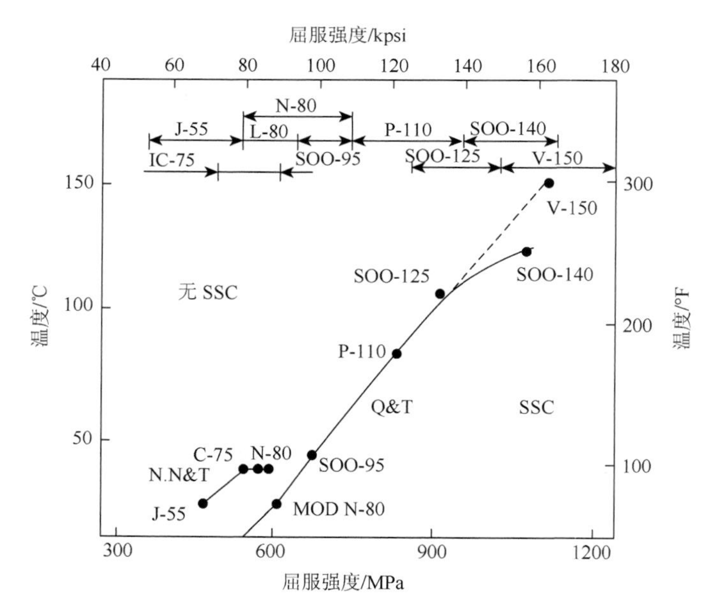

图 3-11　油套管开裂敏感性与温度的关系[44]

1psi=6.894 76×10^3Pa；1°F=32+t（℃）×1.8

所以 NACE MR0175 中规定：API 5CT N-80（Q 和 T）级和 C-95（Q 和 T）级油套管可用于≥65℃的酸性油气环境。

这种效应也为其他研究工作所证实。高强钢在 24℃的室温附近，在饱和 H_2S 的 3%NaCl+0.5%HAc 介质中的断裂时间最短，如图 3-12 所示。不过敏感性最大的温度稍有移动（20～30℃或 30～40℃）。这是因为，一方面，温度升高使 H_2S 气体在水中的溶解度下降的同时，又使腐蚀速率加快，就会出现一个敏感性最大的温度。另一方面，氢致开裂需要氢的扩散，在应变速率相同时，温度越高，扩散越快，但升温又降低了 H_2S 的溶解度，因而也会出现敏感性最大的温度。

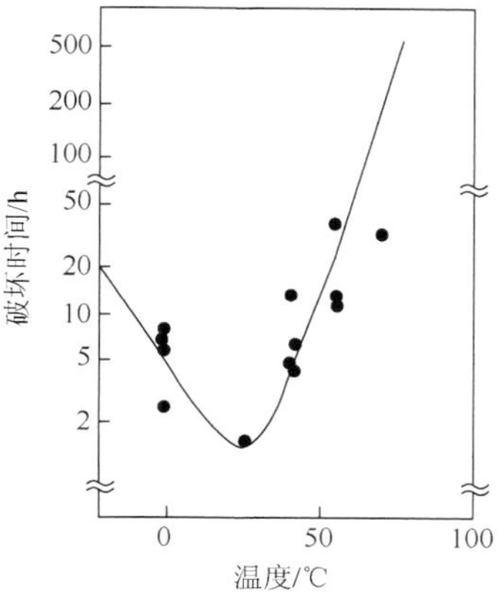

图 3-12　高强钢在饱和 H_2S 环境中温度与断裂时间的关系

3%NaCl+0.5%HAc

3.5.4　pH 的影响

H. Y. Ma 等[45]研究了 H_2S 腐蚀过程中 pH 对碳钢的影响：①在 pH＜2 的酸性体系中，钢铁与酸发生溶解反应，由于硫化铁相对较大的溶解度，所以在表面几乎不形成硫化铁腐蚀产物膜。在这种情况下，H_2S 仅表现为对钢铁的溶解起加速腐蚀的作用。②当 pH 在 3～5 之间，由于 $FeHS^+$部分通过反应形成 FeS_{1-x}，所以 H_2S 对铁的腐蚀起到抑制作用，同时 FeS_{1-x}将进一步转化为更加稳定且具有保护性的 FeS。③当 pH＞5 时，铁表面只观察到 FeS_{1-x}，与 FeS 相比，FeS_{1-x}的保护能力较差，所以 H_2S 抑制腐蚀的效果又有所降低。

Dugstad 等[46]则认为，H_2S 水溶液的 pH 将直接影响钢铁的腐蚀速率，pH 影响腐蚀速率存在不同的机理。由表 3-2 可见，不同 pH 条件下，溶解于水中的 H_2S 离解成 HS^-和 S^{2-}的比例不同，这些离解产物影响了腐蚀过程动力学、腐蚀产物的组成及溶解度，因而影响着 H_2S 腐蚀反应的速率。随体系 pH 变化，H_2S 对钢铁的腐蚀过程可分为三个不同区间：pH＜4.5 的区间为酸腐蚀区，腐蚀的阴极过程主要为 H^+的去极化，腐蚀速率随溶液 pH 升高而降低；在 4.5＜pH＜8 的区间为硫化物腐蚀区，HS^-成为阴极去极化剂，此时若 H_2S 浓度保持不变，腐蚀速率随 pH 升高而增大；pH＞8 的区间为非腐蚀区，S^{2-}为主要成分，生成的是以 FeS_2 为主的具有一定保护效果的膜。当溶液为酸性时，H_2S 为主要存在形式，生成的是以含硫量不足的硫化铁（如 Fe_9S_8）为主的无保护性的产物膜，加剧钢铁的腐蚀。

表 3-2　不同 pH 时 H_2S 在溶液中不同型体分布

pH	4	5	6	7	8	9	12	14
δ_{H_2S}	0.999	0.989	0.884	0.431	0.071	0.008	0.000	0.000
δ_{HS^-}	0.001	0.011	0.116	0.569	0.929	0.992	0.992	0.585
$\delta_{S^{2-}}$	0.000	0.000	0.000	0.000	0.000	0.000	0.007	0.415

已有文献[30]指出，当 pH＜6 时，钢铁的腐蚀速率高，腐蚀液呈黑色，浑浊。NACE T-1（石油生产中的腐蚀控制）C-2 小组认为，气井底部 pH 为 6±0.2 是决定油管寿命的临界值，当 pH＜6 时，油管的寿命很少超过 20 年。pH 对硫化铁腐蚀产物膜的组成、结构及溶解度都有影响。在低 pH 的 H_2S 溶液中，生成的是以 $Fe_{(1+x)}S$ 为主的无保护性的膜，高 pH 下生成的是以 FeS_2 为主的具有保护性的膜。

尽管 pH 对 H_2S 全面腐蚀的影响还存在一定争议，但 pH 对 H_2S 局部腐蚀的规律已达成共识。通常认为，pH=6 是一个临界值。图 3-13 表明，当 pH≤6 时，硫化物应力腐蚀严重；在 6＜pH≤9 时，硫化物应力腐蚀敏感性开始显著下降，但达到断裂的时间仍然很短；pH＞9 时，很少发生硫化物应力腐蚀破坏。另外，图 3-14 表明，当 pH 在 2～3 时，常用油套管 P110 钢的临界应力（S_c）最低，表明 SCC 敏感性最高；随着 pH 的增加，材料产生破裂的临界应力值明显增大，SCC 敏感性随 pH 增加明显降低；当 pH＞6 时，S_c＞15，通常认为在此状态下就不会发生 SSC。这是因为随腐蚀介质 pH 升高，H^+浓度下降，从 SSC 机理可推断 SSC 敏感性降低。在 H_2S 溶液中，不同离子对渗氢作用的次序为：H_2S＞HS^-＞S^{2-}。

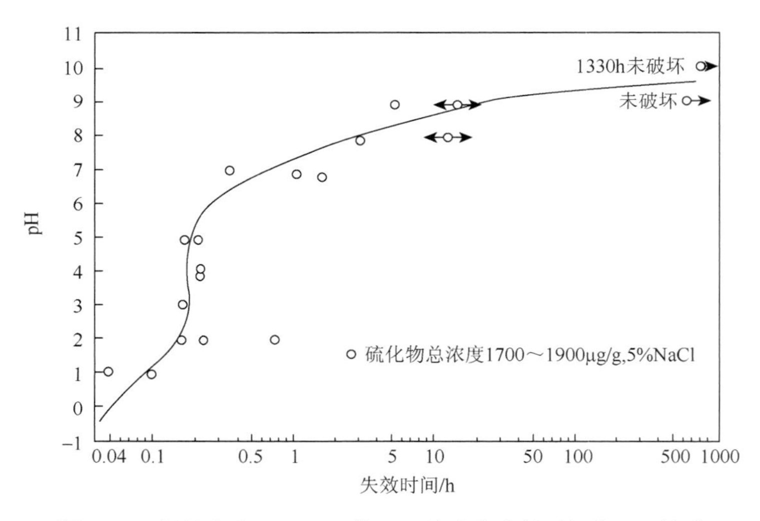

图 3-13　钢铁在含 5%NaCl 的 H_2S 溶液中失效时间与 pH 关系

3.5.5　腐蚀时间的影响

文献[23]表明，在 H_2S 水溶液中，碳钢和低合金钢的初始腐蚀速率很大，约为 0.7mm/a，但随着腐蚀时间的增加，腐蚀速率迅速降低，2000h 以后腐蚀速率趋于平稳，约为 0.01mm/a。这是由于随着暴露时间的增加，硫化铁腐蚀产物逐渐在钢铁表面上沉积，形成了具有一定保护作用的腐蚀产物膜。

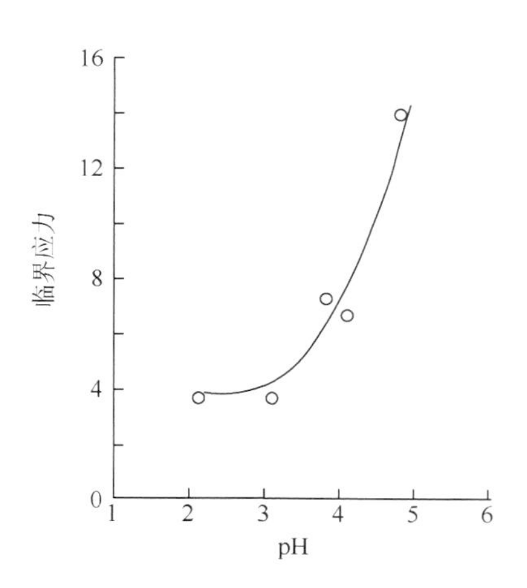

图 3-14　P110 钢在饱和 H_2S 的 5%NaCl+0.5%HAc 溶液中临界应力与 pH 关系

3.5.6　流速的影响

碳钢在含 H_2S 流体中的腐蚀速率在初期较大，然后随腐蚀时间的增加而下降，最后达到稳定。郑玉贵等[47]认为，如果含 H_2S 的腐蚀介质流速较大或处于湍流状态，会导致两方面影响。一方面，高流速介质冲刷掉钢铁表面上形成的具有保护性的硫化铁腐蚀产物膜，使钢铁表面一直处于初期腐蚀状态，腐蚀速率一直较高，由此形成的冲刷腐蚀使设备或管线减薄而受到腐蚀破坏；如果腐蚀介质中有固体颗粒或管线内流动的介质是高速气体，并对金属产生很高的切应力时，不仅会剥除金属表面的保护膜，而且金属基体也受到严重的多相流冲刷腐蚀破坏。另一方面，当含 H_2S 的介质流速高于 10m/s 时，较高的流速也使缓蚀剂起不到应有的缓蚀作用。因此，为把冲刷腐蚀的破坏降至最低，就要控制介质的流速，最好把介质的流速控制在 10m/s 以下，或阀门处气体的流速低于 15m/s。但是，如果气体或液体流速太低，也可造成管线、设备的底部积液而发生水线腐蚀、垢下腐蚀等局部腐蚀破坏。因此，通常规定介质的流速应大于 3m/s。现场实践也表明，流速对钢的 H_2S 腐蚀影响是非常重要的，因此在生产设计中要考虑流速冲刷腐蚀的影响。

3.5.7　Cl^-的影响

基于电荷平衡原理，带负电荷的 Cl^-总是优先吸附到钢铁的表面，因此，Cl^-的存在往往会阻碍保护性的硫化铁膜在钢铁表面的形成。此外，在酸性油气田水中，Cl^-与溶液中 H^+结合生成的 HCl 破坏硫化铁膜的形成。HCl 和 H_2S 相互促进形成循环腐蚀[48]：

$$Fe+2HCl \longrightarrow FeCl_2+H_2$$

$$FeCl_2+H_2S \longrightarrow FeS\downarrow+2HCl$$
$$Fe+H_2S \longrightarrow FeS+H_2$$
$$FeS+2HCl \longrightarrow FeCl_2+H_2S$$

上述反应阻止了致密的 FeS 膜或 FeS_2 膜的生成，或者在流体流速很高时，腐蚀产物膜很容易脱落，从而加速金属的腐蚀。

油气田水中的 Cl^-会促进孔蚀。这是因为 Cl^-可以通过钢铁表面硫化铁膜的细孔和缺陷渗入其膜内，使膜发生显微开裂，于是形成孔蚀核。闭塞电池的作用加速了孔蚀破坏。在酸性天然气气井中与高矿化度水接触的油套管腐蚀严重，穿孔速率快，与 Cl^-的作用有着十分密切的关系。

油气田水中的 Cl^-会干扰缓蚀剂的保护作用。Cl^-带负电荷，会与缓冲剂分子、OH^-等争先吸附到钢铁表面或保护膜破损的阳极表面，于是干扰缓蚀剂的保护作用。

3.5.8　冶金因素的影响

图 3-15 为合金元素对钢材抗硫性能及抗 CO_2 腐蚀性能的影响，Mo 含量增加，钢材抵抗 H_2S 腐蚀开裂能力增加，Cr 含量增加，钢材抵抗 CO_2 腐蚀的能力增强。

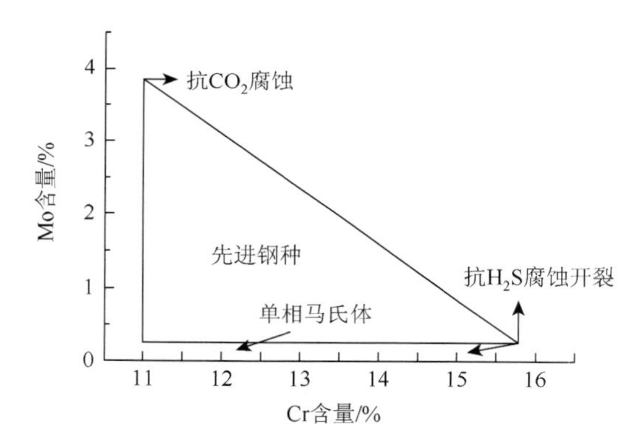

图 3-15　合金元素 Cr、Mo 对钢材抗 H_2S、CO_2 腐蚀能力的影响[36]

3.6　H_2S/CO_2 共存的腐蚀行为

从世界范围来看，目前开采的大多数油气田都同时含有 H_2S 和 CO_2，由此引起的设备腐蚀问题越来越严重。一些油气田甚至不惜重金选择了耐蚀合金（corrosion resistant alloys，CRA）抑制 H_2S/CO_2 腐蚀，然而从成本角度考虑，多数油气田的设备还是以碳钢为主。早在 20 世纪 40 年代即开始对 H_2S/CO_2 同时存在环境下油气田设备的腐蚀行为进行了研究，但由于 H_2S 剧毒，以及 H_2S/CO_2 共存对腐蚀的影响比较复杂，H_2S/CO_2腐蚀的研究深度和广度与CO_2腐蚀研究相比，相对少得多，有关H_2S/CO_2共同腐蚀的模型也不多[49]。但是，工程上H_2S/CO_2的腐蚀问题不断增加，H_2S/CO_2共存条件下的腐蚀规律、机理及影响因素已显得非常重要，因此开展对H_2S/CO_2共存条件下的腐蚀机理以及防护技术的研究迫在眉睫。

前已述及，油气田常见的三种腐蚀剂是O_2、CO_2和H_2S，这三种腐蚀剂对碳钢全面腐蚀速率的影响差别较大，其中溶解氧对碳钢的腐蚀速率最大，其次是CO_2，最后是H_2S，碳钢在相应介质中的全面腐蚀速率的相对关系如图3-16所示[36]。大致比例关系为：$r_{O_2} \approx 80\, r_{CO_2} \approx 400\, r_{H_2S}$。

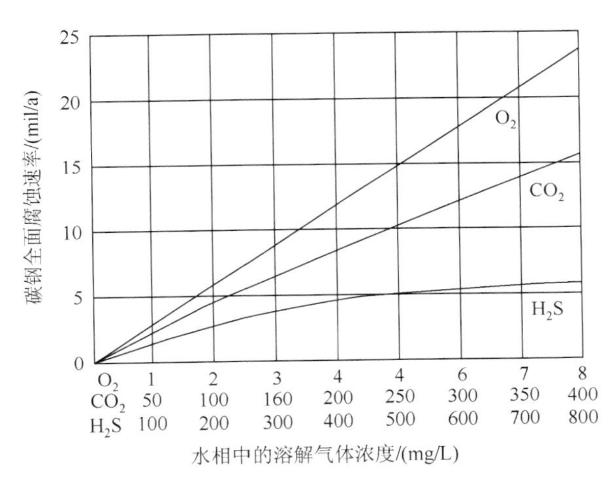

图3-16　油气田三种典型腐蚀剂对碳钢腐蚀速率对比[36]

1mil=0.0254mm

虽然CO_2对碳钢的全面腐蚀速率比H_2S强，但是当H_2S与CO_2共存时，二者之间的腐蚀存在竞争与协同效应。H_2S的存在既能通过阴极反应加速CO_2腐蚀，又能通过FeS沉淀减缓腐蚀，那么究竟是加速腐蚀还是减缓腐蚀，这要取决于H_2S/CO_2体系中H_2S的分压或浓度。据文献报道[50-52]，当H_2S分压$P_{H_2S}<690$Pa时，钢铁表面形成保护性的硫化铁产物膜；当H_2S分压$P_{H_2S}>690$Pa时，生成的硫化铁保护膜不具有保护性。最近的研究也得出类似的结论，即在H_2S和CO_2共存时的一定条件下（如H_2S浓度$\leqslant 0.04 mmol/dm^3$，pH在3～5之间，浸泡时间$\geqslant$2h）H_2S对碳钢的腐蚀具有较强的抑制作用[45, 53]。

由此可见，H_2S的抑制作用主要是在碳钢表面生成硫化铁腐蚀产物膜的结果，至于多大浓度的H_2S对碳钢的腐蚀具有抑制作用还与环境的温度有关，是一个比较复杂的问题，目前还没有一个权威的结论。

日本住友公司所做的试验表明，H_2S含量在3.3mg/L时会大大促进CO_2腐蚀，随

着 H_2S 浓度增大，其促进作用明显下降；当 H_2S 含量大于 33mg/L，在 70～150℃范围内，CO_2 腐蚀速率明显下降。

虽然对于 CO_2 腐蚀和 H_2S 应力腐蚀开裂都已进行了大量的研究，但是对于 H_2S 腐蚀与 CO_2 腐蚀的交互作用迄今研究仍较少。一般来说，由 H_2S 腐蚀产生的硫化物膜对于钢铁基体具有较好的保护作用，所以当 CO_2 介质中含有少量 H_2S 时，腐蚀速率有时反而有所降低。当 CO_2 和 H_2S 共存时，一般来说，H_2S 控制腐蚀的能力较强，如图 3-17 所示。但高浓度 H_2S 引起的腐蚀速率比 CO_2 腐蚀预测模型得出的腐蚀速率要快。Kvarekval 等利用模型计算认为 FeS 膜和 $FeCO_3$ 膜的形成规律如图 3-18 所示[54]。CO_2 和 H_2S 分压的比值大小对油气田钢铁腐蚀产物膜的控制至今还没有取得一致的认识，所以有关 CO_2 腐蚀和 H_2S 腐蚀的交互作用规律是一个仍需探索的研究课题。

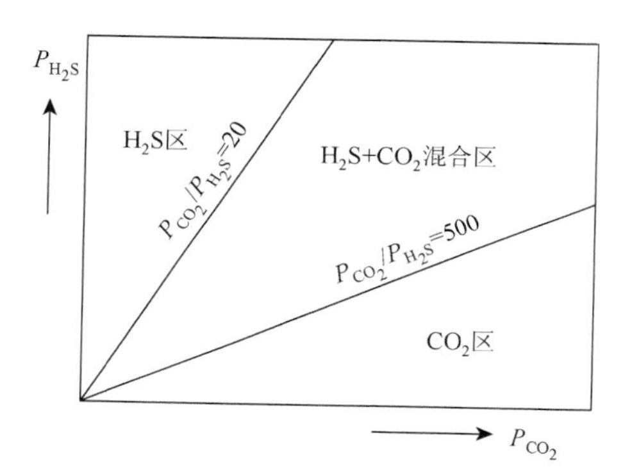

图 3-17　CO_2 和 H_2S 分压比对腐蚀状态影响

3.7　H_2S/CO_2 共存条件下的腐蚀判据

文献[42，55]用 P_{CO_2}/P_{H_2S} 的比值判断腐蚀是 H_2S 腐蚀还是 CO_2 腐蚀。在 CO_2/H_2S 共存条件下，CO_2/H_2S 的分压比决定了腐蚀状态。当 $P_{CO_2}/P_{H_2S}<20$ 时，H_2S 控制整个腐蚀过程；当 $20<P_{CO_2}/P_{H_2S}<500$ 时，CO_2/H_2S 混合交替控制；当 $P_{CO_2}/P_{H_2S}>500$ 时，CO_2 控制整个腐蚀过程，如图 3-17 所示。但作者认为，用 P_{CO_2}/P_{H_2S} 比值作为 CO_2/H_2S 共存时的腐蚀判据并不科学，如果 P_{CO_2} 和 P_{H_2S} 都很小，但其比值可能较大，故很可能给出错误的结论。

文献[41]认为，$P_{H_2S}<7\times10^{-5}$MPa 时，CO_2 是主要的腐蚀介质，符合 CO_2 腐蚀规律，腐蚀行为与 H_2S 无关；当 $P_{CO_2}/P_{H_2S}>200$ 时，材料表面形成一层与系统温度和 pH 有关的较致密的 FeS 膜，导致腐蚀速率降低；$P_{CO_2}/P_{H_2S}<200$ 时，系统中 H_2S 为主导，H_2S 一般会使材料表面优先生成一层 FeS 膜，此膜的形成会阻碍

具有良好保护性的$FeCO_3$膜的生成，系统最终的腐蚀性取决于FeS和$FeCO_3$膜的稳定性及其保护情况。

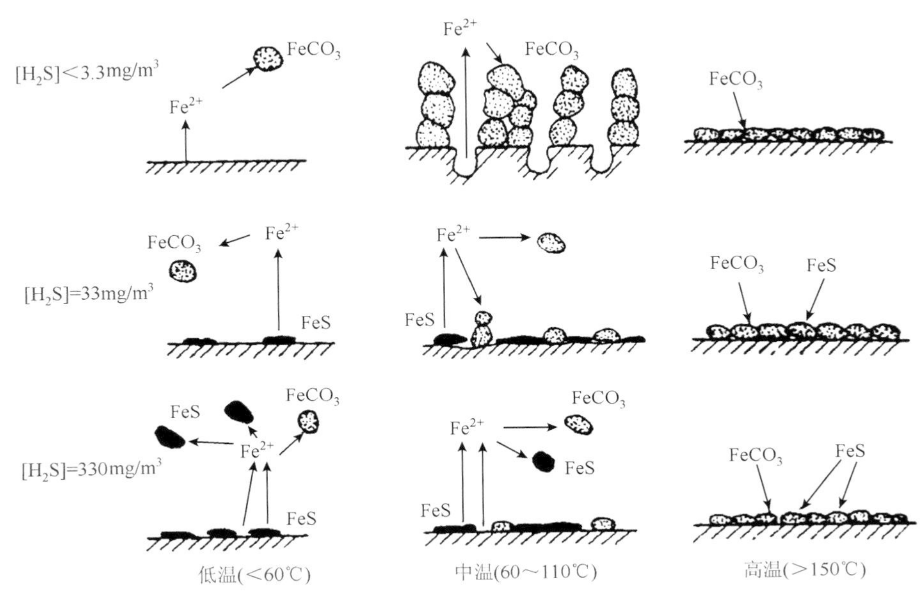

图3-18　不同浓度H_2S对CO_2腐蚀的影响[55]

参考文献

[1] 朱光有，张水昌，梁英波，等. 四川盆地高含H_2S天然气的分布与TSR成因证据[J]. 地质学报，2006，80（8）：1208-1218.

[2] Machel H G. Gas souring by thermochemical sulfate reduction at 140℃：discussion[J]. Am Assoc Pet Geol Bull，1998，82：1870-1873.

[3] Desrocher S，Hutcheon I，Kirste D，et al. Constraints on the generation of H_2S and CO_2 in the subsurface Triassic，Alberta Basin，Canada[J]. Chemical Geology，2004，204：237-254.

[4] Sokolov V A，Tichomolova T V，Cheremisinov O A. The composition and distribution of gaseous hydrocarbons in dependence of depth，as the consequence of their generation and migration[J]. Advance in Organic Geochem，1971，（33）：479-486.

[5] Anderson G M，Garven G. Sulfate-sulfide-carbonate associations in Mississippi valley-type lead-zinc deposits[J]. Economic Geology，1987，82（2）：482-488.

[6] Hunt J M. Petroleum Geochemistry and Geology[M]. 2nd ed. New York：Freeman，1996：743.

[7] Zhu G Y，Zhang S C，Liang Y B，et al. Discussion on origins of the high-H_2S-bearing natural gas in China[J]. Acta Geologica Sinica，2005，79（5）：697-708.

[8] Zhang S C，Zhu G Y，Liang Y B，et al. Geochemical characteristics of the Zhaolanzhuang sour gas accumulation and thermochemical sulfate reduction in the Jixian Sag of Bohai Bay Basin[J]. Organic

Geochemistry，2005，36（11）：1717-1730.

[9] 王连生，刘立，郭占谦，等. 大庆油田伴生气中硫化氢成因的探讨[J]. 天然气地球科学，2006，17（1）：51-54.

[10] 朱光有，戴金星，张永昌，等. 含硫化氢天然气的形成机制及分布规律研究[J]. 天然气地球科学，2004，15（2）：166-1703.

[11] 樊建明，郭平，孙良田，等. 天然气储层中硫化氢分布规律、成因及对生产的影响[J]. 特种油气藏，2006，13（2）：90-94.

[12] 向廷生，万家云，蔡春芳. 硫酸盐还原菌对原油的降解作用和硫化氢的生成[J]. 天然气地球科学，2004，15（2）：171-173.

[13] 孙杰，张世奇，魏垂高，等. 罗家油田硫化氢成因及运聚规律研究[J]. 西部探矿工程，2006，123：81-84.

[14] Krouse H R，Viau C A，Eliuk L S，et al. Chemical and isotopic evidence of thermochemical sulphate reduction by light hydrocarbon gases in deep carbonate reservoirs[J]. Nature，1988，333（2）：415-419.

[15] SY/T 6168-1995. 中华人民共和国石油天然气行业标准，气藏分类[S]，1995.

[16] 李明，李晓刚，陈华. 在湿 H_2S 环境中金属腐蚀行为和机理研究概述[J]. 腐蚀科学与防护技术，2005，17（2）：107-111.

[17] American Petroleum Institute. Technical Data Book，Phase Equilibrium in System Containing Water[M]. New York：API，1966.

[18] Sun W，Nesic S A，Mechanistic model of H_2S corrosion of mild steel[C]. Corrosion/2007，Paper No 07655. NACE International，Houston，Texas，2007.

[19] Vedage H，Ramanarayanan T A，Mumford J D，et al. Electrochemical growth of Iron sulfide films in H_2S saturated chloride media[J]. Corrosion，1993，49（2）：114-121.

[20] Wu Y M. Applying process modeling to screen refining equipment for wet hydrogen sulfide service [J]. Corrosion，1998，54（2）：169-173.

[21] Kimuro M，Totsuka N，Kurisu T，et al. Sulfide stress cracking of line pipe[J] . Corrosion，1989，45（4）：340-346.

[22] Huang H H，Tsai W T，Lee J T. Electrochemical behavior of A516 carbon steel in solutions containing hydrogen sulfide[J] . Corrosion，1996，52（9）：708.

[23] 张清玉. 油气田工程实用防腐蚀技术[M]. 北京：中国石化出版社，2009.

[24] 《油气田腐蚀与防护技术手册》编委会. 油气田腐蚀与防护技术手册（下）[M]. 北京：石油工业出版社，1999：471-492.

[25] lofa Z A，Batrakov V V，Cho N B. Influence of anion absorption on the action of inhibitors on the acid corrosion of iron and cobalt [J]. Electrochim Acta，1964，9（12）：1645-1653.

[26] Shoesmith D W，Taylor P，Bailey M G，et al. Electrochemical behavior of iron in alkaline sulphide solutions[J]. J Elecrochim Acta，1978，23（9）：903-916.

[27] 李鹤林，白真权，李鹏亮. 模拟 H_2S/CO_2 环境中 API N80 钢的腐蚀影响因素研究[A]//第二届石油石化工业用材研讨会论文集[C]，成都，2001：101-108.

[28] Sun W，Nesic S，Papavinasam S，et al. Kinetics of iron surfide and mixed sulfide/carbonate scale precipitation in CO_2/H_2S corrosion. Corrosion/2006，Paper No 06644. NACE International，Houston，Texas，2006.

[29] Ma H Y，Cheng X L，Li G Q，et al. The influence of hydrogen sulfide on corrosion of iron under different conditions [J]. Corrosion，2000（42）：1669-1683.

[30] 卢绮敏，等. 石油工业中的腐蚀与防护[M]. 北京：化学工业出版社，2001.

[31] Ramanarayanan T A，Smith S N. Corrosion of iron in gaseous environments and in gas saturated aqueous environment[J]. Corrosion，1990，46（1）：66-74.

[32] Bolmer P W. Polarization of iron in H_2S-NaHS buffers[J]. Corrosion，1965，21（3）：69-75.

[33] 王凤平，李晓刚，许适群. 含硫原油加工过程中的硫腐蚀[J]. 石油化工腐蚀与防护，2001，18（6）：35-38.

[34] Gonzalez J L，Ramirez R，Hallen J M. Hydrogen-induced crack growth rate in steel plates exposed to sour environments [J]. Corrosion，1997，53（12）：935-943.

[35] NACE MR0175-2003. Metals for Sulfide Stress Cracking and Stress Corrosion Cracking Resistance in Sour Oilfield Environments[S]，2003.

[36] 林雪梅. 气田腐蚀与防护技术[J]. 天然气与石油，1995，13（3）：39-48.

[37] 路民旭. H_2S腐蚀机理、规律、选材和控制措施. 2006西部油田腐蚀与防护论坛. 中国石油学会，中国腐蚀与防护学会，乌鲁木齐，2006.

[38] Det Norske Veritas，Technicl Note for Fixed Offshore Installation TNB 111-Corrosion Control of Equipment and Piping Systems Handling Hydrocarbons[R]，1981.

[39] 陈卓元，王凤平，张学元，等. 二氧化碳腐蚀防护对策及发展趋势[J]. 材料开发与应用，1998，13（6）：40-44.

[40] Mu Y M. Applying process modeling to screen refining equipment for wet hydrogen sulfide service[J]. Corrosion，1998，54（2）：169-173.

[41] 白真权，李鹤林，刘道新，等. 模拟油田H_2S/CO_2环境中N80钢的腐蚀及影响因素研究[J]. 材料保护，2003，36（4）：32-34.

[42] 周计明. 油管钢在含CO_2/H_2S 高温高压水介质中的腐蚀行为及防护技术的作用[D]. 西安：西北工业大学硕士学位论文，2002.

[43] Rhodes P R. Environment-assisted cracking of corrosion-resistant alloys in oil and gas production environments：a review[J]. Corrosion，2001，57（11）：923-966.

[44] Greer J B. Factors affecting the sulfide stress cracking performance of high strength steels[J]. Materials performance，1975，14（3）：11.

[45] Ma H Y，Cheng X L，Li G Q，et al. The influence of hydrogen sulfide on corrosion of iron under different conditions[J]. Corrosion，2000，（42）：1669-1683.

[46] Dugstad A，Lunde L. Parametric study of CO_2 corrosion of carbon steel//Hausler R，Giddard H P. Corrosion，1994.

[47] 郑玉贵，姚治铭，柯伟. 流体力学因素对冲刷腐蚀的影响机制[J]. 腐蚀科学与防护技术，2000，12（1）：36-40.

[48] Kermani B，Martin J W，Esaklul K A. Materials design strategy：effects of H_2S/CO_2 corrosion on materials selection. Corroson 2006，2006：121.

[49] Bonis M R，Girgis M，Goerz K，et al. Weight loss corrosion with H_2S：using past operations for designing future facilities. Corrosion 2006，2006.

[50] Greco E C，Wright W B. Corrosion of iron in an H_2S-CO_2-H_2O system[J]. Corrosion，1962，18（3）：119t-124t.

[51] Sardisco J B，Wright W B，Greco E C. Corrosion of Iron in on H_2S-CO_2-H_2O system：corrosion film properties on pure iron[J]. Corrosion，1963，19（10）：354t-359t.

[52] Sardisco J B，Pitts R E. Corrosion of iron in an H_2S-CO_2-H_2O system mechanism of sulfide film formation and kinetics of corrosion reaction[J]. Corrosion，1965，21（8）：245-253.

[53] Abelev E，Ramanarayanan T A，Bernasek S L. Iron corrosion in CO_2/brine at low H_2S concentrations：an electrochemical and surface science study[J]. Journal of the Electrochemical Society，2009，156（9）：C331-C339.

[54] Kvarekval J，Nyborg R，Seiersten M. Corrosion product films on carbon steel in semi-sour CO_2/H_2S environments. Corrosion 2002，Paper No 02296，NACE International，Houston，Texas，2002.

[55] Pots B F M，John R C，et al. Improvement on De Waard-MillJams corrosion prediction and application to corrosion management Corrosion 2002，Paper No 02235，NACE International，Houston，Texas，2002.

第4章 油气田 CO_2 腐蚀预测模型

4.1 腐蚀预测模型的来源

油气田 CO_2 腐蚀的影响多，腐蚀速率的测试条件苛刻，因此，建立 CO_2 腐蚀速率预测模型对于油井管和集输管线的抗腐蚀设计和防护措施的选择具有重要意义。国际上已开展了数十年关于 CO_2 腐蚀预测模型的研究，CO_2 腐蚀速率预测模型大致可分为3类，即半经验型预测模型、经验型预测模型和机理型预测模型。

4.1.1 SHELL 模型

1975年，de Waard 和 Milliams 提出了具有代表性的预测 CO_2 腐蚀速率方程，即 SHELL75 模型[1]。该模型仅仅考虑到温度和 CO_2 分压两个参数，在 CO_2 分压不太高时，钢铁的腐蚀速率随 CO_2 分压的增加而增大。基于该模型，de Waard 和 Milliams 提出了有关的简单计算图表，可以由温度和 CO_2 分压坐标连线与腐蚀速率坐标连线交点得出 CO_2 腐蚀速率。1991年，de Waard 和 Milliams 将油气田体系的 pH 和结垢因素引入模型[2]，即 SHELL91 模型。1993年，de Waard 和 Milliams 将流动效应、传质和流体流速等因素引入模型，提出了 SHELL93 模型[3]。1995年，de Waard 等又将钢的组成因素考虑进去，提出了 SHELL95 模型[4, 5]，这一模型极好地符合从 IFE（Institute for Energy Technology）得到的大量环流数据。

de Waard 和 Milliams 模型虽然简单明了，但毕竟偏于简单，对于复杂的油气生产环境中的反应难以正确描述。后来许多研究人员对 de Waard 和 Milliams 模型作了改进。

4.1.2 Tulsa 模型

2002年，美国塔尔萨大学（University of Tulsa）冲蚀与腐蚀研究中心 McLaury 等全面考虑了 CO_2 腐蚀过程中所有化学过程、电化学过程、传质过程和结垢过程，提出了考虑流体性质及流速的 CO_2 腐蚀预测模型——Tulsa 模型[6]。该模型重点对冲刷现象进行了研究，是管线单相流动条件下的 CO_2 腐蚀预测模型，它包含腐蚀的电化学反应和物质传输动力学的详细模块。该模型重点研究了直管和带弯头管的流动模型，计算了在碳酸亚铁膜存在时的腐蚀速率，同时暗示了不存在碳酸亚铁膜时的腐蚀速率。

Tulsa 模型将温度、CO_2 分压、液体流速和管子的直径作为主要输入参量。pH 可以输入，也可以由水的化学成分计算得到。模型的预测结果受保护性的腐蚀产物膜以及溶液 pH 的影响很大，因此对于 pH 的变化非常敏感。当溶液的 pH＞5 时，预测的腐蚀速率通常较低。该模型只考虑单相液体流动，对流速较敏感，不考虑油的浸润性。

为了更准确地反映含 CO_2 天然气管线典型管件（弯头及 T 形管）的腐蚀情况，在根据 de Waard 腐蚀模型预测管段平均腐蚀速率的基础上，应用计算流体动力学（CFD）方法计算了管道内的流场，分析了流场参数对管段腐蚀速率的影响，进而结合颗粒冲蚀模型，对已有的 de Waard 腐蚀模型进行了改进，并提出了流场作用下的 CO_2 腐蚀模型。应用改进的 CO_2 腐蚀模型研究现场实际工况表明：影响管线腐蚀的主要流场参数为介质流速、湍动能和相分布；弯头腐蚀最大位置位于弯头部位迎流侧偏向流场下游位置；T 形管腐蚀最大位置位于沿内部斜向合流部位。改进的模型计算出的管线重点腐蚀位置和腐蚀速率，与现场工况的壁厚检测结果吻合良好，从而验证了该改进腐蚀模型的正确性。这种基于流场作用下改进的 CO_2 腐蚀模型为天然气管线腐蚀预测体系的建立提供了一种新思路[7]。

Tulsa 模型建立了近 30 个代数方程的方程组，由于这些方程有许多是非线性的，计算起来非常麻烦，所以编制了计算机软件用迭代法求解。该模型所得结果比较好地得到了实验验证[8, 9]。

4.1.3　CORMED 模型

Elf（埃尔夫）公司对自己多年积累的有关 CO_2 腐蚀的现场数据、经验进行分析，提出了 CORMED 模型[10]，这一模型把 CO_2 分压、在线 pH 数据、$[Ca^{2+}]/[HCO_3^-]$ 值等作为腐蚀穿孔因素，可预测油气田设备腐蚀穿孔的危险性，但该模型需要进行现场修正，以适应现场油田或油井的特殊性[3]。SHELL 和 CORMED 模型都揭示了腐蚀过程中诸多因素综合作用的结果。前者注重经验，而后者偏重于理论；前者使用了校正因子，而后者需要进行现场校正。这两个模型都是在 CO_2 腐蚀反应的基础上发展起来的，即使在不同的环境中，CO_2 腐蚀的基本原理也大体相同，即腐蚀介质、腐蚀产物膜、温度、气体压力等综合作用的结果。

4.1.4　LIPUCOR 模型

LIPUCOR 腐蚀预测模型利用温度、CO_2 浓度、水化学组成、流体流速、材料组成等因素计算腐蚀速率[11]，这一模型建立在大量的实验室和现场腐蚀数据的基础上，强调了实验室和现场腐蚀数据积累及其相关性研究的重要性，这也是近年来建立油田腐蚀数据库颇受重视的主要原因。

4.1.5 Norsok 模型

挪威能源技术研究所以低温实验室数据和高温现场数据为基础提出了Norsok经验模型 [12]。Norsok模型主要考虑了不同温度下碳钢的腐蚀速率，也考虑了CO_2分压、pH、介质含水率、流速、管径以及介质性质等因素对腐蚀速率的影响。Norsok模型在100～150℃之间预测的结果比de Waard的模型更接近实际腐蚀速率，但在高温和高pH条件下，其预测结果比de Waard的模型预测的腐蚀速率低。这主要基于如下几方面原因：①Norsok模型预测的是材料在含CO_2介质中的全面腐蚀速率，若材料在介质中发生局部腐蚀如点蚀、台地状腐蚀，其预测结果往往比实际的腐蚀程度低。②在高温和高pH下，材料的腐蚀速率更容易受腐蚀产物膜的影响，而腐蚀产物膜的形成不仅与溶液中Fe^{2+}和CO_3^{2-}饱和度有关，而且与腐蚀产物膜形成的动力学密切相关，而Norsok模型没有考虑这一因素。③Norsok模型没有考虑原油对腐蚀速率的影响。④Norsok模型把单相流体系中管壁切应力的预测直接推广应用到多相流体系，而多相流中的流形、流态极为复杂，并不能由简单的单相流体系推广而获得。这些都会导致Norsok模型预测结果偏离实际情况。尽管如此，Norsok模型已经成为挪威石油工业在抗CO_2腐蚀选材和腐蚀裕量设计方面的一个标准。

4.1.6 Predict^{TM} 模型

InterCorr International 公司以 CO_2 腐蚀的 de Waard-Milliams 方程为基础开发了 Predict^{TM} 软件工具包[13]。这一模型的基础是有关 CO_2 腐蚀的 de Waard-Milliams 方程，同时考虑到其他的一些校正因子。这一模型中，CO_2 的有效分压是通过体系介质的 pH 求得。该模型受油的浸润性和保护性腐蚀产物膜的影响较大，一般情况下预测的腐蚀速率较低。

Predict^{TM} 模型将温度、CO_2 和 H_2S 分压、流速作为主要参数输入。pH 可以输入，也可以由碳酸氢盐、铁离子浓度和水的化学成分计算得到。该模型还包括一个计算流速和流型的简单的流动模型模块。在气/油比较低时，该模型需要输入含水量来预测油或水的浸润率从而区分连续性油浸润或不连续性油浸润。由于无论保护性腐蚀产物膜的影响还是H^+传输限制的影响都和 pH 关系密切，所以，Predict^{TM} 模型对于 pH 的依赖性较强。当 pH 高于 5 时，该模型预测的腐蚀速率偏低。

4.1.7　Ohio 模型[12-16]

由美国俄亥俄大学（Ohio University）多相流系统中心 Nesic 等提出的 Ohio 模型是 CO_2 腐蚀动力学模型，该机理模型考虑了金属表面成膜的单相化学反应及离子交换，是预测多相流动条件下腐蚀速率的很多模型的整合。模型考虑油/水流动、水的化学成分、物质传输、电化学动力学及一个专有模块计算溶液的 pH、三相流动过程中水和油层的高度、断塞流中材料的腐蚀速率。

Ohio 模型将温度、总压、CO_2 分压、水的化学成分、管线直径、流动速率作为主要参量输入。其余的输入参量还包括管线的斜度、相的密度和黏度。其 pH 可以计算得到也可以输入。模型还包含一个有腐蚀产物膜的模块、一个没有腐蚀产物膜的模块。用户可选择多孔的腐蚀产物膜或具有保护作用的腐蚀产物膜作为条件来预测材料的腐蚀速率。对于是否有腐蚀产物膜形成或腐蚀产物膜是多孔的或是具有保护作用的，模型不给出任何暗示，而是让用户自己选择。

该模型认为腐蚀产物膜和油的浸润性对腐蚀速率影响很大。由于 H^+ 物质传输的限制和溶液的 pH 关系密切，所以该模型对 pH 依赖性很强。当 pH＞5 时，该模型预测得到的腐蚀速率很低。该模型不太考虑温度对腐蚀速率的影响，也不预测是否形成保护性腐蚀产物膜。

4.1.8　Cassandra 模型

Cassandra 模型是 BP（British Petroleum）公司利用 de Waard 公式结合 BP 公司的经验建立的模型[17, 18]。该模型也包括由 CO_2 分压、温度和水的化学成分计算溶液的 pH 的模块。通过 on/off 选择，保护性腐蚀产物膜的影响可以考虑也可以不考虑。使用该模型预测腐蚀速率时，在成膜温度以上，腐蚀速率是恒定的而不是 de Waard 公式中的随温度的升高而降低。同时，该模型也没有考虑油浸润的影响。在实际运用该模型时采用的是缓蚀剂的有效性而不是缓蚀效率，同时，引入腐蚀危险种类作为评价腐蚀危险的方式。该模型将 CO_2 的物质的量浓度、温度、总压、液体流速和水的化学成分作为主要输入参量。

4.1.9　Hydrocor 模型[19, 20]

Hydrocor 模型是美国壳牌公司将腐蚀模型和液体流动模型联合起来建立的，是该公司进行管线 CO_2 腐蚀预测时优先采用的工具。该模型耦合了不同的 CO_2 腐蚀预测模型，同时考虑多相流、pH 的计算和碳酸亚铁的析出，这使该模型可以从管线的剖面计算腐蚀速率。Hydrocor 模型认为，当含水低于 40%且液相流速大于 1.5m/s 时，金属表面被油浸润，因而没有腐蚀发生。在形成多孔而保护性较差的腐蚀产物膜的凝析水体系而非油层水体系时，采用膜因子对腐蚀速率加以修正。该模型还包括管线顶部的腐蚀预测以及一些简单的含 H_2S 和有机酸体系的腐蚀预测。

Hydrocor 模型包括用于预测管线腐蚀速率的计算压力、温度和管线流动剖面图的液体流动模型。模型主要的输入参数包括压力、温度、CO_2 和 H_2S 的摩尔分数、碳酸氢盐和有机酸及乙二醇的浓度、管线直径和产出速率。该模型也涉及是凝析水还是油层水，是原油还是气凝析。模型对保护性腐蚀产物膜考虑不足且对 pH 变化的敏感性较差。预测得到的腐蚀速率相对偏高，目的在于避免得到较低的腐蚀速率而造成腐蚀失效事故的发生。

4.1.10　SweetCor 模型[21]

该模型由壳牌公司开发，主要用于管理从实验室和油田现场得到的大量的 CO_2 腐蚀数据。模型靠区分温度、CO_2 分压或稳定的腐蚀产物膜来对数据进行统计分析，由数据得到其相互关系从而预测特定条件下的腐蚀速率。数据库经过筛选感兴趣的温度、CO_2 分压、流动/不流动、有缓蚀剂/无缓蚀剂等条件作为主要输入参数来预测腐蚀速率。模型只对温度、CO_2 分压敏感，而不考虑 pH，因而得到的腐蚀速率只是满足筛选标准的数据点的平均值。SweetCor 模型主要输入温度、总压、气体和液体的速率、管线的直径、CO_2 的摩尔分数和水的化学成分，由此计算腐蚀速率和 pH。这个模型对腐蚀产物膜的影响考虑不足，同时不考虑油的浸润性。通过对应于水中饱和腐蚀产物碳酸氢盐的浓度计算 pH，但是预测的腐蚀速率和 pH 的关系不大。

4.1.11　CNPC 模型

由美国 Inter Corr 国际公司发起，由中国石油管材研究所代表中国石油天然气集团公司（China National Petroleum Corporation，CNPC）参与的 CO_2 腐蚀预测模型软件也具有一定特色。该模型考虑了 CO_2、H_2S、HCO_3^-、Cl^-、露点温度、油类型、流速、流态、气水比、气油比、含硫量、含氧情况和缓蚀效率等。用该软件预测的 CO_2 分压和流速对 CO_2 腐蚀速率影响的软件预测值和实测值均很好地符合[22]。由此可见，该模型软件在所选的环境介质范围内有较好的预测精度。

现将不同预测模型考虑的主要参数列于表 4-1 中。

表 4-1　不同预测模型所选用的参数

参数	模型								
	Shell75	Shell91	Shell93	Shell95	CORMED	LIPUCOR	Norsok	USL	Predict™
P_{CO_2}	○	○	○	○	○	○	○	○	○
温度	○	○	○	○	○	○	○	○	○
pH		○	○	○	○	○	○	○	○
流速			○	○	○	○	○	○	○
流动性质				○	×	○	○	○	○
结构因素		○	○	○	×	○	○		○
总压力			○	○	×	○	○	○	○
钢				○	×	○	○		
水润湿性		×	×	×	×	○		○	○
Ca^{2+}/HCO_3^-					○				○
H_2O					○	○		○	○
HAc					○			○	○
油田数据					○	○		○	○

○直接考虑的参数；
×不考虑或不直接考虑的参数。

4.2　影响腐蚀预测模型的主要因素

建立腐蚀预测模型应充分考虑模型使用的简单性、输入数据的精度及数量、对腐蚀危险性预测结果的可信度要求等因素。当然，腐蚀危险性评价结果的可信度还受到腐蚀监测的灵敏度和方便程度等因素的影响。

由 CO_2 腐蚀速率预测模型可以发现，建立 CO_2 腐蚀的预测模型需要考虑一些必要的参数，详情如图 4-1 所示。

在 CO_2 腐蚀预测模型中需考虑的另一个问题就是模型预测的流程问题，图 4-2 给出了在给定 CO_2 分压、水组成、温度等条件下预测 CO_2 腐蚀危害性的操作流程图。最关键的就是石油工程专家要与腐蚀防护专家积极合作，保证有关设备详细条件的合理确定。必须全面了解并克服在选择模型及后续监测中存在的不足。由预测模型得到的腐蚀速率可为取得合理监测数据进行指导，加强数据的相关性和有效性，而现场监测数据又会对模型进行修正，引入强有力的预测因子。

图 4-3 罗列了预测 CO_2 腐蚀模型所必要的各种关键步骤。另外，水流区切应力是选择和使用缓蚀剂的关键。

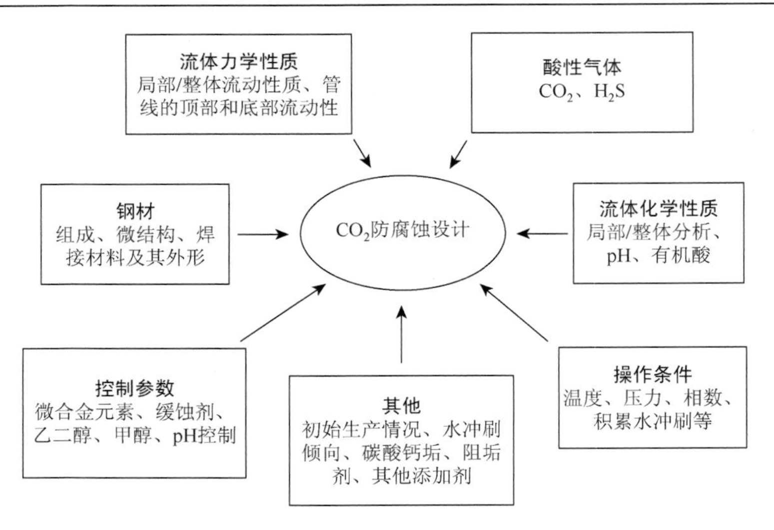

图 4-1　影响 CO_2 防腐蚀设计的参数

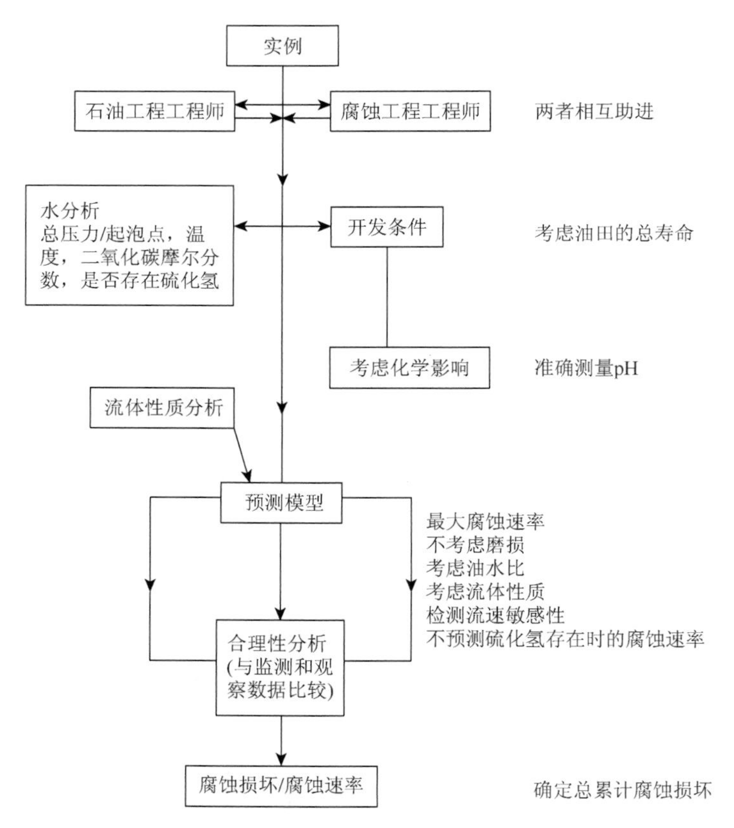

图 4-2　在给定 CO_2 分压、水组成、温度等条件下预测 CO_2 腐蚀危害性的操作流程图

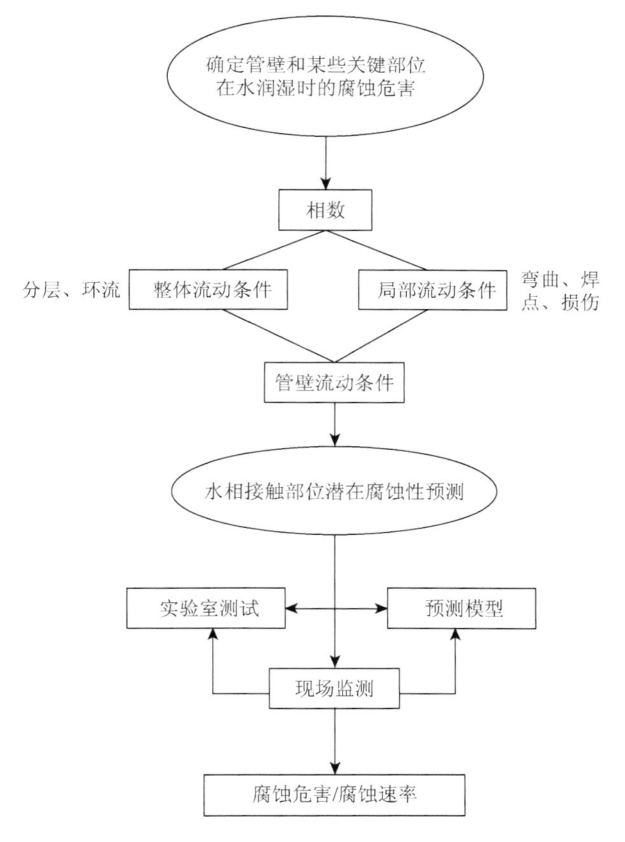

图 4-3　确定 CO_2 腐蚀危害的关键步骤

腐蚀预测的关键是建立不同腐蚀类型的腐蚀速率模型，这些模型可归为两种类型，一种是对现场或实验室数据用数理统计的方法进行回归所得到的经验预测模型；另一种是基于对石油管内部的流体动力学、腐蚀动力学、$FeCO_3$ 膜形成动力学和铁离子的传质动力学的物理本质有一定了解的基础上所建立起来的理论模型。但总体来说，腐蚀预测模型以半经验、半理论的模型为主。所发表的油气田设备腐蚀寿命预测模型多是针对天然气井而建立的。研究发现，对于相同的实例，采用不同的预测模型会得到完全不同的结果，这主要是由于各个模型中所采用的原理不尽相同，简化条件存在差异。目前不仅没有一个真正的有关油气田设备腐蚀危险性的工业标准，而且也没有一个专门的腐蚀预测指导性文件。在这一领域，Shell 公司（de Waard 等人）的工作具有一定的参考价值。他们提出了一些方程和图表来表述 CO_2 的溶解量、温度与水溶液潜在最大腐蚀危险性的关系[2]，该模型属于半经验模型，使用中需要校正因子。但该方法使用方便，已被广泛接受。

4.3　SHELL 模型[4, 5]

de Waard 模型是进行 CO_2 腐蚀预测时最常采用的预测模型。其第一个版本出现在 1975 年，只基于少量的实验室数据建立。经过几次修订，1991 年的版本考虑了 pH 和腐蚀产物膜的影响；1993 年的版本又加入了一些修正因子，初步考虑了流速的影响；1995 年的版本将物质传输以及材料的化学成分的影响也考虑了进去。由其 1995 年版本得到的预测结果和挪威能源技术研究院大量的流动环路的数据吻合得很好。这个模型主要用于含水的天然气管线的腐蚀速率预测。

该模型用膜因子来定义腐蚀产物膜的影响，但是对于膜的保护性特别是在高温和高 pH 时膜的保护性考虑不足，所以该模型在直到 80～90℃时和实验数据都吻合得很好，但是，在高于此温度时，由于没有正确设定具有良好保护性的腐蚀产物膜的影响因子，预测结果和实验数据偏差较大。而且，该模型的膜因子通常仅用在不存在油层水的条件下，没有考虑油层水存在可能造成的腐蚀产物膜的破裂。即使在 1993 年和 1995 年的版本中也未考虑上述因素，模型中根本没有油层水的影响因子。同时，该模型包含油浸润性因子，认为当含水低于 30%时且液相的流速大于 1m/s 时，由于油的浸润很好，金属表面不和腐蚀介质接触，因而没有腐蚀发生。油浸润性因子只适用于原油而不适用于凝析水，因为水很容易从凝析系统中分离出来。对于输油管线，腐蚀产物膜和油浸润性因子的作用在于要么腐蚀速率较高（水浸润且没有保护性腐蚀产物膜形成），要么腐蚀不发生（油浸润）。

de Waard 模型 1991 年和 1993 年的版本给出的腐蚀速率的预测结果几乎相同，除了油浸润因子外几乎都没有考虑流速的影响。在流速较低时，1995 年的版本所预测的腐蚀速率比 1993 年的版本低，原因在于 1991 年和 1993 年的版本没有考虑腐蚀反应过程中物质传输的限制。

尽管提出了多个预测 CO_2 腐蚀程度的模型，但是荷兰学者 de Waard 等提出的 SHELL95 半经验模型应用最为广泛，现简述如下。

4.3.1　SHELL95 半经验模型原理

在腐蚀组分的传质过程小于腐蚀反应的动力学过程中，腐蚀速率 r_{corr} 近似表示如下

$$r_{\mathrm{corr}}=\frac{[\mathrm{CO_2}]}{\dfrac{1}{k_{\mathrm{r}}}+\dfrac{1}{k_{\mathrm{m}}}} \tag{4-1}$$

式中：k_r 和 k_m 分别为腐蚀反应的动力学速率常数及本体溶液中溶解的 CO_2 在金属表面的扩散速率常数。方程（4-1）可进一步简化为

$$\frac{1}{r_{\text{corr}}} = \frac{1}{r_r} + \frac{1}{r_m} \tag{4-2}$$

式中：r_r 为当传质为有限快时的最大腐蚀反应速率；r_m 为腐蚀组分最快的传质速率

$$r_m = k_m[CO_2] \tag{4-3}$$

传质系数 k_m 受扩散层的厚度影响。对于湍流状态的含 CO_2 介质液体，有

$$k_m = c_m \frac{D_{CO_2}^{0.7}}{v^{0.5}} \frac{U^{0.8}}{d^{0.2}} \tag{4-4}$$

式中：c_m 为一个与温度无关的常数；D_{CO_2} 为 CO_2 在水中的扩散系数；v 为水的动力学黏度；U 为流动介质的速率；d 为充满介质的管线直径。方程（4-3）可以写成

$$r_m = c_m \frac{D_{CO_2}^{0.7}}{v^{0.5}} \frac{U^{0.8}}{d^{0.2}} H \cdot P_{CO_2} \tag{4-5}$$

式中：H 为 CO_2 溶解的 Henry 常数（mol·bar/m^3）。在 20～80℃范围内，如式（4-4）所示，温度对 D_{CO_2}、v 和 H 的综合影响是相同的，因此在此温度区间，温度的变化对 r_m 的影响不明显，方程（4-5）可简化为

$$r_m = c_m \frac{U^{0.8}}{d^{0.2}} P_{CO_2} \tag{4-6}$$

当电荷转移控制腐蚀反应的进行时，腐蚀速率常采用如下方程式表示

$$\lg r_{\text{corr}} = c_1 + \frac{c_2}{T} + c_3 \lg P_{CO_2} + c_4(\text{pH}_{\text{actual}} - \text{pH}_{CO_2}) \tag{4-7}$$

式中：T 为热力学温度；pH_{CO_2} 为在相同 CO_2 分压下纯水中的 pH；c_1、c_2、c_3、c_4 为常数。

上述方程与 SHELL91 模型是非常相似的，只是用 pH_{CO_2} 代替了饱和 $FeCO_3$ 情况下的 pH，即 pH_{sat}，简化了计算，预测的效果更接近真实情况。

在 10～80℃的温度范围内，温度将影响 CO_2 的溶解度和 H_2CO_3 的电离常数，pH 可近似表示为

$$\text{pH}_{CO_2} = 3.82 + 0.00384t - 0.5\lg P_{CO_2} \tag{4-8}$$

根据预测的结果和实际情况的对比，方程（4-8）代替 SHELL91 模型中的 pH_{CO_2}，则

$$\text{pH}_{CO_2} = 3.71 + 0.00417T - 0.5\lg P_{CO_2} \tag{4-9}$$

式中：T 为温度（℃）。

4.3.2　数据拟合方法

为了建立一个预测 CO_2 腐蚀特性的模型，开始往往简化复杂的实际条件。当忽略金属表面已存在的垢时，金属在 90℃的含 CO_2 介质中的确会形成一层腐蚀产物，使预测值和真实的腐蚀情况有较大的偏离。另外，在高 CO_2 分压（大于 0.65MPa）下，也会导致垢的形成而带来误差，因此预测模型中的 CO_2 分压一般要低于 0.65MPa。

通过研究 St-52 钢在流动条件下的腐蚀规律，发现当流速在 13m/s 时，预测值要低于实际值，这个原因还不是非常清楚，可能是流速较大时在钢铁表面形成的碳化物层引起的。为了避免预测的不可靠性，流速不应当太高。

SHELL95 半经验模型是在已有的简单模型基础上，对大量的实际腐蚀数据进行非线性回归拟合处理的结果。

4.3.3　预测结果的相关性

在 221 组腐蚀数据拟合的基础上，方程（4-6）和方程（4-7）可变为

$$\lg r_{\rm corr}=4.93-\frac{1119}{T}+0.58\lg P_{\rm CO_2}-0.34({\rm pH_{actual}}-{\rm pH_{CO_2}}) \tag{4-10a}$$

$$r_{\rm m}=2.45\frac{U^{0.8}}{d^{0.2}}P_{\rm CO_2} \tag{4-10b}$$

结合方程（4-2），该模型预测的 CO_2 腐蚀速率和实测值的相关性如图 4-4 所示，回归系数为 0.91。实测值和预测值之差服从正态分布，如图 4-5 所示，标准偏差在 25%左右。

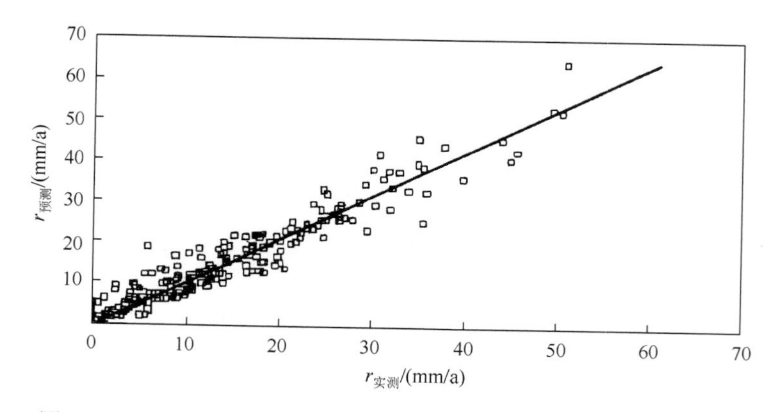

图 4-4　St-52 钢在 CO_2 介质中腐蚀速率的实测值与模型预测值比较

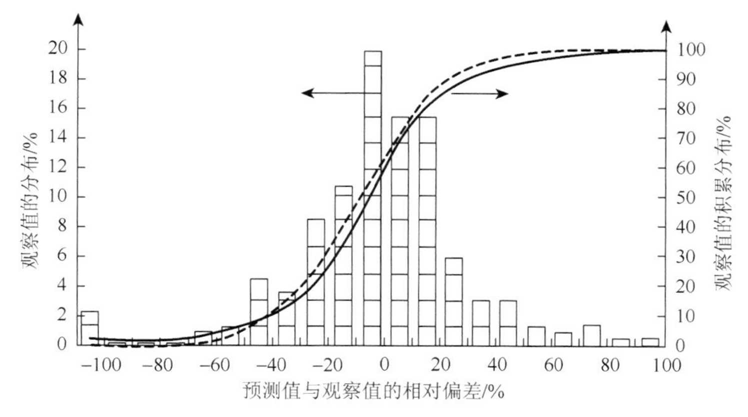

图 4-5　St-52 钢在 CO_2 介质中腐蚀速率的实测值与模型预测值的误差分析

1. 流速的影响

如果不考虑传质过程，对上述相同的腐蚀数据拟合，最佳的回归系数只能达到 0.71。因此，在预测模型中必须考虑传质过程的影响。图 4-6 给出了在不同流速条件下的模型预测结果和实测值的对比。在低流速条件下的预测效果不是非常理想，原因是在此流速下流体不是湍流。

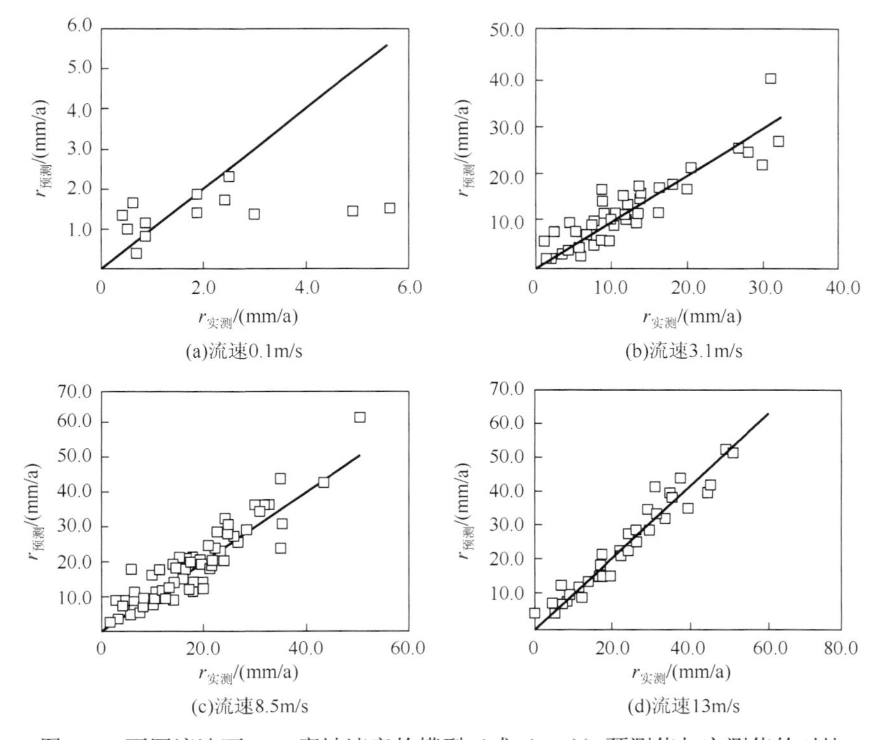

图 4-6　不同流速下 CO_2 腐蚀速率的模型（式（4-2））预测值与实测值的对比

2. pH 的影响

随着 pH 的增大，腐蚀速率对流速的依赖性下降，如图 4-7 所示。这一点在实际应用中是非常重要的，因为溶解的 $FeCO_3$ 会显著提高介质的 pH。

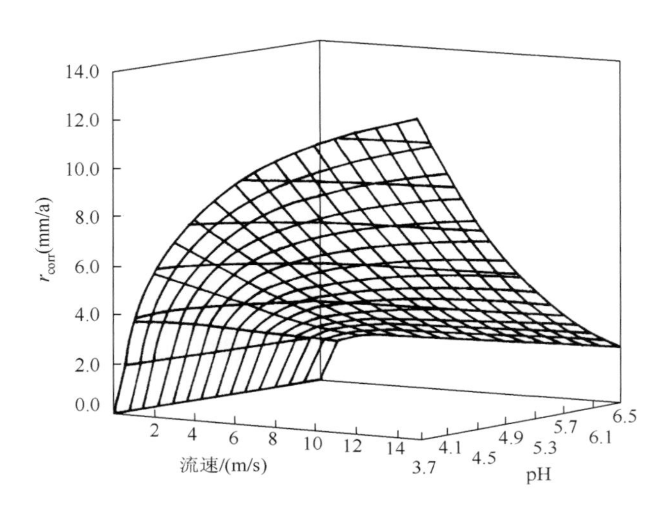

图 4-7　在 40℃、0.1MPa CO_2 分压下介质流速和 pH 对 St-52 钢腐蚀速率的影响

很明显，在预测 r_{corr} 的公式中，pH 的影响很容易模型化。结合方程（4-8）和（4-10a），pH 对 r_{corr} 影响可表示为

$$\lg r_{corr} = 6.23 - \frac{1119}{t+273} + 0.0013t + 0.41\lg P_{CO_2} = 0.34\text{pH}_{actual} \qquad (4\text{-}11)$$

式中：t 为摄氏温度（℃）。上式表明当传质过程较快时，腐蚀速率的对数和 H^+ 浓度的对数之间为简单的线性关系。因此，在低的流速条件下，传质过程控制腐蚀的进行，pH 的影响将会减少，如图 4-8 所示。

在实际情形下，介质中溶解的 $FeCO_3$ 将会控制溶液的 pH。由于 $FeCO_3$ 在介质中缓慢析出，$FeCO_3$ 过饱和，使介质的 pH 升高。根据 Johnson 和 Tomson 的研究结果[23]，$FeCO_3$ 的析出速率（mol/s）为

$$FeCO_{3\,\text{prec.rate}} = A \cdot K_{prec}\left[\sqrt{[Fe^{2+}][CO_3^{2-}]} - \sqrt{K_{sp}}\right] \qquad (4\text{-}12)$$

式中：K_{sp} 为 $FeCO_3$ 的溶度积常数；K_{prec} 为和温度有关的 $FeCO_3$ 析出常数；A 为单位体积的介质接触的金属表面。通过了解 $FeCO_3$ 的溶解和析出状况来修正腐蚀速率模型。

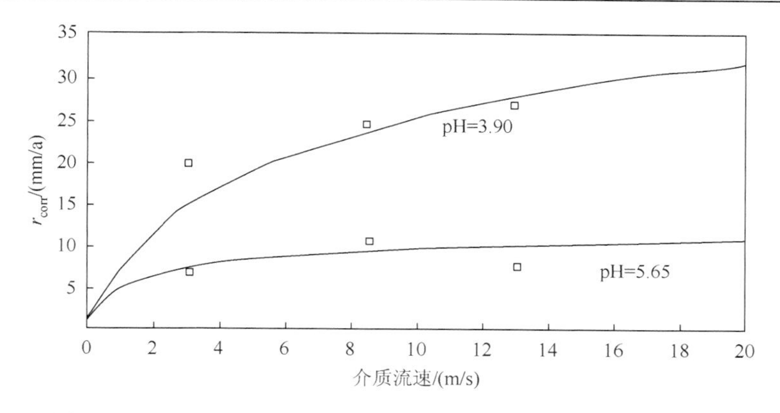

图 4-8　在 40℃、0.25MPa CO_2 分压下不同流速水介质中 St-52 钢腐蚀速率的实测值（□）与预测值（—）的比较

3. 温度的影响

当电荷转移是腐蚀的控制步骤时，温度对腐蚀速率的影响很大。在方程（4-7）中，主要体现在对 c_1、c_2 系数的影响上，具体表达式为（4-10a），图 4-9 给出了预测值和实测结果的对比。在较低的流速下，腐蚀主要受控于传质过程，温度对腐蚀速率的影响可以忽略。

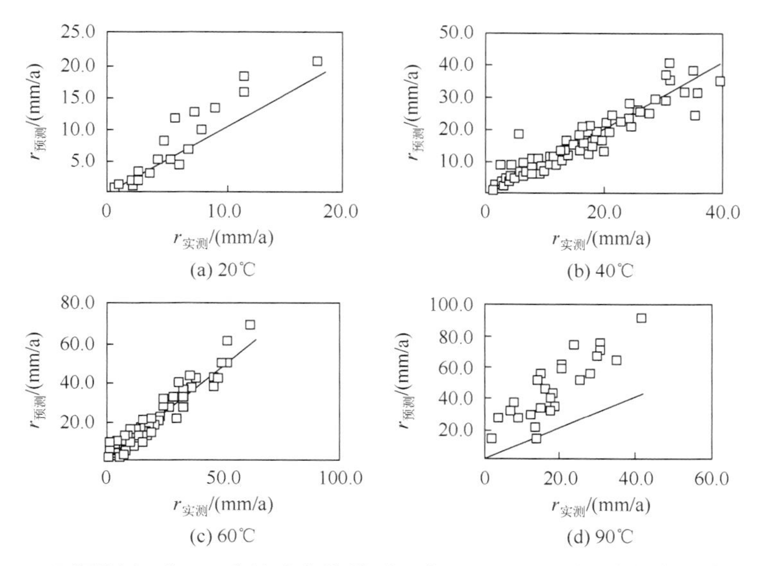

图 4-9　不同温度下 CO_2 腐蚀速率的模型（式（4-10a））预测值与实测值的对比

在高温和高 CO_2 分压下，图 4-9 证实了预测值偏高，这是由于铁的表面形成的 $FeCO_3$ 及铁的氧化物会非常明显地减小铁的腐蚀速率。在以前的研究中，垢对腐蚀

的影响用一个多重因子 F_{scale} 来表达，它代表保护性垢层的覆盖度，可表示如下

$$\lg F_{scale} = \frac{2400}{T} - 0.44\lg(P_{CO_2}) - 6.7 \tag{4-13}$$

一般 F_{scale} 小于 1。在模型中添加 F_{scale} 这一因子，使模型的预测值更接近实测值，其效果如图 4-10 所示。

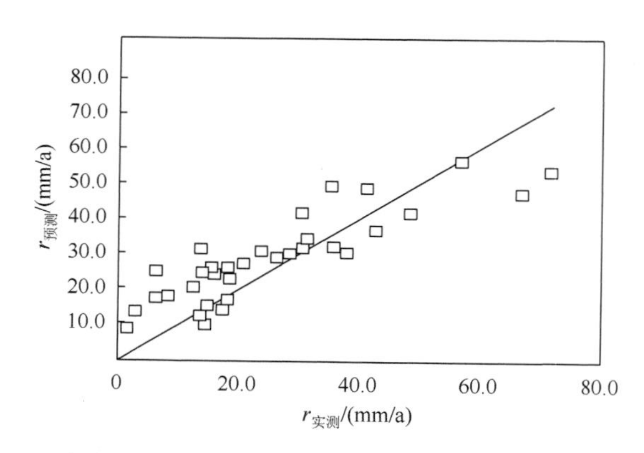

图 4-10　考虑结构因子后腐蚀速率的模型预测值与实测值的比较

4. CO_2 分压的影响

CO_2 分压和腐蚀速率的关系可表示如下

$$\lg r_{corr} = n\lg P_{CO_2} + c \tag{4-14}$$

式中：c 为常数。一般 n 值在 0.7 左右。随着流速的增大，n 值降低，流速对 n 值的影响如图 4-11 所示。在较低的流速下，n 值可接近 1。

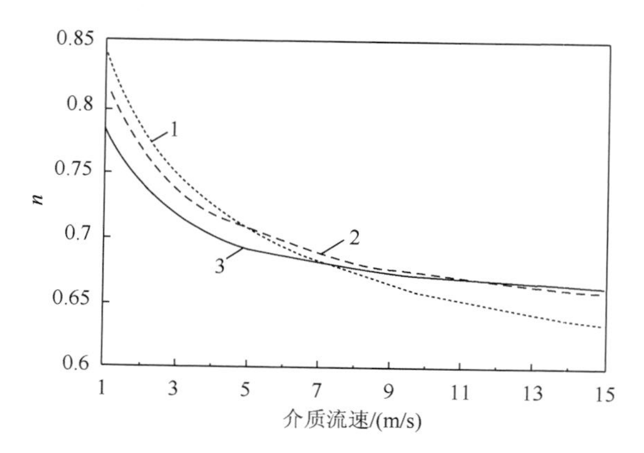

图 4-11　CO_2 分压的指数因子 n 对流速和温度的依赖性（$FeCO_3$ 饱和水溶液）

1—60℃；2—40℃；3—20℃

5. 钢组分和微观结构的影响[24]

最初的模型主要建立在 DIN St-52 管线钢（含 Cr 0.08%、C 0.18%碳素体/珠光体结构正火钢）基础上，后来又补充了 15 种低合金钢。所有的实验主要在 60℃，pH 为 4、5、6，CO_2 分压略高于 0.2MPa，流速在 3.1m/s、8.5m/s、13m/s 条件下进行。但由于预测的效果不理想，流速在 0.1m/s 下的结果被排除在外。对于 Cor-Ten A 和 Ni3.5%钢，由于 C 和 Cr 的影响较大，在建立模型时也不予考虑。因此，通过 13 种钢在 CO_2 溶液中的实验数据（其中 8 种正火钢和 5 种调质钢），对模型进行了补充及修改。

很明显，只是建立在 DIN St-52 管线钢基础上的模型，没有考虑钢的结构及组分，所以对其他钢来说，不是非常适用。根据钢种结构及组分的影响，预测 CO_2 腐蚀规律的经验公式可分为两组，分别适合于正火钢和调质钢。

1）正火钢

通过在预测 r_{corr} 和 r_m 的经验公式中添加校正因子 F_{Cr} 和 F_C 来建立新的经验公式。公式中必须预先知道含 Cr 和 C 为 0 的情况下的 r_{corr} 和 r_m 值。具体的表达式为（x_{Cr}、x_C 分别代表 Cr 和 C 的含量）

$$\lg r_{corr} = 4.84 - \frac{1119}{T} + 0.58\lg P_{CO_2} - 0.34(pH_{actual} - pH_{CO_2}) \tag{4-15}$$

$$r_m = 2.8\frac{U^{0.8}}{d^{0.2}}P_{CO_2} \tag{4-16}$$

$$F_{Cr} = \frac{1}{1+(2.3\pm0.4)x_{Cr}} \tag{4-17}$$

$$F_C = 1+(4.5\pm1.9)x_C \tag{4-18}$$

$$r'_{corr} = r_{corr}F_{Cr} \tag{4-19}$$

$$r'_m = r_{corr}F_C \tag{4-20}$$

图 4-12 给出了正火钢在 CO_2 介质中腐蚀速率的预测效果，与实测值之间的回归系数为 0.83，说明预测模型较为理想。

2）调质钢

通过在 r_{corr} 和 r_m 的经验公式中添加校正因子 F_{Cr} 和 F_C 来建立如下新的经验公式

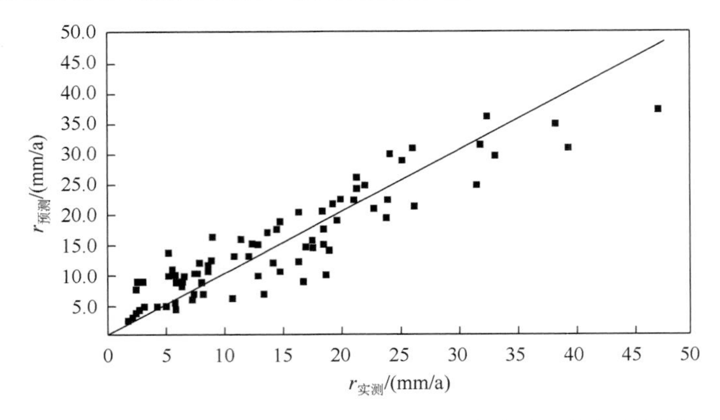

图 4-12　考虑到钢组成校正因子后正火钢在 CO_2 介质中腐蚀速率的模型预测值与实测值比较

$$r_{\mathrm{corr}}' = r_{\mathrm{corr}} F_{\mathrm{Cr}} \tag{4-21}$$

$$F_{\mathrm{Cr}} = \frac{1}{1+(1.4 \pm 0.3)x_{\mathrm{Cr}}} \tag{4-22}$$

$$r_{\mathrm{m}}' = r_{\mathrm{m}} F_{\mathrm{C}} \tag{4-23}$$

$$F_{\mathrm{C}} = 1 \tag{4-24}$$

$$\lg r_{\mathrm{ocrr}} = 5.07 - \frac{1119}{T} + 0.58 \lg P_{\mathrm{CO_2}} - 0.34(\mathrm{pH_{actual}} - \mathrm{pH_{CO_2}}) \tag{4-25}$$

$$r_{\mathrm{m}} = 2.7 \frac{U^{0.8}}{d^{0.2}} P_{\mathrm{CO_2}} \tag{4-26}$$

图 4-13 给出了调质钢在 CO_2 介质中的预测效果，与实测值之间的回归系数为 0.8，比正火钢的模型差一点，但预测模型比较理想。

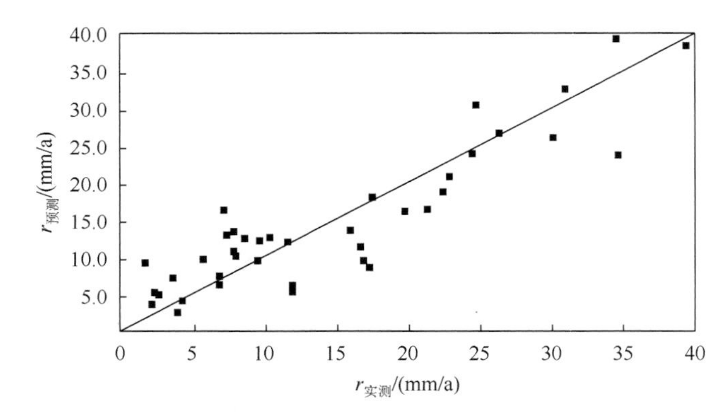

图 4-13　考虑到钢组成校正因子后调质钢在 CO_2 介质中腐蚀速率的模型预测值与实测值比较

4.4　模型的局限性

CO_2 和 H_2S 腐蚀预测模型研究工作的意义在于认识 CO_2-H_2O 和 H_2S-H_2O 体系的腐蚀规律，对讨论 CO_2 和 H_2S 腐蚀机理提供基础数据，为认识和解决 CO_2 和 H_2S 腐蚀提供参考。但是，目前 CO_2 腐蚀模型的理论研究已发展得较为系统，而 H_2S-H_2O 体系的腐蚀模型很不完善。

由于目前所得到的多种腐蚀预测模型采用不同的方法来反映油的浸润性和腐蚀产物膜对于腐蚀速率的影响，模型建立的基础行为之间存在巨大的差异。有一些模型认为流动条件下油浸润性的影响很大，而有的模型则根本不考虑油浸润性的影响；有的模型认为在高 pH 或高温下保护性碳酸亚铁膜的影响非常大，所以，对油气田体系腐蚀模型建立的基础不统一。

在低 pH、中等温度下腐蚀速率模型预测的结果比较接近，这对油套管 CO_2 腐蚀严重程度的预测有一定的参考作用[25]。但是，对于高温和高 pH 及有腐蚀产物膜形成时腐蚀速率预测结果差别很大。因此，各种模型的成功应用都是建立在特定的环境条件的基础上的。如果不考虑实际情况而盲目地选用某一预测模型，往往会导致较大偏差。目前，国内各石油公司在进行腐蚀预测时采用的都是从国外直接购买的软件，往往不加修正而直接用于油气井和管线腐蚀的预测，现已表明，这种预测结果和实际情况差别巨大。

CO_2 和 H_2S 腐蚀模型不反映油气井腐蚀的实际情况，也不能用来判断油气井因 CO_2 和 H_2S 带来的实际腐蚀规律。主要原因如下：①现有腐蚀模型建立的基础是腐蚀产物膜容易形成且不存在局部腐蚀，这与油气田现场的实际情况是不相符的。②油气井中存在的原油和凝析油使 CO_2 和 H_2S 腐蚀规律发生质的变化。例如，CO_2 腐蚀生成的腐蚀产物碳酸亚铁在实验室 CO_2-H_2O 体系中是沉积在金属腐蚀的样品表面而影响金属腐蚀的动力学规律，而在油气井中因原油和凝析油的存在腐蚀产物碳酸亚铁溶解在油相中，对油套管的腐蚀规律影响则完全不同。③H_2S 腐蚀则会因油相的存在影响到水膜在油套管表面的润湿规律，而使其腐蚀规律同样发生原则性的变化。④不同油气田的原油和凝析油的性质也是不同的。所以，不能寄希望于在实验室进行的 CO_2 和 H_2S 腐蚀模型来反映某一实际油田的油气井腐蚀规律。

参 考 文 献

[1]　de Waard C，Milliams D E. Carbonic acid corrosion of steel[J]. Corrosion，1975，31（5）：177-181.

[2]　de Waard C, Lotz U, Milliams D E. Predictive model for CO_2 corrosion engineering in wet natural gas pipelines[J].

Corrosion，1991，47（12）：976-985.

[3] de Waard C，Lotz U. Prediction of CO_2 corrosion of carbon stee1. Corrosion’93. NACE International，Houston，TX，1993：1-22.

[4] de Waard C，Lotz U，Dugstad A. Influence of liquid flow velocity on CO_2 corrosion. Corrosion’95，Paper No 128，NACE International，Houston，Texas，1995.

[5] Dugstad A，Lunde L，Videm K. Parametric study of CO_2 corrosion of carbon steel. Corrosion’94，Paper No 14，NACE International，Houston，Texas，1994.

[6] Pope S B. Turbulent flows[M]. Beijing：World Publishing Corporation，2010.

[7] 崔钺，兰惠清，康正凌，等. 基于流场计算的天然气集输管线 CO_2 腐蚀预测模型[J]. 石油学报，2013，34（2）：386-392.

[8] Dayalan E，de Moraes F，Shadley J R，et al. CO_2 corrosion prediction in pipe flow under $FeCO_3$ scale-forming conditions. Corrosion/98，Paper No 51，NACE International，Houston，Texas：22-27.

[9] 王凤平，李晓刚，杜元龙. 油气开发的 CO_2 腐蚀[J]. 腐蚀科学与防护技术，2002，14（4）：223-226.

[10] Crolet J L，Bonis M R. Prediction of the risks of CO_2 corrosion testing in oil and gas well[J]. SPE Production Engineering，1991，6（4）：449-460.

[11] Gunaltun Y M. Combining research and field data for corrosion rate prediction. Corrosion/96’NACE International，Houston，Texas，1996：27.

[12] Nesic S，Postlethwaite J，Olsen S. An electrochemical model for prediction of corrosion of mild steel in aqueous carbon dioxide solutions[J]. Corrosion，1996，52（4）：280-294.

[13] Nesic S. Key issuss related to modelling of internal corrosion of oil and gas pipelines-A review[J]. Corroson secence，2007，49（12）：4308-4338.

[14] Nordsveen M，Nesic S，Nyborg R，et al. A mechanistic model for carbon dioxide corrosion of mild steel in the presence of protective iron carbonate films-Part 1：Theory and verification[J]. Corrosion，2003，59（5）：443-456.

[15] Nesic S，Nordsveen M，Nyborg R，et al. A mechanistic model for carbon dioxide corrosion of mild steel in the presence of protective iron carbonate films：Part 2：A numerical experiment[J]. Corrosion，2003，59（6）：489-497.

[16] Nesic S，Lee K L J. A mechanistic model for carbon dioxide corrosion of mild steel in the presence of protective iron carbonate films-Part 3：Film growth model[J]. Corrosion，2003，59（7）：616-628.

[17] Nyborg R，Dugstad A. Flow Assurance of Wet Gas Pipelines From a Corrosion Viewpoint[C]. ASME 2002 21st International Conference on Offshore Mechanics and Arctic Engineering. American Society of Mechanical Engineers，2002：125-132.

[18] Zhang Y，Gao K，Schmitt G，et al. Modeling steel corrosion under supercritical CO_2 conditions[J]. Materials and Corrosion，2013，64（6）：478-485.

[19] Pots B F M. Mechanistic models for the prediction of CO_2 corroson rates under multi-phase flow conditions. Corrosion 1995，NACE International，Houston，Texas，1995：137.

[20] Van Hunnik EWJ，Pots B F M，Hendriksen E L J A. The Formation of the protective $FeCO_3$ corrosion production layers in CO_2 corrosion. Corrosion 96，Paper No 6，NACE International，Houston，Texas，1996.

[21] Nyborg R. Overview of CO_2 corrosion models for wells and pipelines. Corrosion 2002，NACE International，Houston，Texas，2002. 02233.

[22] 侯建国，路民旭，常炜，等. 原油对 CO_2 腐蚀过程的影响及相应腐蚀速率预测研究进展[J]. 中国腐蚀与防护学报，2005，25（2）：124-128.

[23] Johnson M L，Tomson M B. Ferrous carbonate precipitation kinetics and its impact CO_2 corrosion. Corrosion 91，NACE

International，Houston，Texas，1991：268.

[24] Kermani M B，Smith L M. A Working Party Report on CO_2 Corrosion Control in Oil and Gas Production Design Considerations[M]. Leeds：Maney Publishing，1997.

[25] Xu L Y，Cheng Y F. Development of a finite element model for simulation and prediction of mechanoelectrochemical effect of pipeline corrosion[J]. Corrosion Science，2013，73：150-160.

第5章　油气田系统腐蚀监/检测

5.1 概　　述

腐蚀监/检测技术就是利用各种技术手段对材料、设备的腐蚀速率以及腐蚀状况进行测量调查，包含离线检测和在线监测两大类。腐蚀监/检测的目的是弄清腐蚀过程、了解腐蚀控制措施的应用情况以及控制效果，并通过腐蚀监测来获得设备的腐蚀状况、腐蚀类型，评价化学药剂和防腐工程的最终效果等，指导生产，确保设备处于良好的运行状态，以预防重大安全事故的发生。腐蚀监/检测技术是全面认识油气田生产系统腐蚀因素，制定防腐蚀措施的基础，是监测评价防腐蚀措施效果的有效手段；能起到掌握油气田生产的腐蚀现状、腐蚀动态的作用。

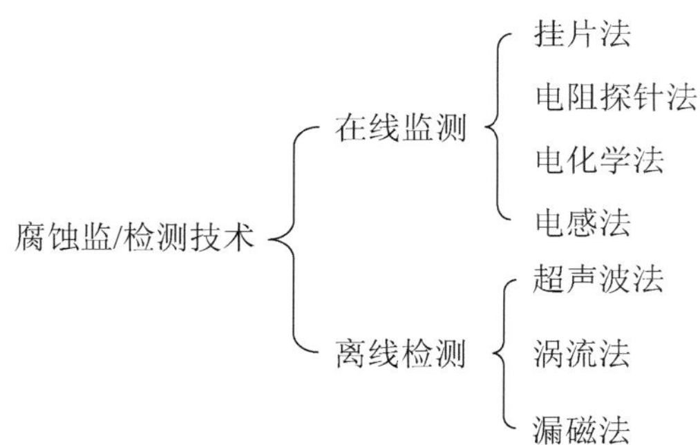

腐蚀监/检测技术是近年来发展起来的一项专门技术，可以在油气田设备正常运行的情况下连续测量其在介质中的腐蚀速率，它是控制油气田设备腐蚀及评估设备安全性的一种可靠而有效的手段之一；应用腐蚀监/检测技术能够解决生产过程中采用其他方法难以解决的腐蚀速率测量问题。较之传统的监/检测方法，在线腐蚀监测具有连续、快速、准确和操作相对简便等优点。

5.1.1　油气田系统腐蚀监/检测的必要性[1]

1. 最大限度保障油气田生产安全

油气田的开采、开发是一项系统工程，在这个过程中使用了大量的诸如油/套管、集输管线等设备，这些钢制设备大都处于腐蚀性环境或强腐蚀性环境中，避免不了要发生设备的腐蚀甚至是比较严重的腐蚀，同时，这些油气开采设备具有一定的隐蔽性，一旦发生重大事故，不仅影响油气生产，而且造成环境污染，给油气田带来重大的经济损失和社会影响。为此，要经常对油气生产设备及管线进行多方位的腐蚀监/检测。

2000 年，国家经贸委 17 号令《石油天然气管道安全监督与管理暂行规定》要求：第三十四条，石油管道应当定期进行全面检测，新建石油管道应该在投产后 3 年内检测，以后视管道安全状况确定检验周期，最多不得超过 8 年。第三十五条，石油企业应当定期对石油管道进行一般性检验，新建管道必须在一年内检测，以后视管道安全状况每一至三年检测一次。SY/T 10037—2010《海底管道系统》及 SY/T 6889—2012《管道内检测》都明确要求：对管道的内部腐蚀进行检测以证实管道系统的完整性。在线腐蚀监测是进行腐蚀检查和测量的有效方法。因此，为保证安全生产，在有腐蚀的站场和管道进行在线腐蚀监测和离线腐蚀检测是必要的。

2. 掌握油气田的腐蚀趋势和动态

一般油气田采、集、输系统在设计时都规定有一定厚度的腐蚀裕量，以确保油气田设施安全使用 20 年以上。然而，油气田投产后，实际发生的腐蚀是否达到腐蚀裕量规定的水准，能否保障所有设施都安全服役 20 年；随着油田投产时间的延长或原油含水率的增加，油气田设施的腐蚀程度也会发生变化，所有这些需要掌握的腐蚀趋势和腐蚀动态，只有根据腐蚀在线监/检测提供的数据以及设备检修时的观察和检测，才能做出准确的判断。

3. 确定腐蚀控制技术措施的有效性

为了控制油气田设备实际发生超过设计裕量的腐蚀，往往要采取一些腐蚀控制技术措施，以确保腐蚀控制在设计水平之内。然而，这些腐蚀控制技术措施实施后是否达到预期的效果，还存在什么问题，也同样是依据采取腐蚀控制技术措施后的在线监/检测数据来回答。例如，当发现油气田设备腐蚀超标时，通常采取投加缓蚀剂来控制腐蚀。那么，在线腐蚀监测结果是评价使用缓蚀剂后的实际效果的最直接也是最有效的办法。所以，腐蚀监/检测数据可有效地监督、评价用于油田生产系统各种防腐化学药剂的最终使用效果。

4. 及时发现油气田不正常的腐蚀影响因素

一般在油气田正常生产期间，腐蚀在线监测数据提供了生产期间实际发生的腐蚀速率。当某一部位、某一时间的腐蚀速率严重偏离正常的监测值，则说明油田设施受到某些不正常的影响因素的干扰。例如，中国海洋石油总公司南海西部石油公司的涠 11-4 油田中心平台污水处理系统的腐蚀监/检测数据一直都在 0.05mm/a 以内，而 2001 年第二季度的一组挂片监/检测结果出现异常，试片被腐蚀掉一多半，腐蚀速率达到 1.5mm/a。这肯定是某种不正常因素的作用。后经查实，在这一期间加注了净水剂，而该净水剂进入污水系统后就水解成酸，从而对设备造成了强烈的腐蚀。发现这一问题后重新选择净水剂，使这一问题很快得到解决。

5. 定期的腐蚀监/检测与适时的维修保养

定期的腐蚀监/检测与适时的维修保养不仅能及时发现和消除事故隐患，腐蚀监/检测还将帮助确定如管线大规模维修这样的作业的所需频率。从技术-经济角度考虑，尽管腐蚀监/检测需要花费一定的费用，然而它对避免重大事故，保证油气田长期安全生产，显然有巨大的技术-经济意义。

6. 间接经济效益及社会效益极为显著

腐蚀监/检测工作属基础性监/检测研究工作，其本身不能产生直接经济效益。然而必须强调的是，油气田的开采开发是一项综合性、系统性工程。监/检测能有效地了解油气田生产系统各环节的腐蚀状况、存在的问题，为防腐工作明确目标及方向，做到早发现问题，早及时治理，使防腐工作有计划、有目的地进行。通过技术攻关与防腐措施的实施，达到降低系统腐蚀、提高油田开发效益的目的。避免各生产设施进一步受到严重腐蚀以及因腐蚀所带来的一切不良后果，其间接经济及社会效益极为显著。

5.1.2 腐蚀监/检测方法分类

油气田设备腐蚀监/检测技术是在现场腐蚀监/检测方法与实验室腐蚀试验方法互相结合的基础上，吸收新的监/检测技术和数据处理技术而发展和充实起来的。按照所依据的原理和提供信息参数的性质，可将腐蚀监/检测方法分为物理方法、无损检测方法和电化学-化学方法三大类[2]。为便于比较，表 5-1 综合了主要腐蚀监/检测方法的基本特性。

表 5-1 腐蚀监/检测方法综述

分类	方法	检测原理及信号	探测手段	适用性
物理方法	警戒孔法	给定的腐蚀裕量消耗完即报警，管道设备的剩余厚度（$\delta_{剩余}$）	报警装置在设备或旁路短管有代表性的位置钻警戒孔	适用于无规律的腐蚀状态以及多层衬里结构的内壁；任意环境均可：手段简单，响应速率迟钝
	挂片失重法	腐蚀速率可用腐蚀前后试样质量或厚度的变化评定	挂片：插入设备或旁路短管	稳速腐蚀的任意环境。手段简单，适应性强；挂片的处理、装取较烦，响应速率慢，测试周期长

续表

分类	方法	检测原理及信号	探测手段	适用性
物理方法	氢压法	测量渗透的氢气压力（P_{H_2}），由 P_{H_2} 判断腐蚀程度及腐蚀断裂发生的倾向	氢探针，压力测量装置	适用于析氢腐蚀和储氢的环境，特别是对氢脆比较敏感的某些生产过程的有关设备，响应速率较慢
	电阻法	通过测量金属腐蚀过程中电阻的变化而求出金属的腐蚀速率	电阻探针及测量电桥	适用于全面腐蚀的任意环境，测试过程基本连续，操作尚简便；要注意补偿温度的影响，响应速率慢
无损检测方法	超声波法	超声波在缺陷（裂纹、孔洞）和器壁的内表面上的反射波的射程差引起脉冲信号；检测裂纹和孔洞的深度或器壁的剩余厚度	超声波探头，超声波探伤仪，超声波测厚仪或超声波数据采集和分析系统	可用于全面腐蚀、局部腐蚀或腐蚀断裂的检测，有系列的专门仪器，响应不很灵敏，技术要求相对较简单
	涡流法	交流电磁感应在表面产生涡流，在裂纹或蚀坑处涡流受干涉，使激励线圈产生反电势，检测裂纹和蚀坑深度	感应线圈探头及涡流检测仪	铁磁性材料表面腐蚀及开裂过程的监测；表面非金属涂层厚度的检测
	声发射法	开裂及裂纹扩展伴有声能的释放 $da \sim E_{声}$，$\frac{da}{dt} \sim \Delta E_{声}$（$E_{声}$表示声能）	探头（声能→电信号的压电晶转换器），单路或多路缺陷定位系统	适用于腐蚀断裂（应力腐蚀开裂、氢脆开裂、腐蚀疲劳、磨损腐蚀、气蚀等）和泄漏过程的监测响应灵敏，需要专门的监测仪器和一定的专门技术素养
	热像显示法	通过构件表面温度的图像推示其物理状态	热敏笔，红外摄像机或红外遥感记录和显示装置	可用于传热及热能转换设备的“热”腐蚀情况，显示腐蚀的分布和状况，而不是腐蚀的速率，有专门的先进仪器，测量和显示方便，对腐蚀过程的响应不很灵敏，并受表面腐蚀产物影响
	射线照相法	γ射线、X 射线的穿透作用	射线源，感光胶片或图像显示装置	被检构件的两侧需可触及，不适于在线监测，需要专门的设备和知识，要注意辐射的防护
电化学-化学方法	线性极化法	电化学极化阻力原理 $i_{corr}=\frac{B}{R_p}$ $R_p=\left(\frac{\Delta E}{\Delta t}\right)_{\Delta E \to 0}$	电化学探针及腐蚀速率测试仪	适用于电解质介质中的全面腐蚀。可直接求出腐蚀速率 r_{corr}，响应灵敏，测试方法较简单。在低导电性介质中，测量的误差较大
	交流阻抗法	电化学电极反应阻抗原理 $i_{corr}=\frac{B}{R_p}$ $R_p=R_T-R_{sol}$	电化学探针，电化学测试仪锁相放大器，或其他阻抗测试系统	适用于电解质介质中的全面腐蚀和局部腐蚀，信息丰富，响应灵敏，精密度较高，尤其适用于低导电性介质中的腐蚀监测。需要有专门的知识及一定的技术素养
	电位监测法	测量被监测装置或探针相对于参比电极的电位变化，根据其电位特性，说明生产装置所处的腐蚀状态（如活态、钝态、孔蚀或应力腐蚀开裂）	电位测量仪器，电化学探针或利用被监测设备本身	适用于电解质介质中的全面腐蚀或局部腐蚀，响应灵敏，结果解释明确。需要有专门的知识，只能反映设备的运行状态，而不反映腐蚀速率

续表

分类	方法	检测原理及信号	探测手段	适用性
电化学-化学方法	电偶法	腐蚀速率与电偶电流成正比，通过测定原电池的电流 i_{corr} 确定腐蚀速率	电化学探针及零阻电流表或腐蚀电流测量仪	适用于电解质介质中的全面腐蚀和电偶腐蚀，响应灵敏，需要有一定的专门知识
	介质分析法	测量介质中被腐蚀的金属离子浓度、pH、氧浓度或有害离子浓度	离子选择电极及离子计或分析化学仪器	适用于全面腐蚀，对检测结果的分析需要有生产工艺和分析方面的专门知识。对腐蚀过程的反映较灵敏，但易受腐蚀产物特性的影响

腐蚀监/检测的内容可以分为以下几大类：①对运行的设备进行各种在线腐蚀监测，如设备的腐蚀速率测量、渗氢速率测量等；油/气/水介质成分测量分析法、压降法和交流电位降法、电化学噪声、场指纹法等。②对各种设备及管道进行非破坏性测试，如剩余厚度测量法、设备的保温状况等。③对各类流体所含成分进行化学分析，如各种离子含量的测量、pH 测定、溶解性气体测量、微生物分析等。④各种生产运行数据的检测，如流体的温度、压力及流速等。⑤阴极保护系统的电化学性能检测等。但本章讨论的内容限于设备的腐蚀监测技术。通过对生产系统的腐蚀监测，可以了解腐蚀状况及腐蚀因素，提出合理的防护措施以及对防腐措施实施监督、评价。

目前，在石油、石化行业的腐蚀在线监测技术主要包括：平均腐蚀速率测量的挂片失重法、瞬时腐蚀速率测量的线性极化电阻法（linear polarization resistance，LPR）、电阻探针（ER）法、电感探针法、电化学阻抗谱（EIS）、氢探针法、Ceion 技术、超声波测厚法、剩余厚度测量法、油/气/水介质成分测量分析法、压降法和交流电位降法、场指纹法（field signature method，FSM）、电化学噪声（EN）等[3]。其中，挂片失重法、线性极化电阻法、电感探针法、电阻探针法和氢探针法构成了油气田腐蚀监/检测系统的核心[4]。这些腐蚀监/检测技术应用于油气田的腐蚀环境中既具有各自的优势又存在明显的缺陷，例如，电阻探针、磁阻探针、线性极化、电化学阻抗谱主要提供全面腐蚀的信息，氢探针技术可实现对应力腐蚀风险的监测，场指纹法和电化学噪声技术可提供局部腐蚀与全面腐蚀的信息。所以，要根据油气田场合及环境、响应时间等要求进行选择。腐蚀监测可以采用多种方法同时进行，每种方法之间相互补充，使数据解释更加科学合理。腐蚀监/检测原理及适用对象见表 5-1。

5.1.3　腐蚀监/检测研究机构

国内外几家著名的腐蚀监/检测机构列于表 5-2 中。

表 5-2　国内外几家著名的腐蚀监/检测机构

科研院校或企业	主要在线监测技术和产品
中国科学院金属研究所	耐高温电阻探针和仪器，始于 1999 年，2000 年应用
	弱极化和交流阻抗混合测量技术，始于 2000 年
	在线腐蚀监测网的研究和建立，始于 1999 年
	CMA、CMB 系列在线腐蚀速率测量仪器
北京科技大学	线性极化技术和仪器，始于 20 世纪 60 年代末
南京化工大学理工学院	线性极化技术和仪器，始于 1983 年，1986 年鉴定
胜利油田设备所	低温电阻技术和仪器，1994 年中石化鉴定
	微分极化技术和仪器，始于 1985 年，1989 年鉴定
	电化学弱极化和仪器，始于 1993 年，1998 年鉴定
美国 TMAG 公司	电阻探针、电感探针、线性极化探针等系列产品
美国 Magna 公司	Corrosometer 系统电阻探针
英国 Nalfoc 公司	电阻探针
美国 InterCorro 公司	SmartCET 系列实时在线监测仪器
德国 Peppert 与美国腐蚀研究所	CorroTran 系列在线监测仪器

1. 美国热电监测分析技术公司

美国热电监测分析技术公司（Thermo Monitoring & Analysis Group，TMAG）是一家从事设备状态监测分析的专业化公司。该公司自 1984 年在中国建立办事机构以来，始终致力于将世界上最先进的监测分析技术与理念引入中国市场。其在冶金、铁路、航空以及石油化工等领域与中国用户经过多年的合作，建立起了一整套设备状态监测、故障诊断体系和检测分析手段，为各行各业从事设备监测、理化分析的用户提供了众多具有世界领先水平的现代化分析测试仪器设备以及技术手段。该公司的 RCS 腐蚀监/检测系统及检测工具主要用于石油、化工、能源、食品等领域的管道、大型容器、长输管线、水处理系统的在线腐蚀监测，也用于实验室内各类腐蚀测试分析。

2. 中国科学院金属研究所

中国科学院金属研究所材料环境腐蚀研究中心是国内最早从事腐蚀监/检测技术开发、应用以及服务的科研团队。在有关专家、学者的关怀和支持下，腐蚀监/检测团队 20 多年来紧随国际腐蚀监/检测领域潮流，服务于国内经济建设和国防需要，引领中国腐蚀监/检测技术的发展方向。该团队与石油、石化、电力、核电等企业紧密合作，在工业过程腐蚀监测、在线腐蚀介质分析、井下腐蚀监测、土壤腐蚀监测与防护、大气环境腐蚀监测、接地网腐蚀监测与防护、核工业设备的腐蚀监测等领域取得了 30 多项研究成果。2014 年，腐蚀监/检测加入中国科学院核用材料与安全评价重点实验室，腐蚀监/检测团队将在核电在役设备腐蚀机理研究、核用材料的安全评价等方面发挥重要作用。

2014 年，金属研究所材料环境腐蚀研究中心与中国石油天然气股份有限公司管道科技研究中心、中石油长庆油田共同完成了缓蚀型减阻剂的缓蚀效果评价项目。长庆油田某采气厂采出的天然气为含硫天然气，对采气和输气设备、管道造成严重的腐蚀。为了提高采出量和减小下游输气管道的内腐蚀速率，在井口注入了缓蚀型减阻剂，并分别在下游集气站（南 10 站、乌 7 站）入站主管道上安装 CM-2000 腐蚀监测装置以实时采集并记录注剂前后管道内腐蚀速率数据，为助剂的缓释效果评价提供数据支持。

3. 沈阳中科韦尔腐蚀控制技术有限公司

沈阳中科韦尔腐蚀控制技术有限公司（简称中科韦尔）自 2011 年 1 月成立以来，一直从事石油化工腐蚀监测技术开发、产品制造及推广应用，同时围绕企业安全生产和防腐管理开展设备腐蚀检查、设备完整性管理、基于风险的安全评估与预测等防腐服务。公司从现场检测需求出发，整合了电化学方法、电感探针方法、超声检测方法、FSM 电场矩阵法、化学分析方法，研制了成套防腐监测技术，并为企业建立了远程数据分析管理系统。目前，腐蚀监测产品在石化、油田、电力等行业广泛应用，企业客户 70 多家，防腐服务也取得长足发展，在我国“走出去”战略指引下，产品已销售到伊朗、苏丹等国家。

5.2　挂片失重法

5.2.1　挂片失重法原理

挂片失重法是工业上最常用、最经典的腐蚀监/检测技术，它是用与工业设备相同的金属材料试样，在与设备相同的腐蚀环境下进行腐蚀测试。这种方法具有仅次于实物观测的真实性。正因为如此，规范的工业设计中都必须设计和安装腐蚀挂片点，并进行定期的挂片监/检测。

挂片失重法的基本测量原理就是把金属材料做成试验小件，放入腐蚀环境中，经过一定时间之后取出，测量其质量和尺寸的变化，按式（5-1）计算腐蚀速率。

$$r_{\text{corr}} = \frac{8.76 \times 10^4 \times (m_0 - m_t)}{S \cdot t \cdot \rho} \tag{5-1}$$

式中：r_{corr} 为全面腐蚀速率（mm/a）；m_0 为试验前试片质量（g）；m_t 为试验后试片质量（g）；S 为试片总面积（cm^2）；ρ 为试片材料密度（g/cm^3），钢铁材料的密度通常取 $7.85g/cm^3$；t 为试验时间（h）。

挂片失重法具有仅次于实物观测的真实性，所以是一种最普遍的监/检测腐蚀的方法。从挂片的质量变化及对挂片的肉眼观察，不仅可以测量材料在一定介质中的腐蚀速率，而且还可以得到介质腐蚀性的资料。挂片失重法得到的腐蚀速率是在试验时间内的平均值，挂片时间越长，越接近实际情况，但提供信息的周期也就越长，不利于及时观察判断。在典型的监/检测项目中，一般推荐的监测时间是（30±2）d[5]。现场实践表明，如果介质的腐蚀性弱，监/检测周期可以适当延长到 90d 或 180d。

试件材质选用现场实际使用的钢材（或 Q235 钢），每一个监/检测点挂 1～3 组试片（随管径大小选择试件组数），挂 1～2 个 5mm 试棒。

挂片失重法的优点是：①可用于所有环境介质，包括油、水、气及固体颗粒-流体等任何体系。②监测结果具有较高的可靠性。③可以观察和分析腐蚀沉积物。④可测量全面腐蚀速率，也可用于局部腐蚀的判断。⑤可以评估缓蚀剂性能。挂片失重法的缺点是：①监测周期较长。②得到的是整个监测阶段的平均腐蚀速率（即腐蚀速率的积分值），无法反映腐蚀速率随工艺条件及变化的波动状态；如果在监测时间内发生腐蚀因素的波动，单独使用挂片失重法不能判断波动发生的时间及影响因素。③无法实现自动腐蚀控制。④监测周期受生产条件限制。

5.2.2　油气田管道腐蚀在线挂片监测

纵横交错的油气田集输管线犹如油气田生产系统的神经网络，也是腐蚀泄漏经常发生的部位，因此对油气田管道进行在线腐蚀监测就具有特别重要的意义。挂片失重法就是将装有试片的监测装置固定在管道内，在管道内运行一段时间后取出，对试样进行外观形貌观察及失重分析，以判断管道设备的腐蚀状况。作为试片的材质、表面状态以及加工过程都应当与管道或设备所用材料一致。试片的形状和尺寸应使其比表面积尽可能大，以提高挂片失重测量的准确性。

根据监测的需要选择试片的安放位置，试样架的固定可以有多种方式，如果监测的部位有旁路系统，可以把试样固定在旁路系统内，通过切断旁路，随时取装试片。这种方法取放试片非常方便灵活。另一种方法是采用“带压试片（棒）取样器”把试片固定在管道内。“带压试片（棒）取样器”可以在立管、横管、容器任何方位的低压系统（<2.5MPa）安装试片，将测压、挂片、取样一体化，且不影响正常生产，可满足油气田生产系统各个环节、部位的监测要求。“带压试片（棒）取样器”结构如图 5-1 所示。

为满足气、液、固流体分层流动监测需要，在管线中采用上、中、下三组试片，这样可以同时监测管线中不同流体（气、液、固相或混相）的腐蚀性。三组试片在管线中的位置分布如图 5-2 所示。

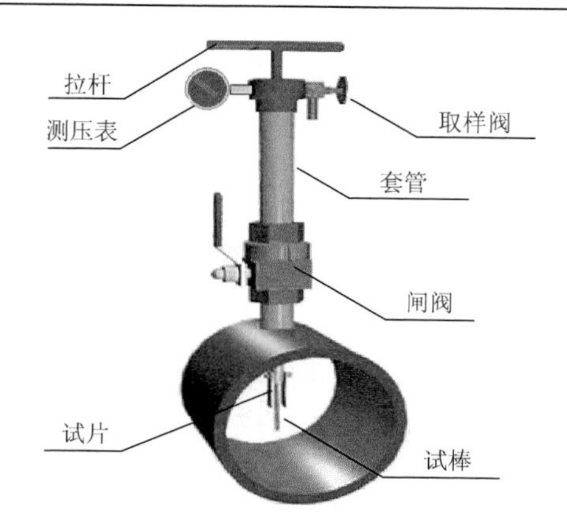

图 5-1　带压试片（棒）取放器

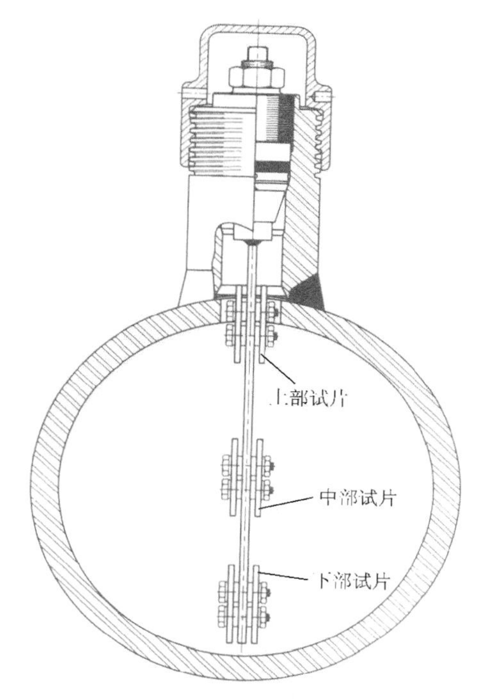

图 5-2　上、中、下三组监测试片在管线中分布

5.2.3　油气井腐蚀在线监/检测挂片技术

尽管挂片失重法的原理很简单，但是挂片失重法在油气田设备内的在线腐蚀监/检测实施却是比较复杂的，如何在保障油气田正常生产的条件下，把腐蚀试片

科学、合理、安全地置于不同的设备里不仅需要操作者的理论水平，更需要操作者的实践经验。

1. 重力锤挂片器[6]

对于自喷井而言，主要使用重力锤固定试片对油管进行在线腐蚀监测。重力锤固定试片的装置设计及加工比较简单，根据试片和重力锤的尺寸，在重力锤上、下两侧分别采用机械加工法切削出两个对称的凹槽作为试片槽。对称槽上有螺孔用以固定试片，图 5-3 是由重力锤设计的挂片装置示意图。每个凹槽内可放一个试片，根据监测的要求自行确定槽的数目，每个加重杆至少需要四个试样槽，放置四个试片，其中三个试片用于腐蚀失重分析，评价油管腐蚀的状况，另外一个试片用于表面分析等。根据试片的尺寸确定样品槽的深度，要求试片固定到样品槽后试片不能超出重力锤的直径范围，目的是通过重力锤的保护，使带有试片的重力锤在入井过程中不会碰到油管内壁。每个槽的纵向边缘坡度以 45°为宜，使油井的流体流过试片表面状况与在油管内的流动状况保持一致。这样既保证了试片不易掉入井下，又保证了挂片结果的可靠性。测试装置包括聚四氟乙烯垫片、试片、聚四氟乙烯套管、钢质螺栓等。采用聚四氟乙烯垫片和聚四氟乙烯套管的目的是将试片与其他金属材料如重力锤或螺栓绝缘，保证监测结果的可靠性。可以使用万用电表检测每个试片是否处于绝缘状态。

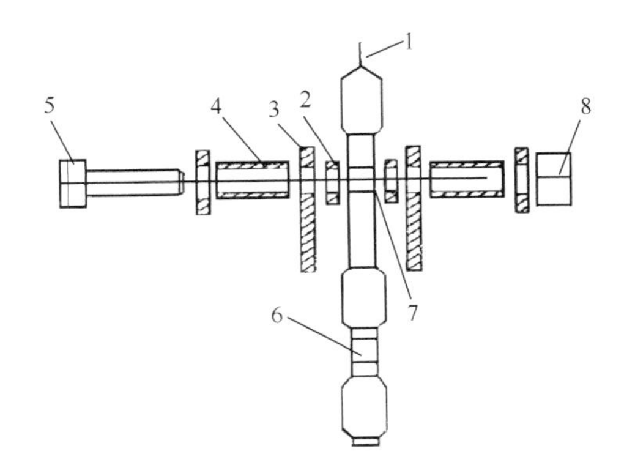

图 5-3　重力锤油井挂片器

1. 入井钢丝；2. 聚四氟乙烯垫片；3. 试样；4. 聚四氟乙烯套管；5. 螺栓；6. 试样槽；7. 螺栓孔；8. 螺母

当所有试片样品在挂片装置安装完毕后，通过油井的自喷管，由试验车的入井钢丝将挂片装置下到井下任意位置，放样深度通常有 0m、500m、1500m、3000m 等几个位置。如果是监/检测井口的腐蚀速率，则不用钢丝车。试验周期可以根据实际情况确定。

图 5-4 是 20 世纪 90 年代作者在塔里木油田采用重力锤试片器监测轮南油田

油井的腐蚀状况。经现场使用，可以较好地监测自喷井油管内壁在不同井下位置的腐蚀速率，其优点是挂片装置简单，试片下井方便，不用起下管柱，其局限性是监测油井腐蚀状况时不能同时兼顾测温或测压，另外监测时需将测试钢丝车长期停放在井场或将钢丝剪断固定，造成测试成本增高。

图 5-4　采用重力锤固定试片装置监测轮南油田油井腐蚀状况作业现场

采用重力锤固定试片监测油井的腐蚀速率需要注意如下几个问题：

（1）严禁重力锤落入井下。由于油井直径较小，如果试片的外侧超出了重力锤的外侧，则在入井过程中可能会导致试片与油井管壁发生刮碰而使入井钢丝断裂，这样会发生测试装置落入井下的事故。所以测试装置入井前务必保证试片外边缘不超出重力锤。

（2）若油井的油压较高，挂片装置可能由于自身质量较轻较难下到井下，此时可在重力锤底端再连接一个重力锤，即可顺利地将试片下到所要求的位置。

（3）监测周期不宜太长。由于油井环境内的腐蚀性参差不齐，监测周期过长，可能会腐蚀测试钢丝，也会发生测试装置落井事故。

（4）本方法仅适用于自喷井，对机采井不适用。

2. 丝堵挂片器

为确保油井的生产安全，井口挂片失重法在线腐蚀监测也可以通过丝堵固定腐蚀试片，丝堵固定试片结构如图 5-5 所示。丝堵可以固定在注气回路的井口管

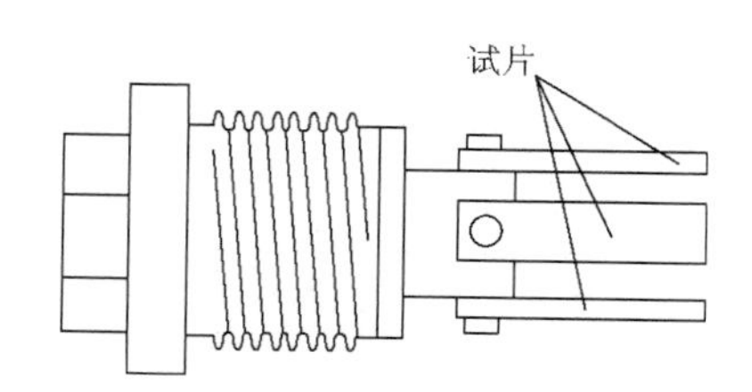

图 5-5　井口丝堵挂片器示意图

线中或者油井的油管头处，或井口的旁路管线上，这种试片固定装置更简单、方便和安全。

挂片失重法的试样制备、试样形状和尺寸以及试样的前后处理方法等参考如下标准：

GB/T 19291—2003《金属和合金的腐蚀　腐蚀试验一般原则》。

GB 10124—88《金属材料实验室全面腐蚀全浸试验方法》。

GB/T 16545—2015《金属和合金的腐蚀　腐蚀试样上腐蚀产物的清除》。

SY/T 0029—2012《埋地钢质检查片应用技术规范》。

NACE RP0775-2005 *Preparation，Installation，Analysis，and Interpretation of Corrosion Coupons in Oilfield Operations*。

3. 挂环器

对于大多数油井的在线腐蚀监测，可以采用挂环器固定试片在油井中的任意位置，试片可以置于井下，也可以置于井口。目前油气田的油井在线腐蚀监测主要采用两种挂环技术，一种是固定式井下挂环技术，另一种是活动式井下挂环技术。固定式井下挂环技术是指将用于腐蚀监测的钢质试环（分内环和外环）镶嵌在专门为之设计的挂环器上（有内外环嵌槽和绝缘尼龙座）。挂环器实际上就是一种油管短节，通过丝扣安装在油管上。

固定式挂环器的设计及加工比较简单，该挂环器主要由上接头、尼龙座、内钢环、外钢环和下接头组成。由于上、下接头和油管连接，故上下接头须与油管材质一致，若油管是 P110S、P110、N80，则挂环器材质也应一致，并且扣型也要与油管一致。短节内、外有环形沟槽，沟槽周围安装绝缘尼龙环，以便测试钢环能嵌在短节的内、外壁上，同时又不与短节钢体接触。挂环器材质采用与油管相同材质，丝扣与油管丝扣相同，直接与油管连接下入井内。内环测试油管内腐蚀状况，外环测试油套环空腐蚀状况。固定式挂环装置如图 5-6 所示。监测时以现

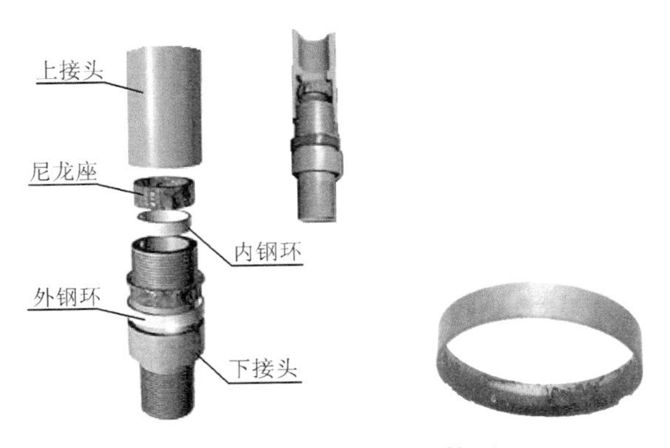

图 5-6　井下挂环器及挂环

场使用的油管钢材加工成大、小两种圆环，小圆环嵌在挂环短节的内壁，大圆环嵌在外壁；试环经刨、磨工序，多次打磨使其表面光滑，将试环用纱布擦去油污，用游标卡尺测量其尺寸并计算出其表面积；将干燥好的试环用天平称重，记录好试环的编号与对应的质量。

通常挂环器在油井分上、中、下三点安装，以便监测油井整个井筒的腐蚀状况，如图 5-7 所示。由于挂环器与油管一起安装在井下管柱上，因此要求挂环器与油管的钢级相同，井筒上部的挂环器短节要求加厚，以增强抗拉强度。挂环器在油井提管柱作业时随油管下入井筒，下一次作业时再随油管一起起出，以定性监测和定量计算出井下工况条件下介质对油管的腐蚀状况。该技术于 20 世纪 90 年代初在中原等东部油田研制成功并成熟使用。采用井下挂环技术监测出的井下腐蚀状况完全和井下油套管的腐蚀状况吻合，监测的腐蚀数据真实可靠，同时该技术既可以监测油管的内腐蚀，又可以监测油管外环空腐蚀，具有良好的腐蚀监测效果[7]。固定式挂环器的优点是设备简单，加工方便，但局限性是固定式挂环器必须随油管下入、起出，其作业难度大，时间长，不能随时进行油、套管的腐蚀监测。

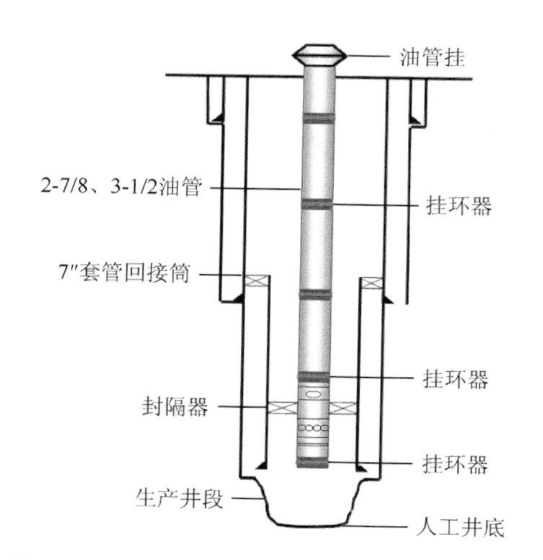

图 5-7　井下挂环器监测油管腐蚀状况示意图

目前，判断和评价工业设备在实际运行过程中的腐蚀状况，以表明整个设备的腐蚀情况的主要方法仍是现场挂片监/检测方法。腐蚀挂片监/检测方法主要的不足之处在于它反映的周期长，而且取挂片及数据牌都须经专门的技术人员进行，无法由现场操作人员实施监控。由于固定式挂环器须在修井时从油井内放入或取出，所以固定式挂环法的监测周期受到一定影响。井下监测试环是随油管一起下入井筒和随油管一起取出，所以挂环受到井下作业的限制。

另一种油井在线腐蚀监测采用活动式挂环器[8]。这种活动式挂环器结构简单、操作方便，不需要起下管柱就可以将腐蚀试片下到井筒内预定位置，采用试井钢丝投捞，实现了不动管柱、不压井作业及不影响油气井的正常生产投捞，随时监测管柱的腐蚀状况。另外，在监测腐蚀状况的同时，该挂环器同步测定该位置的压力和温度，全面准确地获取腐蚀环境参数，免去需另外下仪器测量压力、温度的工序，节约施工成本。

活动式挂环器的基本结构如图5-8所示。该挂环器由上接头、试环、尼龙环、橡胶圈、中心管、下接头、卡爪、卡簧、销钉组成，其中上接头与中心管之间通过橡胶圈密封螺纹连接，同时上接头内有螺纹，在上接头与中心管之间夹有试环和尼龙环，在中心管下端连接下接头，下接头下部有锥面，卡爪安装在下接头上，并且卡爪可沿下接头上下移动，卡爪通过销钉连接卡簧。上接头用于卡住投、捞工具，其内有与压力计连接的内螺纹，压力计可以测量该处井筒的压力和温度。中心管上设计有导流孔，以减小挂环器对气流的阻碍。

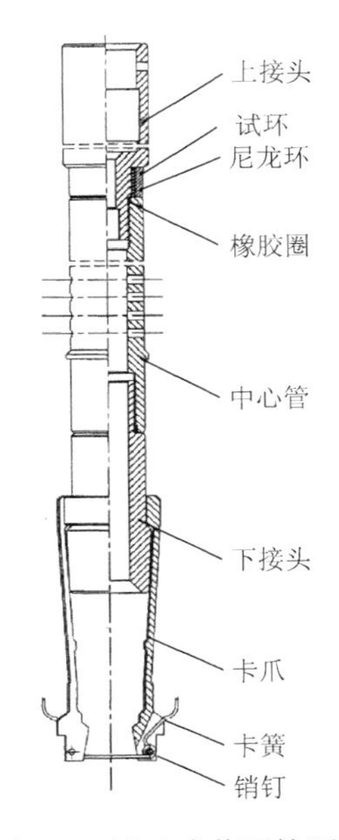

图5-8　活动式井下挂环器

现场使用时，首先用测试钢丝将挂环器投送到预定位置后，上提，当到达油管接箍处时，卡簧打开，卡爪张开，将挂环器再次下放，卡爪在油管接箍处卡住，完成卡定。打捞时，专用打捞工具与本实用新型挂环器连接后，上提，挂环器其余部分相对卡爪上行，使卡爪收回，处于解封状态，完成解卡。通过上述步骤，完成腐蚀监测所需的各项参数收集。

5.3 电阻探针法

5.3.1 基本原理

经典的电阻定律指出，导体（或元件）的电阻 R 跟它的长度 L 成正比，跟它的横截面积 S 成反比，还跟导体（或元件）的材料有关系，用公式表示为

$$R=\rho L/S \tag{5-2}$$

式中：ρ 为导体（或元件）的电阻率；L 为导体（或元件）长度；S 为导体（或元件）横截面积。由此可见，电阻探针法监测金属的全面腐蚀速率，是根据金属试样随着腐蚀的进行，使横截面积减小而导致电阻增加的原理，通过测量金属腐蚀过程中电阻的变化而求出金属的腐蚀速率。

对丝状试样，腐蚀深度的计算公式如下[3]

$$\Delta h = r_0\left[1-\frac{R_0}{R_t}\right] \tag{5-3}$$

式中：Δh 为腐蚀深度；r_0 为丝状试样原始半径；R_0 为腐蚀前电阻值；R_t 为腐蚀后电阻值。

电阻探针（electrical resistance，ER）法正是利用了欧姆定律原理，制备一些具有标准电阻值的电阻探针，放到与工业设备相同的腐蚀环境中，腐蚀使探针的截面变小，从而使其电阻增大。如果金属的腐蚀大体是均匀的，那么电阻的变化率就与金属的腐蚀量成正比。只有当腐蚀量积累到一定程度时，金属试样的电阻增大到了仪器测量的灵敏度，仪表或记录系统才会作出适当的响应。因此电阻探针法测量的是某个很短时间间隔内的累积腐蚀量。周期性地测量这种电阻的变化，便可得到腐蚀体系金属的腐蚀速率[9-11]。

电阻探针法是通过测量全面暴露于腐蚀流体中的传感元件（测量电阻）和密封在探针内的被保护元件（参考电阻）的电阻比来测量腐蚀速率的，参考电阻的目的是补偿温度变化对电阻测量的干扰，在探针内安装了形状、尺寸和材料均与测量试片相同的参考电阻作温度补偿电阻，将参考电阻与测量电阻构成电桥两臂，采用惠斯登电桥测量未知电阻（电阻探针的传感元件）R_x 的变化，测量电路如图 5-9 所示。其中 R_3 是密封在电阻探针内的参考电阻，R_1 和 R_2 是位于测量仪器内的电阻。如果 R_x/R_3 与 R_2/R_1 的两个比值相等，则 B、D 两点之间的电流和电压降为零，利用高灵敏度的检流计可以准确测量这两点间的电流值，通过调整 R_2 阻值使该电流值为零，此时整个电路中的总阻值 R_{total} 符合式（5-4）

$$R_{total} = \frac{(R_1 + R_2)(R_3 + R_x)}{R_1 + R_2 + R_3 + R_x} \quad (5\text{-}4)$$

其中，R_2、R_1、R_3 的阻值已知，R_{total} 通过测量得到，由式（5-4）即可求得 R_x。

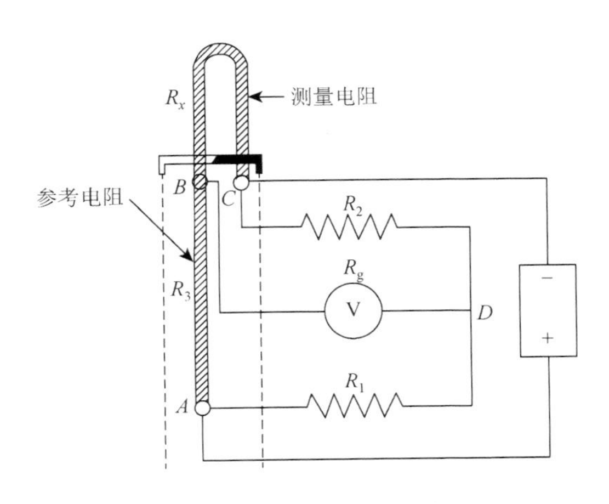

图 5-9　电阻探针结构示意图

跟挂片失重法一样，电阻探针测量的是金属损失，故电阻探针被称为“电子挂片”。该方法得到的腐蚀速率与挂片失重法得到的平均腐蚀速率具有相同的性质。与挂片失重法相比，电阻探针法无须取出试样即可随时测量出材料的腐蚀速率，这种方法在油气生产、石油炼制及海水净化等设备中应用得比较多。电阻探针既可以用便携式仪器定期测量，也可用固定安装在现场的设备连续测量。每种方式都是产生一个与暴露元件金属损失成比例的线性信号。

5.3.2　电阻探针测试系统

电阻探针监/检测系统由安装座、空心旋塞、探针、延伸杆、保护帽、数据传输线、数据存储器、数据采集器以及数据处理软件等组成，主要组件详见图 5-10。

电阻探针监测系统中的传感元件是探针，探针的材料、几何形状及厚度与监测结果的准确性有很大的关系，探针的横截面积越小，测量灵敏度越高，因此常用线圈状、管状探针或薄片状探针。线圈状探针比薄片状探针在相同寿命条件下灵敏度要高，因此电阻探针多采用线圈状测量元件[12]。常用的探针类型如图 5-11 所示。

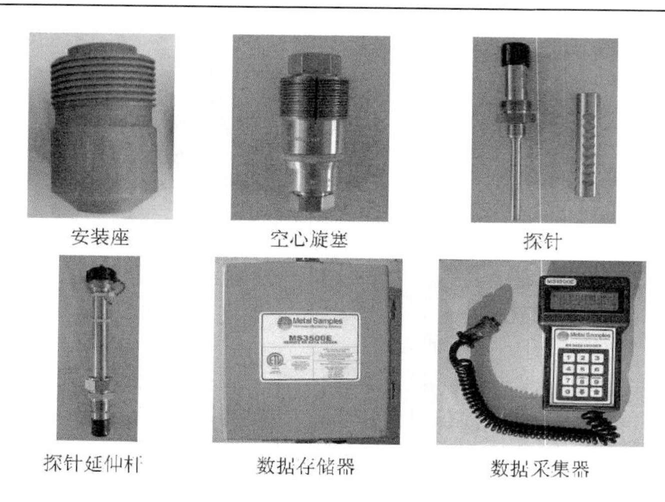

图 5-10　电阻探针监/检测设备系统组件

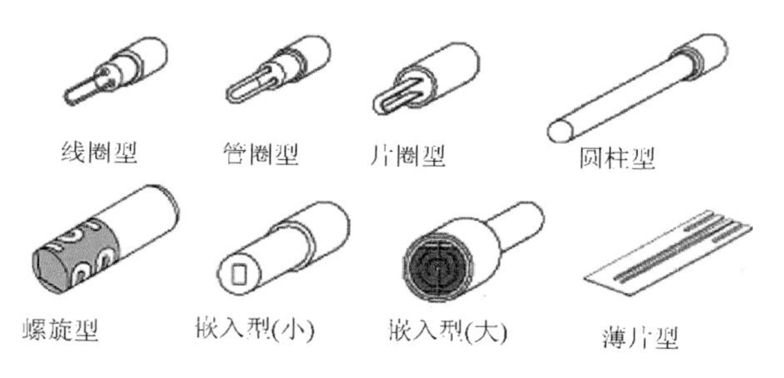

图 5-11　电阻探针法中常用的探针类型

线圈型是最为常用的，它的灵敏性很高且受噪声的影响最小，对于自动、多通道监测系统来说，线圈型传感元件是最好的选择。线圈型探针通常用玻璃密封在堵头上，再焊接到导线上。玻璃密封是常用的密封方式，可以适用于除氢氟酸以外的所有介质中，具有良好的温度、压力等级。常用玻璃密封的合金为碳钢、AISI304或 AISI316 等各类不锈钢。对于可能发生玻璃腐蚀的地方，可采用特氟隆材料密封。通常在线圈探针的外面安装一个防护罩防止被管道系统内的漂浮物破坏。

管圈型探针一般用于灵敏度要求较高的场合，可以快速监测低腐蚀速率的环境。它是用中空的管状材料做成环形的探针，碳钢为其最常用的材料。管圈型探针的密封与线圈型探针的密封类似。管圈元件也需要在外面安装一个永久的防护罩防止高流速系统造成的变形。

片圈型探针与线圈型和管圈型探针的结构相同，它是把一个平面状的元件做成环状的。可以用玻璃、环氧树脂或特氟隆等密封到堵头上。它的灵敏性很高，且很脆弱，仅适用于流速很低的介质。

圆柱型探针是在空心的管子里面焊接另一个空心的小管做成的。它是一个全焊接的结构，并焊接到探头上。这种探针特别适用于恶劣环境的腐蚀监测，如高流速或高温环境中。

螺旋型探针是由一个很薄的金属片螺旋状缠绕在一个插入棒上做成的。这种探针特别适用于高流速的介质。它的电阻很高，故信噪比很高，所以灵敏性很高。

嵌入型探针是与容器的壁平齐封装的。特别适用于模拟容器内壁的腐蚀条件，而且在流速很高的系统内也不易损坏，可用于经常清管的管线系统内。

薄片型探针是一个很薄的矩形元件，其表面积很大，对于非全面腐蚀的环境可以提供更具代表性的测量结果。其常用于监测阴极保护系统埋地管线外壁的保护效果。

除此之外，随着电子科技的发展，很多研究人员对电阻探针或仪器本身也进行了改进，使电阻探针法更加完善。例如，K. W. David 等申请专利的腐蚀监测设备[13]。该设备是将探头、电池、信息记录和处理设备所集成的探头放入气井监测位置，对监测区域的腐蚀情况进行间歇的记录并保存，经过一段时间的暴露后，将信息下载到电脑进行分析，在安装期间不需要气井停止生产。该探头可以安装在经过井径仪检测发现存在较严重腐蚀的区域，不会对管道造成损害，可以同时记录所处位置的温度，在国外已有许多试验和现场应用[14]。此外，华中科技大学开发的一种改进型的电阻探针腐蚀监测仪 ER400，能够对电阻温漂问题进行补偿[15, 16]。

如果电阻探针的灵敏度较高，则在腐蚀监测中测量的数值随介质的腐蚀强度发生变化，同时探针在某些环境中与介质反应的产物附着在探针表面，形成一层膜，测量数值也会随膜的生长或脱落而发生小幅的波动。因探针采用的材料与被监测的管道材料相同或相近，所以探头表面的变化通常就代表着管道内壁类似的变化过程。

电阻探针里还有一个被保护元件，称为“检查”元件。在探针的使用寿命内，被保护元件与检查元件的电阻比应为常数。电阻探针仪器可以通过测量这个比值来验证探针是否完好。

电阻探针法连续监测数据通常被传送到电脑/数据采集器上进行处理，仪器直接给出监测的腐蚀速率结果，操作非常方便。

电阻探针法的优点是：①操作简单、价格低廉、数据便于解释；②由于电阻探针属于电阻测量，故电阻探针法适用于任何介质；③可在设备运行条件下定量监测腐蚀速率。不过电阻探针法的确存在一定的局限性：①电阻探针法的灵敏度较低，不能监测外部腐蚀条件的快速变化；②测量结果易受表面污染物的影响[17]；③无法监测金属的局部腐蚀。

5.3.3 电阻探针法在油气田腐蚀监测中的应用

电阻探针法自 20 世纪 50 年代问世以来，已在油气生产、石油炼制等行业的设备监测方面得到了广泛的应用[18]。中原油田自 1994 年以来开始应用电阻探针法监测油田生产过程中的腐蚀速率[19]。2005 年 7 月，在塔里木油田阿克苏气田喀什集气站建立了在线腐蚀监测系统，用于监测集气站加热炉后 120mm 碳钢管的腐蚀状况，介质温度 70～85℃，管内压力小于 10MPa。该监测系统主要由高压电阻探针、数据采集器、高压可拆卸装置、电源模块、通信传输模块、数据通信处理软件包组成。阿联酋阿布扎比油田（1997）和英国北海 Forties 油田（2003）两个油田使用电阻探针法对多相油管进行腐蚀监测，以及采用电阻探针法监测缓蚀剂的有效性。2005 年，北科威特油田运用电阻探针法来监测油田生产井的腐蚀速率。

由于井下挂环器监测油气田油井的腐蚀状况周期长，无法迅速反映井下的腐蚀变化，目前美国热电监测分析技术公司研制了一种井下电阻探针，可用于油井下高温（140℃）、高压（60MPa）的腐蚀环境腐蚀速率的监测，这是目前唯一能在恶劣井下环境中监测腐蚀速率和温度的井下工具。

尽管电阻探针法在石油化工领域的在线腐蚀监测得到了广泛应用，例如，2000 年北科威特油田运用电阻探针法监测生产井的腐蚀速率，取得了理想的效果。但由于电阻探针的灵敏度不够高，其不能及时跟踪及记录腐蚀速率的瞬时变化。故电阻探针法正逐渐被其他更先进的监测技术（如电感探针法等）所取代[20]。

5.4 电感探针法

5.4.1 电感探针法原理

电感探针法是 20 世纪 90 年代由电阻探针法演化发展起来的一种灵敏度高、耐候性强的金属腐蚀监测方法。电感探针技术不是直接测量电阻值，而是通过感抗值（感应电阻）以检测敏感元件（金属试件）的金属损耗。具体来说就是将测试探头内置线圈与外表面的金属或合金敏感元件处于特定的相对位置，并给线圈施加一个恒定的交变电流，具有高磁导率强度的敏感元件强化了线圈周围磁场，因此敏感元件厚度的变化将影响线圈的感抗，使得线圈电感对金属敏感元件（试件）的厚度变化非常敏感，从而能测量出由腐蚀引起的试样厚度发生的极微小的变化，从而计算金属的腐蚀速率。

电感探针监测金属腐蚀速率具有如下几个特点：①电感探针法具有较高的灵敏度。由于敏感元件磁导率的变化相对其电阻的变化更明显，故电感探针法的测量灵敏度更高，可实时获得数据。电感探针能够在几分钟到几小时内测量出金属的腐蚀速率，并对其变化做出快速反应，这比其他 ER 快 50～100 倍，因而该技术可以测量到常规技术无法测量的腐蚀速率的短期变化[21]。这种技术无疑可以应用于工业现场，适用于工业管道的腐蚀监测，也可以及时了解工艺参数的变化对腐蚀过程的影响，通过对工艺参数的调整来控制腐蚀过程，评价各种防腐措施的有效性。②电感探针可以用在低温、高温以及电化学和非电化学腐蚀等不同的介质，不受介质导电率的影响，大大提高了电感探针在工业领域中的应用范围。③电感探针的温度补偿片距离测量试片很近，所以补偿效果好。④电感探针的测量精度较高。

电感探针法也有其局限性：①电感探针法是基于发生腐蚀时敏感元件磁导率的变化进行测量的，因此电感探针法只能适用于磁性高的材料[3]。②电极寿命较短，需更换，价格较高。③电感探针法无法解决点蚀等局部腐蚀的监测问题，另外局部腐蚀会引起电感探针数据的失真[22, 23]。

5.4.2　电感探针监测系统的基本构成

电感探针监测系统主要包括电感探针、信号测量处理组件、测温组件、数据存储模块及配套软件等，如图 5-12 所示。电感探针有片状结构和管状结构，分别适用于不同的工艺条件和管径。片状电感探针是在管状电感探针的基础上，针对油气田的特殊要求研制的，它除了具有与管状探针相同的测量精度外，还有如下

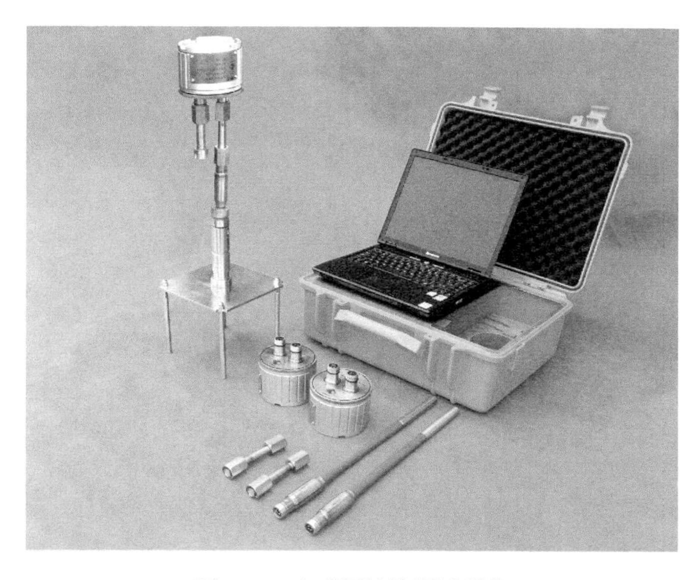

图 5-12　电感探针法测试系统

特点：片状电感探针的测量元件平行于管壁，可以等效模拟介质对管壁的冲刷腐蚀状态；管状电感探针要求测量元件全部进入到管路内部，而片状电感探针可略低于管壁安装，这样不但可安装在管径较小的管路，还可在清管时不用取出探针；与水平成一定角度的片状电感探针可以等效模拟弯头处的管壁受介质冲刷腐蚀的状态；片状电感探针适用于各种大小的管径，而管状探针不宜用在小于 159mm 的管线。不同类型的电感探针在管路中的相对位置如图 5-13 所示。

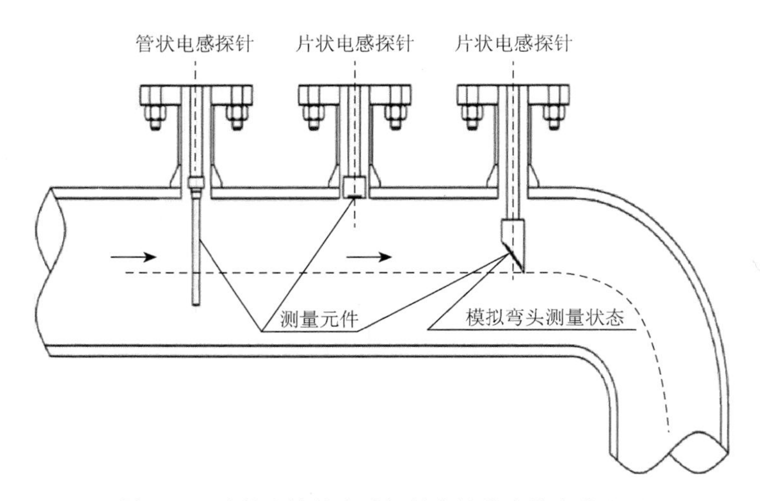

图 5-13　片状和管状电感探针在管线内的安装位置

目前国内外常用的在线电感探针监测仪器主要有：美国 RCS 公司研制的 Microcor 电感式腐蚀测试系统（简称 Microcor 系统）[24]；沈阳中科韦尔腐蚀控制技术有限公司开发生产的ZK9800/ZK9810/9820/ZK9840自补偿精密电感腐蚀监测系统；中国科学院金属研究所开发的 CM-2000 系列在线电感探针系统等。

5.4.3　电感探针监测技术在石油、化工领域中的应用

电感探针法是监测油气田等工业设备腐蚀状况的有效手段，故在油气田设备的腐蚀监测方面得到了广泛的应用。例如，陕京输气管道是我国目前陆上天然气输送距离最长、管径最大（ϕ660mm）、沿线自然条件最为恶劣的一条管道。为此，陕京输气管道系统沿线 6 座站场均采用美国 RCS 公司的 Microcor 电感探针监测系统，对天然气管道内壁的腐蚀与金属损失量进行在线监测，其监测结果与间接检测分析结论一致[25]。此外，中国海油文昌作业区奋进号油轮上也采用了 RCS 公司的 Microcor 电感探针监测系统进行了在线腐蚀监测[26]，均得到了满意的测试结果。

中国石化股份有限公司中原油田分公司普光气田天然气净化厂于 2010 年建成投产，是集团建设的第一个高含硫天然气净化厂，目前已建净化厂规模共计十二个系列，每两个系列的天然气脱硫装置、脱水装置、硫磺回收装置、尾气处理装置和酸性水汽提装置组成一个联合装置，净化厂现有六个联合装置，净化厂管线最高压力接近 10MPa，年处理高含硫天然气 120 亿 m^3。在设计阶段就将腐蚀在线监测系统纳入到整体设计中，在其六套联合装置中，共设计腐蚀在线监测点 150 多点，监测方式以电感探针腐蚀监测技术为主，如图 5-14 所示。在联合装置内部采用 RS485 总线通信方式，每个单元敷设 4～5 条 RS485 总线，每条总线设 1 个数据采集卡，负责收集所属总线上的监测点腐蚀数据，联合装置间以光纤通信形式连接，每个数据采集卡收集的数据经光端机、光纤传至服务器总数据库存储。即腐蚀信号走向为：单个监测点数据采集变送器→RS485 总线→数据采集卡→光端机→光纤→服务器总数据库。参数设置统由服务器完成。采用双环自愈光路连接全部六个联合装置，保证在中间光路某一点断开的情况下，通信正常。

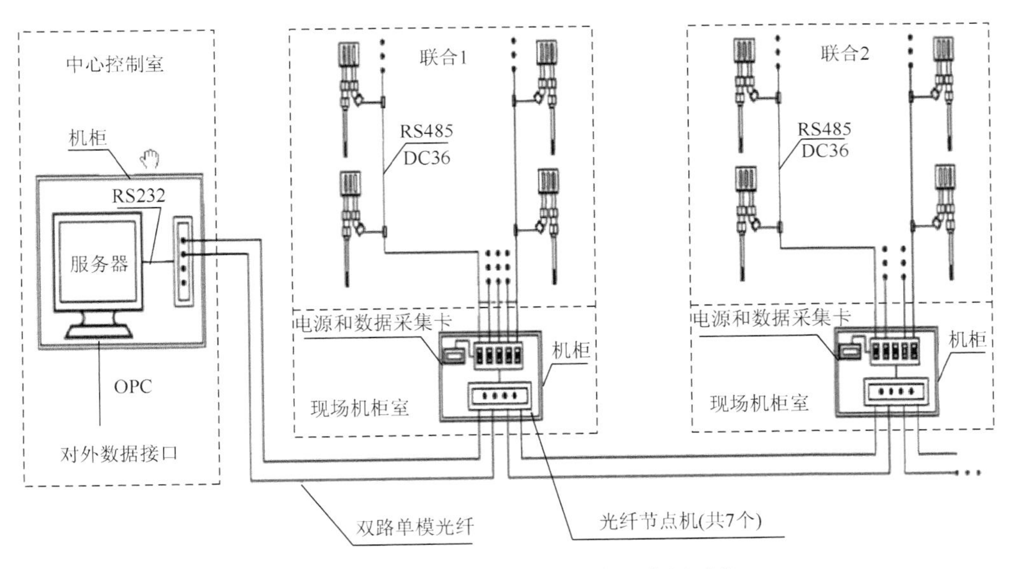

图 5-14　普光气田净化厂在线腐蚀监测系统

目前，普光气田净化厂的腐蚀在线监测系统已经全部投入运行，为设备的安全稳定运行提供了强有力的保障。

胜利油田陀六联合站污水回注系统分别在一次、二次除油罐入口、过滤罐入口和出口等部位设置了在线腐蚀监测点，如图 5-15 所示。考虑到介质中 H_2S 含量偏高，故未采用电化学监测方式，而使用了适用于任何介质测量的电感探针监测方法，并将监测数据与同期挂片数据进行了对比，腐蚀趋势相同，数据误差均在10%左右。

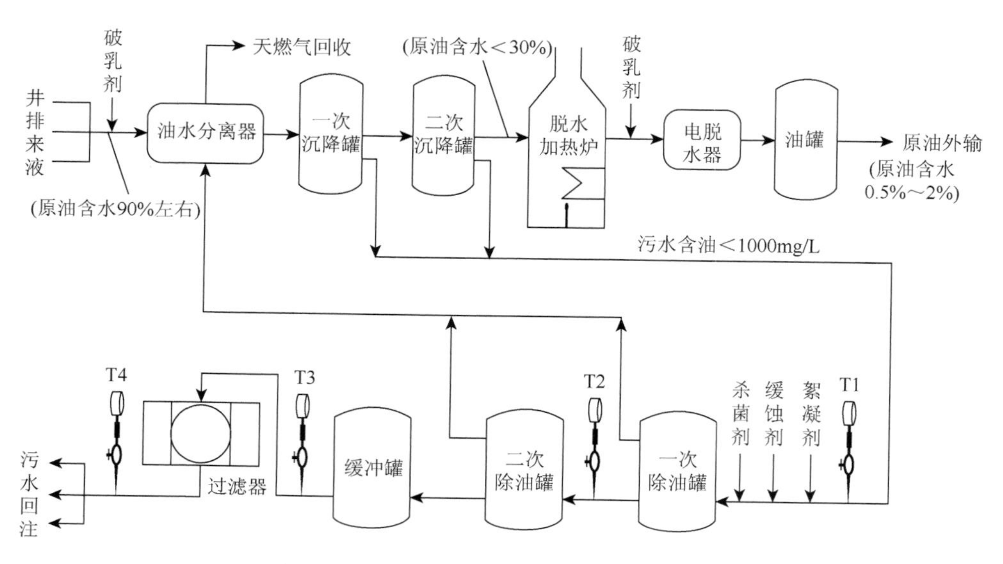

图 5-15　胜利油田坨六在线腐蚀监测系统

中石化西北油田分公司为了监测地面设备的腐蚀状况，从 2008 至今，分别在一号、二号、三号联合站，以及雅克拉采气站等设立了多套电感探针腐蚀在线监测系统设备。

美国 RCS 公司的 Microcor 电感式腐蚀测试系统已经在镇海炼化股份公司三套常减压、蜡油催化裂化、加氢裂化和循环水场等装置上成功应用，应用现场实时腐蚀监测数据来指导装置原油加工、工艺防腐蚀和研究腐蚀规律，达到腐蚀监测和腐蚀监控的目的。

5.5　线性极化电阻法

5.5.1　基本原理

20 世纪 50 年代，Stern 和 Geary 发现[27]，在极化值 ΔE 很小时，活化极化控制的腐蚀金属的极化曲线总是近似地表现为直线的形式[28]（图 5-16），在这样的极化区域内进行的极化测量就是线性极化测量。由测量的结果可以得到极化曲线的极化电阻——线性极化电阻（linear polarization resistance，LPR）。可以从理论上证明，极化电阻与腐蚀电流密度 i_{corr} 之间是反比的关系，符合 Stern-Geary 方程

式（5-5）（又称线性极化方程式）

$$i_{\mathrm{corr}}=\frac{B}{R_{\mathrm{p}}} \tag{5-5}$$

式中：R_{p} 为极化电阻，定义式为

$$R_{\mathrm{p}}=\frac{\Delta E}{i}=\frac{b_{\mathrm{a}}b_{\mathrm{c}}}{2.3(b_{\mathrm{a}}+b_{\mathrm{c}})i_{\mathrm{corr}}} \tag{5-6}$$

其中：i_{corr} 为腐蚀电流密度；ΔE 为偏离腐蚀电位 E_{corr} 的微小极化值（通常 $\Delta E<\pm 10\mathrm{mV}$）；$b_{\mathrm{a}}$ 和 b_{c} 分别为腐蚀过程阳极反应和阴极反应的 Tafel 斜率；对于一个具体的腐蚀过程来说，B 是一个常数，常见的数值范围为 17～26mV[29]。

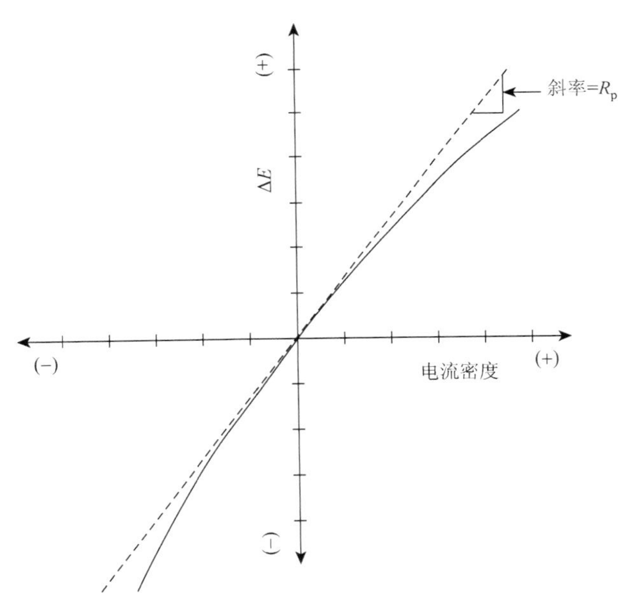

图 5-16　微极化区线性极化曲线

只要测量出腐蚀体系的极化电阻，就能运用线性极化技术快速测量腐蚀电流从而获得腐蚀速率，故线性极化技术是广泛应用于工业设备腐蚀速率监测的技术之一。具体做法是借助于直流恒电流或恒电位测量，在腐蚀电位附近进行阴极或阳极小幅度极化，然后通过对电位-电流曲线线性回归，计算出曲线的斜率，即极化电阻 R_{p}，最后，借助于 Stern 系数（即 B 值），将 R_{p} 转换为腐蚀速率[30]。

这是一种电化学方法，它利用金属材料在腐蚀介质中的电化学极化行为，将电化学探头安装在腐蚀环境中，然后进行电化学极化测量其电化学响应（电

流或电位），从而计算出体系的极化电阻，再根据计算得到的换算系数，计算腐蚀电流，即腐蚀速率，实现快速腐蚀速率监测。线性极化电阻法得到的腐蚀速率是瞬时腐蚀速率，它表征金属样品在某一时刻的腐蚀速率，这与挂片失重法和电阻探针法得到的平均腐蚀速率具有不同的含义，不能简单地用得到的腐蚀速率来进行比较。

线性极化电阻法可以预测发生孔蚀或其他局部腐蚀的趋势，为设备腐蚀监控提供报警信号和控制信号。根据混合电位理论，阳极反应总电流 I_a 必然等于阴极反应总电流 I_c，即 $I_a=I_c$。对于全面腐蚀而言，阳极面积 S_a 和阴极面积 S_c 相等，所以 $i_a=i_c$，测出的阳极极化电阻 R_{pa} 和阴极极化电阻 R_{pc} 是相等的，即 $R_{pa}=R_{pc}$。如果形成了局部腐蚀，则 $S_a \ll S_c$，所以阴、阳极反应的电流密度 $i_a \gg i_c$，这表明局部阳极阻力小，腐蚀速率大。假设采用恒电位极化，施加的极化电位 $\Delta E_a=\Delta E_c$，由于局部阳极反应阻力小，电流大，故 $\Delta I_a \gg \Delta I_c$，则 $R_{pa} \ll R_{pc}$。

由此可见，当电极表面呈现局部腐蚀时，阳极极化电阻将大大小于阴极极化电阻。这样就可以由 $R_{pa} \leqslant R_{pc}$ 或以 $R_{pa}-R_{pc}$ 的值来表征腐蚀金属电极的局部腐蚀倾向。

线性极化电阻法的主要优点是：响应迅速，可以快速测量腐蚀速率（一般需要几分钟的时间）。这有助于诊断设备的腐蚀状况，及时而连续地跟踪设备的腐蚀速率。通过联机工作还可连续向信息系统或报警系统馈送信号指示，以帮助操作人员及时作出正确的判断。

线性极化电阻法的主要局限是：①该方法仅适用于具有足够电导率的电解质体系（如油田污水、循环冷却水等），对电导率很低的体系（如原油或气体）则不适用；②当电极表面除了金属腐蚀反应以外还有其他氧化还原反应时，测试的腐蚀速率没有任何意义；③由于三电极探针的彼此距离较小，长时间的腐蚀监测会使电极表面附着较多的腐蚀产物，如果腐蚀产物具有导电性，则使测量结果误差较大。上述这些因素都会给线性极化电阻测量的腐蚀速率与实际设备的腐蚀速率之间带来较大的误差。测出瞬时腐蚀速率往往不能用来直接表明工业设备的真实腐蚀速率，仅供判定工业设备处于该环境腐蚀性的参考。

线性极化电阻虽能提供瞬时值，但必须制备面积很小的探头，这种探头的腐蚀情况与真实的设备腐蚀情况往往会有较大的差别。同时，腐蚀测量时必须给探头一个电化学激励信号，这种信号在一定程度上会影响探头腐蚀的真实性。这种影响的大小，会与不同的方法以及设备制造的原理和水平有密切的关系。再就是数据处理，电化学方法在数据处理上存在换算系数，这一换算系数选择的合理程度直接影响到测量数据接近真实的程度。所有这些因素都会给快速腐蚀测量方法得到的腐蚀速率与实际设备的腐蚀速率带来较大的误差。

5.5.2　LPR 监测系统的基本构成

根据腐蚀电化学理论发展的腐蚀速率测试系统通常分为实验室用和工业现场使用两种情况，两者最大的差别在电极探头上。实验室测试通常采用铂作辅助电极，甘汞电极或 Ag-AgCl 电极作参比电极。而线性极化电阻在线监测系统主要包括电化学腐蚀数据采集器和相同材质组成的电化学测试探针。数据采集器是腐蚀监测系统的数据采集存储单元，测试探针是腐蚀监测系统的传感单元，根据不同的现场环境，可采用高温、高压探针或低温、低压探针。

目前线性极化监测探头有相同材质、相同形状和相同面积的金属合金组成的三电极探针体系或相同材质、相同形状和相同面积的金属和合金组成的双电极探针体系[31, 32]，如图 5-17 所示。三电极探针等距离呈三角形分布，同种材料的三电极探针体系中的三个电极可以互换分别作为研究电极，这样同一探针可测出 n 组数据，为指示可能发生的局部腐蚀倾向提供条件。但是，同种材料三电极体系的缺点是 IR 降影响大，电极排列方式对测量结果有影响[33]。同种材料探针式双电极系统的缺点是极化电流通过两电极之间的溶液，因此必然要产生 IR 降，影响测量的结果。

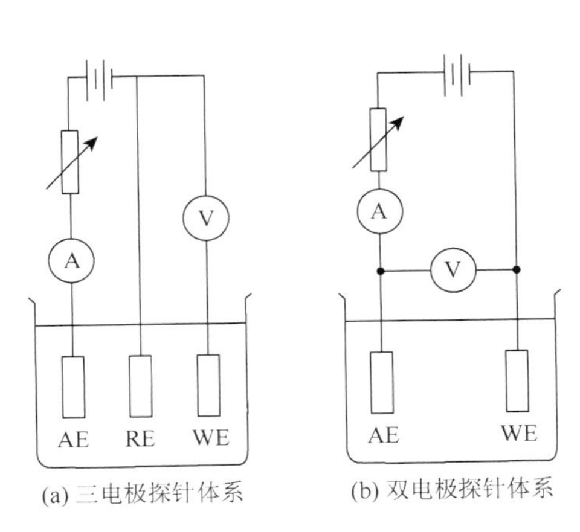

(a) 三电极探针体系　(b) 双电极探针体系

图 5-17　线性极化电阻测量电极体系

AE. 辅助电极；RE. 参比电极；WE. 工作电极

目前已有各种商品化的线性极化电阻（LPR）测量仪器，既有适用于实验室测量的型号，也有适用于工业现场监测的型号。例如，美国 RCS 现有多款便携商品化的腐蚀速率测试仪器；此外，中科韦尔公司研制生产的 ZK8800 电化学腐蚀在线监测系统也在石油化工领域的腐蚀监测中得到了广泛应用。

5.5.3 LPR 技术在油气田腐蚀监测中的应用

LPR 技术监测油气田的腐蚀速率受到介质的影响，一般情况下，当水相的含油率高于 200×10^{-6} 时，LPR 测试对数据的精确度会造成严重的影响[34]。只能适用于电解质水溶液中，而无法在油相或气相介质中使用，故线性极化电阻法通常用于油气田回水系统的腐蚀监测，如污水处理系统、注水站、配水间、注水井等处。2006 年苏丹迈鲁特油田采用线性极化探针法监测原油外输管线（FBE）；中原油田自 20 世纪 90 年代就开始在水系统中应用线性极化电阻法监测设备的腐蚀状况[35]；大庆油田分别在掺水系统旁路管线，以及回注水管路安装了电化学腐蚀在线监测系统，安装方式为法兰安装，监测点选点目的是监测管线的腐蚀规律，指导缓蚀剂的注入，取得了理想的效果。

需要注意的是，与其他腐蚀监测技术相比，在腐蚀电位漂移比较严重的情况下，使用线性极化电阻法在线监测的腐蚀速率存在较大的误差。

腐蚀挂片法、电阻探针法和极化电阻法三种在线监测技术是选取不同的腐蚀信号来确定腐蚀速率，各具优缺点。腐蚀挂片法直接测量金属样品的腐蚀损失，比较接近油气田设施的实际腐蚀情况，而且计算出的腐蚀速率是时间的积分值，时间越长就越接近设备的情况。但是，其因为时间长而不能快速提供腐蚀信息。电阻探针法是通过探针截面电阻的变化求得腐蚀速率，其提供不同时间的瞬时值，而极化电阻法虽能提供瞬时值，但必须制备面积很小的探头，这种探头的腐蚀情况与真实的设备腐蚀情况往往会有较大的差别。同时，腐蚀测量时必须给探头一个电化学激励信号，这种信号在一定程度上会影响到探头腐蚀的真实性。这种影响的大小，会因不同的方法以及设备制造的原理和水平有密切的关系。再就是数据处理，电化学方法在数据处理上存在换算系数，这一换算系数选择的合理程度直接影响到测量数据接近真实的程度。所有这些因素都会给快速腐蚀测量方法得到的腐蚀速率与实际设备的腐蚀速率之间带来较大的误差。

5.6 氢探针法

5.6.1 氢监/检测的目的

石油、化工等行业诸多设备如天然气输送管线、石油炼制设备等由于腐蚀析氢使得原子氢在没有形成氢分子之前就已经渗入钢铁的内部，使其内部原子氢的浓度不断增加，原子氢在钢的内部积累导致钢制设备的韧性下降、脆性增加，引起氢脆、应力破裂或氢鼓泡，产生氢损伤并引发突发性恶性破坏事故。因此工业上常用氢监测仪来检测或监测钢铁结构中氢腐蚀的速率及钢铁中原子氢的含量，并显示设备内部由于氢的积聚将要发生腐蚀破坏的危险性，确定氢损伤的相对严重程度，有效评价生产工艺和环境变化对设备材料氢损伤的影响。

5.6.2　氢监/检测仪的基本原理

从氢监/检测仪的基本原理出发，目前应用于石油化工领域的氢探针主要有三种类型，即压力型氢探针、真空型氢探针和电化学氢探针。

1. 压力型氢探针[36-38]

压力型氢探针（pressure hydrogen probe）的工作原理是测量封闭空腔内积聚的氢的压力。这种氢探针一般需要适当的装置将探测仪的封闭端侵入待测环境中。腐蚀产生的氢原子（$H^{+}+e$══H）一部分扩散进入钢管的内壁，氢原子在探测仪的测压器内结合形成氢分子（H+H══H_2），并导致测压器内压力增高，H_2产生的压力直接由压力表指示，通过测量压力增加的速率即可得出腐蚀速率[39]。压力型氢探针安装灵活，可以安装在任何位置，并且结构简单，不需要外加能源。氢扩散通过钢壳进入内部容积很小的环形间隙。

压力型氢探针有插入式和贴片式两种类型[40]。常用的插入式探针也称 “手指探针”，如图 5-18 所示。贴片式探针也称非侵入式探针，由不锈钢加工，以适应容器或管道的外表面。贴片式碳探头可焊接在监测管道或容器的外壁，通过管壁或容器外壁直接监测氢通量。两种类型的氢探针如图 5-19 所示。

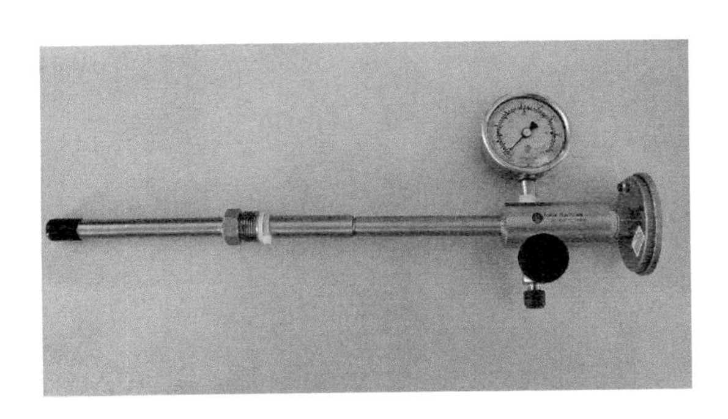

图 5-18　插入式氢探针

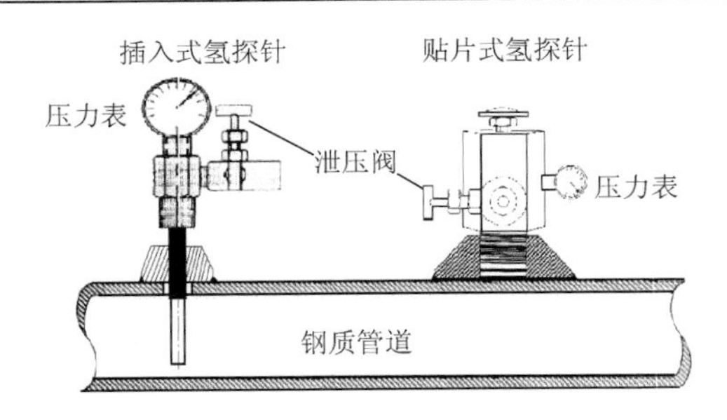

图 5-19　侵入式氢探针监测氢腐蚀示意图

2. 真空型氢探针

真空型氢探针（vacuum hydrogen probe）的测量原理与压力型氢探针基本类似，它是以体系中产生的分子氢的压力作为测量参数。氢收集室的真空度（10^{-6}Pa）由磁性离子真空泵维持，传感器内部连接毛细管和压力计[41]。在腐蚀过程中，阴极反应中产生一定数量的氢原子，其中一部分氢原子经扩散穿过器壁生成氢分子，氢分子在压力梯度下扩散到磁性离子真空泵内并离子化。氢离子化过程产生的电流即氢电流[42]。真空型氢探针是一种比压力型氢探针更灵敏，反应更迅速的仪器[43]。真空型氢探针的工作压力（10^{-6}～10^{-1}Pa）比压力型氢探针的工作压力（70～345kPa）低得多，因此对氢的状态变化的反应更加灵敏。

真空型氢探针有侵入式和非侵入式两种类型。最常见的一种真空型氢探针类似于非侵入式，如图 5-20 所示。

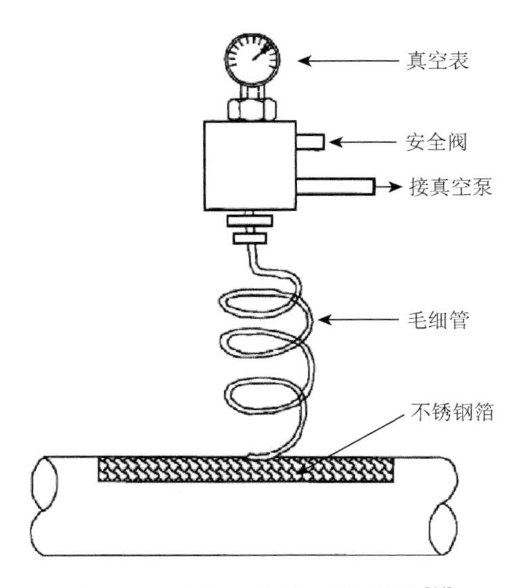

图 5-20　非侵入式真空型氢探针[44]

3. 电化学氢探针

电化学氢探针（electrochemical hydrogen probe）一般有电流型氢探针和电位型氢探针两种[45]。两种氢探针都是附着在管道外表面检测钢内部的原子氢。电流型氢探针检测的是工作电极与辅助电极之间的电流，通过电流的大小来估算出管线钢内表面的氢浓度。电位型氢探针的检测信号种类比电流型氢探针多，通常检测平衡电位、pH 或电导等与氢气组分浓度有关的热力学参量。通常条件下的热力学平衡不可能很快建立，容易受外来气体干扰，因此电位型氢探针在响应速率、选择性和灵敏度等重要性能指标方面有很大局限性[46]。

电化学氢探针分为自身供电和恒电位仪外部供电两种供电方式。依靠自身供电的电化学氢探针不需要提供外部电源，只需要一个 Ni/NiO 电极在 NaOH 电解质中，Ni/NiO 电极是一个稳定的不极化电极，也称“Barnacle”电极。其作用机理等同于原电池，如图 5-21 所示。探针空间内充满 0.1mol/L 的 NaOH 电解质溶液，用 Ni/NiO 电极使钢管内壁的电位保持在氢原子离子化的电位范围。探针前端是金属试样，试样内壁与 NaOH 接触，外表面接触环境介质。腐蚀反应生成的氢原子通过金属试样扩散进探针内部，在金属/（Ni/NiO）组成的原电池内被氧化成为氢离子。采用零阻电流计测量该原电池的电流，就可以计算试样外表面腐蚀反应的析氢量，从而知道金属的氢腐蚀速率。电流型氢探针就是根据 Devanathan-Stachurski 电池以及“Barnacle”电极原理研制而成的。

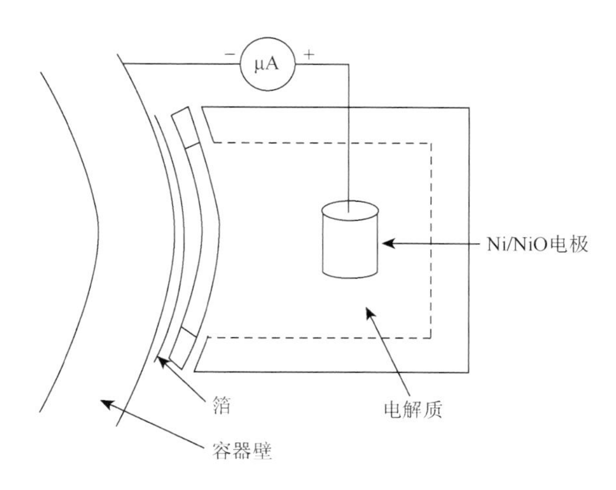

图 5-21　自供电式电化学氢探针示意图

由恒电位仪供电的电化学氢探针也有一个封闭空间，空间内包含电解质、参比电极和辅助电极，工作电极是被测钢管，在钢管表面覆盖一层 Pd 箔（或 Ni 箔），或在钢管外镀一层 Pd 或 Ni 而无需箔片，如图 5-22 所示。虽然这两种电流型氢探针的结构不同，但工作原理是一样的。由恒电位仪控制的电化学氢探针不宜在现场应用。

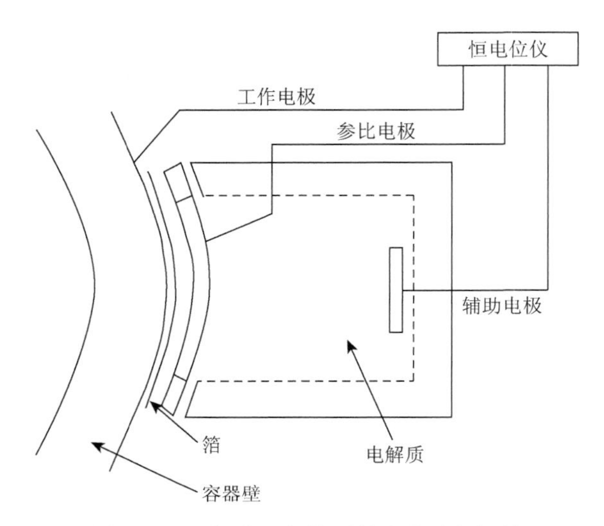

图 5-22　由恒电位仪控制的电化学氢探针

迄今为止，用来氢腐蚀监/检测的氢传感器由于其制作原理不同而各有不同的优缺点，例如，压力型氢传感器测定的是累积的气体压力，精确度差；真空型传感器制作成本较高；电化学传感器虽然测量精度高，制作简单，但不易在管线钢上电镀，因此在工业应用中受到限制。研制一种易于制造、价格低廉，并适用于多种腐蚀环境的智能化在线氢监测仪成为当今国际上的发展趋势。

5.6.3　氢探针的研究进展及应用现状

早在 1962 年，印度电化学家 Devanathan 和 Stachurski 就提出了一种原子氢在金属中扩散速率的测量方法[47-49]。1978 年，Childs 发明了世界上第一个电化学氢传感器[50]，之后掀起了电化学氢传感器研究的高潮。其中有部分研究结果已经得到了实际应用，如 Hultquist 采用电化学监测仪研究了 Cu 在纯水中的渗氢腐蚀[51]。Liaw 研制了一种在高温下使用的电化学氢探针[52]，用来在线监测设备由腐蚀反应和其他过程产生的氢。

迄今为止，国内外研究机构仍然对氢损伤的监测技术进行着大量的科学研究，国内一些科研人员对此项技术也进行了深入研究[53-60]。近年来，华中科技大学郭兴蓬课题组利用 Devanathan-Stachurski 电解池原理设计了一种在线电化学氢渗透传感器[46]。该传感器以镍电极作为氢传感器的参比电极，设计出了用于石油化工领域现场应用的氢通量腐蚀测试仪（CST820）并成功用于现场测试，该氢传感器表现出简便、高灵敏度和高可靠性的特点。CST820 氢探针现场氢检测装置如图 5-23 所示。

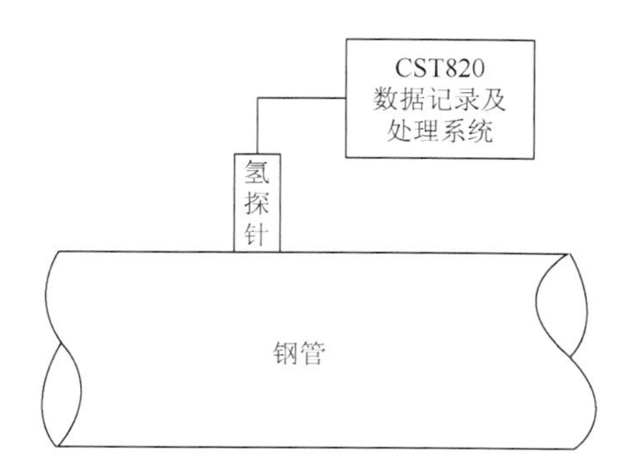

图 5-23　CST820 氢探针现场氢检测装置

对市场上现有的各种商品氢探针仪，如 Cormon、Petrolite 和 Atel 氢探头等调研发现，这些商品氢探针测得的仅仅是原子氢渗透的电流值，没有与材料/装置的低应力脆断危险性直接联系起来，并且响应时间长，输出信号水平低。为此，中国科学院金属研究所杜元龙课题组以 Devanathan-Stachurski 电池为基础，成功研制了系列密封型的原子氢/金属氧化物燃料电池传感器，用来测量原子氢的渗透速率[61-65]。

1. 燃料电池型纽扣式原子氢渗透速率测量电化学传感器

利用 Devanathan-Stachurski 电池的原理，采用纽扣电池的生产线批量组装了原子氢渗透速率测量电化学传感器[62, 66]。该燃料电池型纽扣式原子氢渗透速率测量电化学传感器的结构如图 5-24 所示。

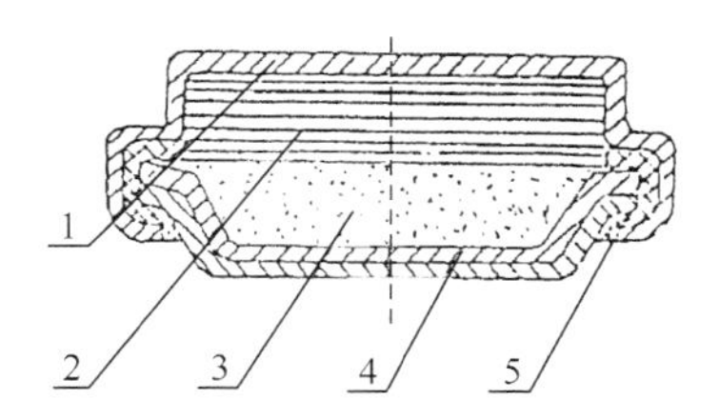

图 5-24　燃料电池型纽扣式原子氢渗透速率测量电化学传感器结构

1. 内催化涂层的双电极；2. 浸于 NaOH 介质中的隔膜；3. 金属氧化物粉体非极化阳极；4. 金属后壳；5. 密封垫片

根据这种传感器在相关介质中测得的信号水平与相关结构材料（包括经过焊接等二次加工）在所在环境介质中采用慢应变速率拉伸试验（SSRT）测得的 HIC/SSCC 敏感性之间的定量对应关系，就可将传感器测得的结果表征有关材料在介质体系中发生 HIC/SSCC 的敏感性。

2. 外置式原子氢渗透速率测量电化学传感器

对于没有预留口的管线或承压容器，无法将传感器与腐蚀介质直接接触，这种情况下比较方便的做法是，采用外置式原子氢渗透速率测量电化学传感器完成有关的材料在介质体系中发生 HIC/SSCC 的敏感性测量。外置式原子氢渗透速率测量电化学传感器的结构如图 5-25 所示。

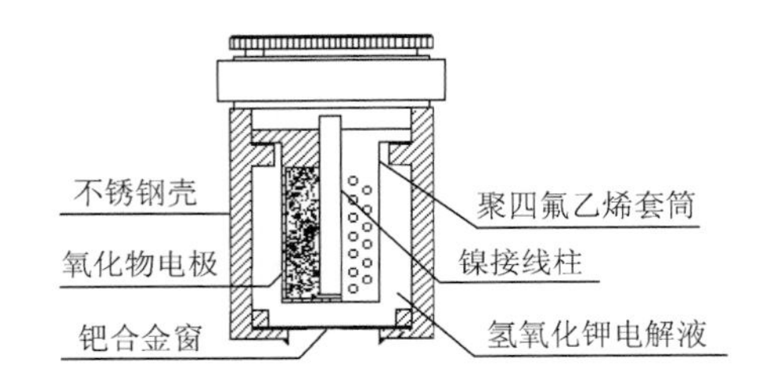

图 5-25　外置式原子氢渗透速率测量电化学传感器的结构

将这种传感器密封并固定在管道/承压容器的外壁，测量原子氢通过管壁或容器壁的渗透速率。利用慢应变速率拉伸试验（SSRT）测量和评价有关管道或容器在腐蚀介质中发生 HIC/SSCC 的敏感性。

燃料电池型纽扣式原子氢渗透速率测量电化学传感器、外置式原子氢渗透速率测量电化学传感器和局部腐蚀发展速率在线无损检测电化学传感器，均可以用来在线监测钢质管线/设备发生低应力脆性断裂的危险性，经适当改进还可用于长时间监测。为及早发现 HIC/SSCC 引起的事故隐患，适时优化调控体系的工况条件和工艺参数，保证相关体系的生产安全，提供重要的应用技术。

随着氢探针监测技术的日益成熟，氢探针已经应用于我国主要油气田的氢腐蚀监测。2011 年开始，塔里木油田桑吉作业区的集输和处理系统的关键部位均设置了氢探针进行腐蚀监测，很好地监测了桑吉作业区的氢腐蚀状况，氢探针监测点如图 5-26 所示。

图 5-26　塔里木油田桑吉作业区的管线氢探针腐蚀监测点

5.7　场 指 纹 法

5.7.1　场指纹法概述

场指纹法(field signature method，FSM)由挪威工业研究中心(SI)于 1985/1986 年开发并申请专利，最初用于监/检测金属裂纹和监测其扩展情况，之后挪威 CorrOcean 公司取得了商业推广权，于 20 世纪 90 年代开始逐渐应用到工业无损检测（NDT）领域，并在世界范围内得到了推广应用。1991 年和 1994 年分别出现了 FSM 应用于甲板和海底的商业腐蚀监/检测技术产品。FSM 可以实时监/检测各种形式的腐蚀及该处剩余管壁的厚度、绝大多数的裂纹及其扩展情况。它集中了腐蚀探针法和无损检测法的优点，在输油管道、炼化装置、核电厂等场合有着巨大的应用潜力[67]。相比其他传统监/检测技术，FSM 技术可适用于任何复杂的金属几何体，用来监/检测金属材料的全面腐蚀、局部腐蚀，尤其适合于容器或管道等结构体的裂纹、开裂以及监/检测它们的扩展。其监/检测结果几乎不受操作环境的影响，稳定可靠；其监/检测装置安装简单，监/检测效率高；能高精度、高灵敏度地识别坑蚀、裂纹等小尺寸缺陷[68]。

FSM 监/检测技术的主要优点是：①FSM 技术系统稳定可靠，保持很好的线性和重现性，监/检测结果不受操作者的影响。②可用于监/检测复杂的几何体（弯头、T 接头和 Y 接头等），且可大大减少监/检测时间。对于一个监/检测点，如果超声检测需要 1～2h，则 FSM 技术只需 3～4min。③FSM 技术具备很强的数据整合能力，不仅能高精度地量化缺陷尺寸、定位取向和识别形状，还可以在一定程度上通过实时监测来判断缺陷的形成、发展机理。与其他无损检测技术相比，能够提供更加详细和准确的缺陷信息。④对于金属的全面腐蚀而言，对剩余壁厚监/检测的灵敏度很高，同时重现性好。⑤无需去掉涂层或保温层，可大大节省监/检测费用和时间。

5.7.2　场指纹法的基本原理

场指纹法的基本原理与电阻探针法（ER）类似，主要区别是场指纹法不是插入式的监测壁厚变化的技术，而是使用金属结构本身作为传感元件[69]。

在管道外壁按照一定要求布上测量电极，在被监测的金属管道上施加直流激励电流（DC），通过测量电极间微小的电位差来确定电场模式。将电位差进行适当的解剖或直接根据电位差的变化来判断整个管道的壁厚减薄程度[70, 71]。FSM 的独特之处在于将所有测量的电位值同监测的初始值相比较，这些初始值代表了管道最初的几何形状，可以将它看成管道的“指纹”，故 FSM 也称电指纹法[72]。在实际应用中，为了消除温度和电流变化的影响，增加了一对参比电极，一般放置一块参考板（参考板的材料与被测管道的材料一致），紧贴在管道外部，并与管道绝缘，如图 5-27 所示。

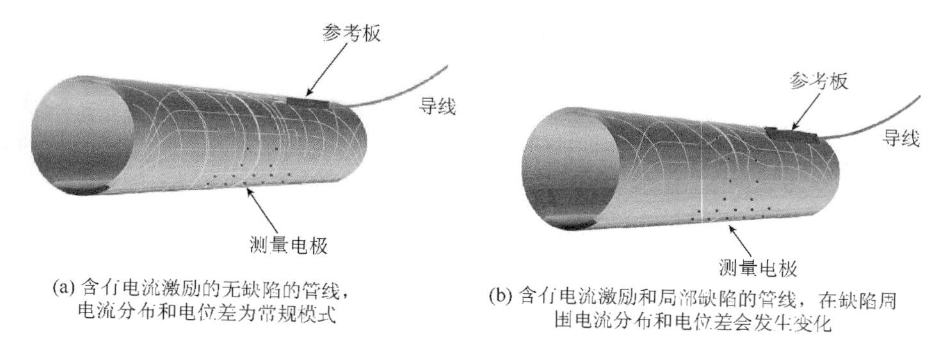

(a) 含有电流激励的无缺陷的管线，电流分布和电位差为常规模式

(b) 含有电流激励和局部缺陷的管线，在缺陷周围电流分布和电位差会发生变化

图 5-27　FSM 测量电极列阵及参比电极示意图

据此，任一对测量电极所代表的局部腐蚀程度由指纹系数判断。FSM 任意电极对的所有测量值都要与初始时刻的测量值进行比较，每对电极的电位偏差，就称为该电极对的指纹系数（fingerprint coefficient，FC），是用来分析任意对电极间的全面腐蚀或局部腐蚀等缺陷状况的参数，用千分之几表示，在普遍腐蚀或冲蚀监测时，也以 ppt 为单位表示壁厚减少，若不考虑温度和激励电流的变化，可按式（5-7）计算指纹系数 FC[73]

$$\mathrm{FC}=\left(\frac{V_i(t_x)/V_i(t_0)}{V_{\mathrm{ref}}(t_x)/V_{\mathrm{ref}}(t_0)}-1\right)\times 1000 \tag{5-7}$$

式中：$V_i(t_0)$、$V_i(t_x)$为电极对 i 在 t_0 和 t_x 时刻的电压；$V_{ref}(t_0)$、$V_{ref}(t_x)$为标准电极对在 t_0 和 t_x 时刻的电压。

由 FC 值可以得到管道的壁厚（wall thickness，WT）计算公式[74]：

$$\mathrm{WT}(t_x)=\frac{\mathrm{WT}(t_0)\times 1000}{\mathrm{FC}_i+1000} \tag{5-8}$$

式中：WT（t_x）为当前被测区域厚度；WT（t_0）为被测区域原始厚度。

由式（5-7）、式（5-8）可知，初始测量时，FC=0；当 t_x 时刻测量时，如果管道有腐蚀存在，测量电极之间的电阻将增加，相应的电压增加，使得 FC 值大于零，进而推论出管道厚度减小。

5.7.3　影响 FSM 检测精度和灵敏度的因素[75]

1. 温度和电流的变化

根据测量原理的要求，测量探针间电流和温度应该保持稳定或者保证在小范围内波动，否则测量结果与实际相比会出现大的偏差。

在设计电极配置方案和选取参考位置时，要充分保证参考板和监测区之间足够小的温度梯度。参考板和被测区存在较大温度差异，也会影响测量精度，已有实验测试表明，温度相差 1℃，就会造成 0.4%的偏差（这与材料电阻率的温度系数一致）[76]，这种情况下补偿公式（5-8）不再适用，因此选择合适的温度补偿方式和完善温度修正对精确测量非常重要。

2. 牵扯效应

从报道文献数据看[73，77]，缺陷处 FC 出现负值或降低现象，没有缺陷的地方也会有明显的 FC 信号，这在很大程度上是由牵扯效应引起的。监测区可被等效成一个封闭电阻网络，每测量电极对间是一个电阻，当某一区域发生腐蚀而导致电阻变化时，电流场也会随之改变，该区域前后的电流将减少，上下前后的电流将增加，尤其对邻近区域的影响较大，这种现象就是牵扯效应。特别是监测区有多处坑蚀存在，由于信号叠加，牵扯效应造成的误差还会大幅度增加。

3. 电极/探针及其布置

电极/探针呈矩阵式分布，在被监/检测区域表面检测电场方向的变化，测量电压与最初的参考电压进行比较。电极对在一个 FSM 单元上可以从 24 对到 64 对。探针的材料特性、粗细以及与监测面的接触情况，一定程度上能够影响测量信号的质量和对电位变化的敏感度。与所有腐蚀监测系统一样，壁厚分辨率受到探针寿命的影响，细的探针能够响应较慢的腐蚀速率。特殊环境下如海底，高精度的探针在几何和物质上保持匀称，因此能够快速实现热平衡，也不会受到水压和温度变化的影响，表现出高度的可靠性和稳定性。

电极位置须科学选择，基于电场分布、监测目的及缺陷类型等优化探针布置，有助于改善测量精度和灵敏度。对于全面腐蚀，较大的探针间距提供较好的分辨率，而局部腐蚀更适合较小的间距。一般来说，探针的间距为壁厚的 2～3 倍。测量方向与电流方向一致时，测得的数据比较稳定可靠；当与电流垂直或有很大夹角时，会造成信号波动，这意味着提高了监测腐蚀缺陷的灵敏度的同时，也带来了噪声干扰[78]。

4. 采样时间和频率

激励电流启动后，最初极短的时间内电流会在金属表面流动，为保证精度要求，在正式测量前需要使其自由达到稳定状态，来消除这种趋肤效应。每测量一次，电流通入至切断全过程大约需要 2.4s，启动后大约需要 500～700ms 达到设定值，还需近 300ms 进入稳定期，剩余近 1400ms 为稳定时间，此段时间内读数才是可靠的，如图 5-28 所示。理论上，达到稳定状态所需时间与通电大小同向变化。

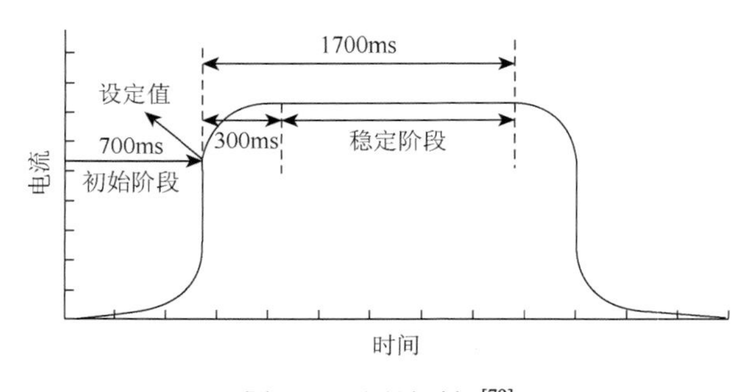

图 5-28　测量时间[79]

任意电极对测量要多次测量，利用其平均值可减小误差，测量电极与参比电极要同时测量，还需对参考区多个电极对进行读数。采样频率越大，精度相应就越高，但也会增加突发因素的风险，其造成的扰动有可能使信号失真。

5. 电流选择

FSM 通入的是直流电或低频方波直流（电流反向前稳定期测量）而不是交流电。因为导体或电极内的感应电压会干扰测量信号，还有趋肤效应使得电荷只集中在导体表层区域流动，渗透不到整个横截面，此区域外的缺陷难被识别[80]。

热量与电流的二次方成正比，电流过大，短时间内产热较多，而热量分布未必均匀，热传导过程中测量读数会不稳定，测量区和参考区之间较大的温度差异也使得读数缺乏可比性或者需要额外补偿处理，过强电流还会带来操作上的安全隐患；电流过小，金属几何体电阻本身很小，使得电位信号微弱，不易被测量。激励电流的选择往往受到金属几何体自身特征的影响，电流大小通常在十几至几十安培之间。

6. 待测体结构和缺陷特征

待测体结构直接影响电场分布状况，对于形状规则、结构简单的待测体，数据测量结果会更加可靠，馈电点之间或监测区域内存在分支结构，其可能造成的分流会给监测结果带来很大的误差。

全面腐蚀程度越严重，测量精度越高，同样腐蚀变化时，监测对象壁厚越薄越灵敏；焊缝腐蚀的监测灵敏度，随着焊缝沟槽的深度增加而提高[81]；点蚀或坑蚀的监测精度和灵敏度受到其几何形状和尺寸的影响，形态规则、尺寸较大时误差更小、响应更快；小尺寸裂纹很难分辨；如果裂纹走向与电流方向的角度很合适，会使得测量敏感度达到最大；如果裂纹方向不清楚，则需在不同方向依次通入电流后选择最佳位置；指纹系数对缺陷深度改变的反应要比宽度明显[81]。

7. 馈电点位置

为了更加精确地判定缺陷特征，往往需要综合多组电极对的 FC 值进行比较分析，监测区电场分布均匀使得任意电极对的电流密度保持一致，这样可以有效消除密度不等导致的 FC 值差异，有利于提高分析结果的准确度。

馈电点位置通常取决于监测区域的选择，它决定了电流的大致走向。理论上，只有馈电点间距足够长时，中间部分的电流分布才近似均匀，两组馈电点并行输入，也可以改善电流分布，使之趋向均匀。监测区处于馈电点之间，两者呈对称布局，这样可以很好地保证监测区电流密度较为均匀。

8. 其他因素

电路噪声、纹波电流、仪器误差（特别是直流漂移）、突发因素干扰、操作环境、通信质量、数据处理、反演算法模型等都会在不同程度上影响监测结果。

5.7.4　技术特点分析

1. 非侵入式接触

在管线、管道、罐或容器的外表面进行测量，而不是在小的探测器或试片上测试，这样监测部件就不易受到工艺环境中高温、高压、腐蚀等有害因素的影响，几乎不存在部件损耗问题，整个监测系统的使用寿命和被测对象相同。尤其适用海底或埋地管线等不易接近的位置，可以在实际温度、压力、流量等条件下对腐蚀情况进行准确监测[82]。显然，这种无需停产的在线监测方式不会带来杂质介入或由误操作、装配部件等引起泄漏的危险。

2. 高精度、高灵敏度和高效率测量

利用计算机模拟优化探针布置和馈电点位置，并设计出不同形态缺陷的专有算法以及可编程定位标签和噪声滤波电路（服从高斯分布理论的算法），再结合实验测试结果加以改进，大大提高了监测性能；测量结果几乎不受冲击荷载、静水压力、流体相态、机械噪声、电磁感应及热诱导的电磁频率的影响；固定安装（焊接技术或电极夹套绝缘）传感器矩阵和计算机控制测量，使得读数可重复性好，不受操作者影响。通常，全面腐蚀或侵蚀监测灵敏度可达原始壁厚的 0.1%，精度可达剩余壁厚的 0.5%，海底系统更高达 0.03%，而焊缝腐蚀、点蚀的绝对精度和缺陷增长精度一般也不会超过 10%，是超声波检测（UT）的 10 倍以上，且随着壁厚减薄或腐蚀加深，精度也会相应提高[72]；可以监测感应探针和缺陷部位的整个外表面，而不仅仅限于具体的某些点（传感器下面），与 UT 相比，一次性监测面积更大；减少读数时间，每次读数大约需要 0.5s，对于弯管、Y 接头、T 接头等整个监测过程只需 3.4min，而传统方法则需 1～2h[83，84]。

3. 很强的适用性和实用性

能监测任意金属结构的复杂几何体或几何位置（Y 型、T 型弯管、K 节点等），还可监测结构体扩展区域的腐蚀或其他破坏，由于直接在管壁或容器表面的选定区域实时监测，安装方便[85]；在－40～400℃温度范围内监测任何腐蚀变化，不会造成读数漂移或精度降低；探头优化设计，保证高灵敏度的同时可用寿命与被测物相同，传感技术采用优越的算法模型，实现可靠性、分辨率、分析能力的最优组合[86-88]；具备远程监测能力，消除或降低了脚手架费用；消除了多次切割和改装热绝缘或涂料的费用，免除不必要的管道置换[89]；严重腐蚀的早期预警，可消除额外的腐蚀裕量[90，91]；精确的腐蚀监测，可优化智能清管和腐蚀抑制剂的使用频率和用量，可有效降低腐蚀控制费用。

5.7.5 FSM 的局限性

FSM 技术对测量仪器的配置要求较高，干扰测量结果的因素也较难排除，尤其受温度影响较大，而事实上又很难建立材料电导率与温度之间确切的函数模型，因此需要大量试验来不断修正温度补偿问题；实际监测时，信号可能受到未知缺陷之间的相互影响，而缺陷状态的改变同时引起电阻值和电流分布的变化，因此数据解释更加复杂和困难。

5.7.6 FSM 系统及安装

FSM 系统分为三大类：FSM-IT 系统，FSM Log 系统，FSM Sub-sea 系统。尽管各系统的配置有所不同，但主要由以下 5 部分组成：①检测/监测对象；②电源；③探针矩阵测量电极；④读取/存储数据的仪器；⑤解析数据的软件。

FSM-IT 是腐蚀监测中最常见的便携式 FSM 无损检测仪，由 CorrOcean 开发的便携式 FSM 无损检测仪（FSM-IT）主要由电极阵列、仪器电缆、通信电缆、仪器单元和腐蚀监控系统软件 FSMTrend 等组成[92]。FSM-IT 仪器自动地从用于错误数据采集和 PC 数据库等新的传感矩阵界面检测位置 ID，可用于检测很多传感探头矩阵。在进行任何测量之前，仪器会自动核对并校准矩阵线路，FSM-IT 仪器可在 2min 内完成读数，并可用图形显示腐蚀的严重程度和位置，计算腐蚀的趋势和速率。

FSM Log 是在线监测设备，主要由 FSM Log 设备和探针矩阵组成。该设备由于现场需要电缆所以投资较高，但是可远程控制，对人员需求较少，而且信息及时，自动运行，不受人为错误影响[93]。

MultiTrend 软件是用来监控 FSM 仪器运行的 Windows 软件包。主要功能为显示设备连接状况、噪声过滤、腐蚀速率和累积腐蚀量的图表显示、FSM 数据三维显示、报警，也可与 Word、Excel 等连接。该软件支持 Modbus、POC、TCP/IP 等多种数据传输方式[94]。

电源可以采用蓄电池直接供电，也可以利用感应线圈在被测对象中诱发出直流电，便携式 IT 系统使用蓄电池在携带和检测时会更方便，埋地系统和海底系统采用线轴装置定期激发电流。探针矩阵的细节，如探针数量、间距、排列方式，每个应用系统都需单独指定，被测物的形状、尺寸、检测目标内容（焊缝、点蚀、全面腐蚀、裂纹等）使得每个矩阵都是唯一的[94，95]。

对于海底系统，监测配置较为复杂，关键设备是一个可回收单元 RIU，该单元用于 ROV 的放置和回收；传感器线轴的材料和横截面都与被测管道相同，使得它们有相同的冶金条件、微观结构和服务寿命，同时与管道承受相同的水压、温度、流相等，这些都会影响到腐蚀过程；FSM 管道截面通常是管道直径的 5 倍，这样可以获得较为均匀的电流分布，探针间距通常是管道壁厚的 2～3 倍[94]。

电极安装有焊接方式和电极夹套方式两种，夹套外形设计要保证与检测面能很好地吻合。螺柱焊接时，按照探针矩阵的设计图纸，用打标装置在电极焊接位置做记号，温度高的场合可用粉笔等做标记。用研磨轮或者 fiber-roundel 将金属结构表面打磨干净，焊接电极时，尽量使用与被测物体相同或接近的材料，这样容易焊接，焊接后还需检查焊接的可靠程度，往任意两个方向弯曲 15°。布线之前，电极矩阵还需测量，以确保矩阵位置安装准确，电极焊接位置与标记位置允许有稍许偏差，但不能太大[76]。

参考板附着固定在监测区附近的表面，与之绝缘，并串联在馈电回路中。为了满足有效补偿的要求，参比电极与监测电极矩阵之间要有足够小的温度梯度，还要保证参考板的材料与被测体相同或接近，厚度一样且不含缺陷[76]。

系统测试前要仔细检查布线。通过内部含有位置识别器和噪声滤波电路的接口单元，将探针、传感器等与测量仪器连接起来，要保证矩阵电路内不会发生短路，也不会因被测体支路造成电流泄漏。布线完成后，必须对系统测试，确保信号稳定、可靠。

密封绝缘。对于埋地或深水系统，必须进行密封绝缘、绝热等处理，以保护线路和装置的可靠性。

5.7.7 FSM 腐蚀监/检测技术在油气田中的应用

FSM 是世界范围内主要的油气田普遍接受和使用的腐蚀监/检测方法。目前已成功应用于海底、埋地、海上、陆上油气田及炼油厂等环境。FSM 在油气田领域的广泛应用主要是基于如下特点：①非插入式监/检测，不必担心各种介质的泄漏，保证监/检测的安全性；②直接在管壁测量腐蚀，不需耗材（探针、挂片）及取放工具，是最现实的测量全面腐蚀、局部腐蚀的方法；③在 H_2S 腐蚀环境中，FSM 测量不受导电性 FeS 膜的影响；④实现无线、在线测量；⑤分析手段丰富，可进行二维、三维作图分析。

FSM 典型的监测区域包括：①管道和管线的环焊缝；②设备的底部区域；③上述二者的结合区域以及含有 CO_2、H_2S 等腐蚀介质或有微生物活动等具有腐蚀性作用的环境；④管道的 T 形接头、管道弯曲处和焊接点；⑤罐底、罐和容器的进出口、临界环境处以及有应力存在的焊接处。

FSM 是监测酸性气体管道最合适且最有效的工具[69]，目前国外 FSM 主要应用于酸性油气田、炼化厂和海上石油的腐蚀监测评价[96]。随着国内酸性气田的开发及出现的腐蚀问题，FSM 技术也开始在国内一些油气田应用。目前普光气田应用了 19 套 FSM，西南油气田龙岗气田应用了 2 套 FSM，长庆大北气田应用了 2 套 FSM，海上石油应用了 3 套 FSM，塔里木油气田应用了 6 套 FSM（其中 FSM Log 3 套，FSM-IT 3 套）。通过油气田现场 FSM 的实际应用，FSM 技术所具备的特点、优点得到了越来越多工程技术人员的认可。该技术丰富了腐蚀监/检测技术，具有广泛的推广应用价值。

FSM 在塔里木油田塔中 1 号气田的应用[97]如下：

塔中 1 号气田含有 H_2S、CO_2 酸性气体以及高矿化度的地层水，具有较强的潜在腐蚀问题。为了系统监控生产过程中介质的腐蚀状况，在该气田集输系统和站内气体处理系统建立了腐蚀监测网络。采用失重挂片、电阻探针、场指纹法（FSM Log）监测技术进行联合监测。

根据塔中 1 号气田介质特点，选择了 TZ82 干线、TZ83 干线、TZ721 干线进气体处理站管线弯头及焊缝进行实时监测。FSM Log 的安装主要由以下几部分组成：传感针定位及焊接点打磨；传感针焊接；矩形电缆连接及参考盘安装；管道励磁电流电缆安装；FSM Log 接线；FIU 及计算机 COM 口接线；系统通信测试。

自 2010 年 9 月 22 日投产以来，对塔中 1 号气田的 3 套 FSM 设备进行了连续、实时监测，实时捕捉腐蚀速率的变化，以及管线腐蚀、壁厚腐蚀（局部腐蚀）的变化情况，详情请参考文献[97]。通过以上步骤的安装测试，塔中 1 号站内 3 套 FSM Log 一次性安装调试成功，数据直接传送到中控室计算机上。通过腐蚀监测网络数据实时采集与分析，全面系统地反映了生产系统各个环节的腐蚀状况，为腐蚀控制提供了科学的决策依据。特别是采用 FSM Log 监测技术，实现了实时监测管线的腐蚀状况，弥补了其他监测方法的不足，丰富和完善了腐蚀监测手段。为及时掌握 3 条集输管线进站弯头、焊接的腐蚀奠定了良好基础，并为气体处理厂的安全生产奠定了一定基础。

FSM 在陕西榆林长北天然气处理厂的应用效果也很好。长北天然气处理厂在设计时即安装了两套 FSM 腐蚀监测装置（挪威生产），与气体处理厂同步建设，同步投产。一套安装在南集输干线进站出地弯头焊缝处（收球筒前），管线规格 DN450，设计压力 8.8MPa，目前实际运行压力为 5.0MPa。另一套安装在北干线进站出地弯头焊缝处（收球筒前），管径 DN600，设计压力 8.8MPa，目前运行压力为 5.0MPa。

FSM 可进行离线测试，即使用采集器现场测试数据，也可通过数据导线在主控室进行在线测试。长北天然气处理厂采用的是离线式运行方式。可进行连续测试，也可间歇定期/不定期测试，长北天然气处理厂采用的是间歇定期/不定期测试。

现已证明，长北天然气处理厂现场安装的 2 套 FSM 设备数据采集正常，运行良好，达到了 FSM 在线腐蚀监、检测的目的。该设备运行良好，操作简单，为管线的安全运行起到了实时监控的作用。

不仅如此，FSM 技术在番禺 30-1 气田至珠海终端海底 X65 管线的腐蚀监测中也得到初步应用[88]。

FSM 在元坝高含硫气田的应用研究[98]如下：

针对元坝气田的气质特点，元坝气田地面集输系统采用“抗硫管材+缓蚀剂+

防腐涂层+阴极保护”的联合防腐工艺，采用“腐蚀监测（集气站场主要采用腐蚀挂片（CC）、电阻探针（ER）、线性极化探针（LPR），外输管线设置了 FSM 和超声波系统）+智能检测+介质分析”的监测技术。针对元坝气田集输系统高腐蚀的风险，采用了电指纹（FSM）、卡箍式在线超声波检测系统，并定期进行水分析、铁离子分析等。除腐蚀挂片外的所有在线监测方法测量的数据通过网络传至站控室和中控室，进行实时在线监测和数据分析处理。

2014 年在元坝气田共安装试用两套国产 FSM 系统，分别位于 1 号井进站管线环向焊接处和 2 号井出站管线环向焊接处，从得出的数据看，FSM 系统运行良好。

5.8 电化学噪声监/检测技术

5.8.1 电化学噪声概述

电化学噪声（electrochemical noise，EN）是指在电化学系统演化过程中，其电化学状态参量（如电极电位、电流密度等）随时间发生随机非平衡波动的现象[99]。这种波动与金属表面的变化以及局部环境密切相关。相对于传统的腐蚀监/检测技术（如失重法、电化学探针法、电感探针法、电阻探针法等），电化学噪声技术有其独特的优势。首先，它是一种原位无损的监测技术，在测量过程中无需对被测体系施加可能改变电极腐蚀过程的外界扰动，也无需预先建立被测体系的电极过程模型；其次，电化学噪声监测设备不是特别复杂，且可以实现远距离监测；最后，电化学噪声属于直流暂态测试技术，不要求被测体系必须具有稳定态[100-102]。正是由于上述优点，电化学噪声技术在腐蚀电化学领域受到广泛关注，并在研究金属局部腐蚀方面做了一些创新性的工作[103-109]。但是，目前关于电化学噪声的研究绝大部分都集中在借助成型的仪器进行噪声测试，测得的数据庞大，数据处理过程较烦琐，在数据解析方法方面并未形成一套完整的体系，制约了电化学噪声技术的广泛应用。因此，选取恰当的电化学噪声数据处理方法并将其与其腐蚀过程原理结合起来，特别是电化学噪声谱图与金属的表面状态的对应关系研究，是近些年也将是未来电化学噪声研究的重点[100，110]。另外，将电化学噪声技术应用于难于测量腐蚀体系的研究，也是当前研究的热点问题。

根据所检测到的信号视电流信号或电压信号的不同，可将电化学噪声简单分为电流噪声和电位噪声[100]。对于腐蚀过程而言，电流噪声是指腐蚀的电极表面所出现的电流随机自发波动现象，同样电位噪声是指腐蚀电极的表面所出现的一种电位随机自发波动现象。根据噪声的来源不同又可将其分为热噪声、散粒效应噪声和闪烁噪声。

5.8.2　电化学噪声的历史演变

1968 年，Iverson 研究双电极体系（腐蚀金属电极和 Pt），首次观察到腐蚀电化学系统中金属电极电位随时间的波动现象，并研究了 Pt 电极与多种研究电极之间的电化学噪声。Iverson 观察到金属材料的自腐蚀电位随机波动往往与局部腐蚀密切相关，他把这种电位随时间的自发波动现象称为“电化学噪声”[111]。此类噪声产生于电化学系统本身，而不是来源于测试仪器的噪声或是其他的外来干扰，它与电极的腐蚀过程密切相关，被认为是实时监/检测的有效方法。

1981 年，Hladky 就电化学噪声测量对体系无扰动申请世界上第一份电位噪声应用技术的专利[112]。

1986 年，Eden 申请了一份利用电流噪声检测局部腐蚀方法和仪器的专利[113]。随着技术发展，人们可以同时测量腐蚀过程中的电位噪声和电流噪声。1991 年，Eden 提出了计算噪声电阻的方法，该方法主要是根据同步波动的电位噪声与电流噪声的标准偏差之比来计算噪声电阻[113]。这一发现进一步促进了电化学噪声测量技术的快速发展，同时电化学噪声检测技术开始运用在许多工业领域的腐蚀监/检测。

在最近十几年，随着计算机在数据采集、信号处理与分析等方面的快速发展，电化学噪声的研究得到很大发展，研究领域也扩展到点蚀、缝隙腐蚀、应力腐蚀、涂层降解、微生物腐蚀、冲刷腐蚀等多方面[114-117]。电化学噪声监/检测技术正逐渐成为一项重要的腐蚀研究手段。

5.8.3　电化学噪声监/检测原理

腐蚀电化学噪声是金属材料表面与环境发生电化学腐蚀而自发产生的“噪声”信号。其主要与金属表面状态的局部变化以及局部化学环境有关。对于不同的腐蚀形态，由于其自身腐蚀机理不同，产生的电化学噪声也是有区别的。对于全面腐蚀而言，电化学噪声来源于金属表面微电池的形成与消失，或者来源于金属表面氢气泡的形成与脱附，此类电化学噪声的特征是电位噪声和电流噪声频率较高，幅值较小，噪声曲线一般没有明显的噪声峰，近似于白噪声，服从典型的正态分布（又称高斯分布）。而局部腐蚀形态（如点蚀、缝隙腐蚀等）产生的电位噪声和电流噪声则包含明显的噪声暂态峰，噪声峰的出现具有随机性，服从泊松分布[118]。两种不同的腐蚀形态与电化学噪声的对应关系如图 5-29 所示。

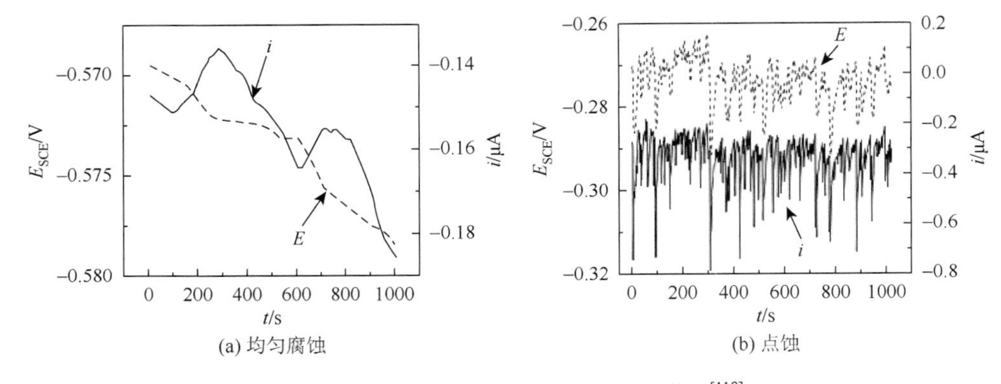

图 5-29 不同腐蚀形态的电化学噪声谱图[118]

电化学噪声的起因很多，常见的有腐蚀电极局部阴阳极反应活性的变化、环境温度的改变、腐蚀电极表面钝化膜的破坏与修复[100, 119-121]、扩散层厚度的改变、表面膜层的剥离及电极表面气泡的产生等。

通过大量的研究发现，点蚀和缝隙腐蚀产生的电化学噪声与金属表面膜的破裂与修复过程有关[122-124]；应力腐蚀开裂的电化学噪声不仅与金属裂纹的产生和扩展有关，也与金属在力学-化学作用下裂纹尖端表面膜的局部破裂与再钝化过程有关[118]。表面钝化膜的破坏和修复相应地产生一些随机的电位或电流峰。通过对电化学噪声谱的分析（通常采用统计分析法或波谱法等），可以得到许多设备腐蚀的信息，如稳态或者非稳态蚀点、裂纹的发展等。利用孔蚀过程中的电化学噪声现象，能够预测蚀孔的发生倾向和建立一种“无损”的评价材料孔蚀倾向的方法。

尽管人们对电化学噪声的产生机理的认识还不清楚，处理方法还不算完善，但电化学噪声在腐蚀领域得到了普遍认同，并发展成为一种很有前景的测试技术[125-127]。电化学噪声与传统的电化学技术相比有着以下优势。第一，它可以实时监/检测腐蚀过程的腐蚀速率；第二，它无需预先建立被测体系的电极过程模型；第三，它无需满足阻抗测试的三个基本条件；第四，监/检测设备简单，可实现远距离监/检测。由于这些优点，电化学噪声技术被广泛地用来研究金属腐蚀过程的规律，逐渐成为一种重要的腐蚀电化学测试手段。

5.8.4 电化学噪声的测量方法及影响因素

电化学噪声的测量很简单，但是要得到可靠的测量结果却需要足够的耐心和细致，这是因为在电化学噪声测量过程中，需要检测极低幅度的电化学体系噪声信号。

电化学噪声的测量可分为三类：电化学电位噪声（EPN）测量、电化学电流噪声（ECN）测量、电位和电流噪声（EPN/ECN）同时测量[128-131]。

电化学电位噪声（EPN）的测量可通过记录腐蚀电极和一低噪声参比电极之间的电位差或者通过测量两个腐蚀电极之间的电位差而得到，后者对实际的腐蚀监测更实用，但结果更难于解释，因为不能清楚地解释两个电极中哪个是噪声源[69]。

如果测量电化学电流噪声（ECN），则两个相同工作电极连接一个零阻电流计（ZRA），这时电流噪声可以在没有参比电极的情况下进行测量。这种测量避免了对低噪声参比电极的要求，也避免了不让工作电极自然波动而是将其保持在一个固定电位对噪声测量所造成的影响。

电化学噪声的测量通常是同时测量电位噪声和电流噪声（EPN/ECN），电化学噪声测量系统的典型配置为三电极体系[103, 129]，如图 5-30 所示。图 5-30 装置的工作电极为两个材料相同的研究电极，分别连接电化学工作站的工作电极（WE）和接地端（GND）；参比电极可以是饱和甘汞电极或 Ag/AgCl 电极连接电化学工作站 RE 端。该装置主要进行噪声电阻的测量或 EPN/ECN 的测量。该装置的特点是在两个工作电极之间连接一个零阻电流计（ZRA）。同时确保在进行 ECN 测量时在两个工作电极间有电流通过，在进行 EPN 测量时能记录参比电极的电位。该仪器还能对噪声电阻进行测量。噪声电阻（R_n）是电位噪声的标准偏差与噪声电流之间的比值。电流噪声标准偏差随腐蚀速率升高而升高，而噪声电阻被认为类似于极化电阻（R_p），并与腐蚀电流密度成反比。

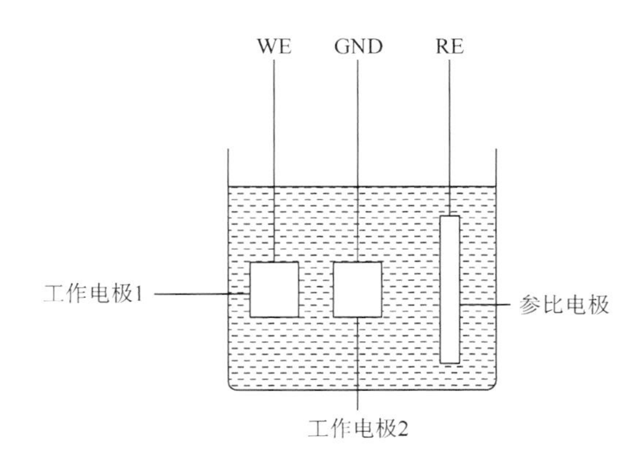

图 5-30　电化学噪声测量电极

WE、GND、RE 分别为电化学工作站工作电极端、接地端和参比电极端

但如果是电化学噪声的现场监测，则电化学噪声测试体系采用完全相同的三电极体系。

电化学噪声测量的影响因素有：电极面积、采样频率、测量仪器固有噪声及附属部分等[130]。

电极面积的大小对电化学噪声的测试有一定的影响，因此在测量过程中要选择合适的电极尺寸。在电化学噪声测量系统中，参比电极采用无噪声的饱和甘汞电极。一般情况下，测量时所使用的工作电极和辅助电极的面积和形状都是相同的，而且引起电流、电位波动的原因很多，与电极表面的几何面积并不完全成比例，同时由于许多现象在空间上不可能不相关，所以选择合适的电极尺寸是必要的，而且在进行对比不同次的测量结果时，电极面积应该尽量保持不变。

采样频率对测量结果的影响并不是很快就能表现出来的。通常采用 0.5Hz、1Hz 或 2Hz 的采样频率。最佳的采样频率取决于产生噪声过程和所采用的分析方法。最佳采样频率有两种技术类型：一种是低频取样，取样频率为 1Hz，能够用数字电压表完成，但容易对电源频率产生阻碍作用。另一种是使用高频取样，取样频率一般在 10～30Hz 之间。在该频率范围内，可以滤去电源频率对取样频率的干扰，但在短时间内难以达到较高的分辨率和准确度。

需要注意的是，在电化学噪声的测量过程中必须避免测量电路与电磁发射耦合产生的电位和电流，这些信号是由电缆诱导，包含电源线（通常 50Hz 或 60Hz）等产生的正弦波。有时这种正弦波的产生也可能与仪器本身的设计缺陷有关。所以，在电化学噪声测量中要使用相同的屏蔽电缆代替普通的导线，选用低噪声的前置放大器，或者将电化学测试系统置于屏蔽箱中，以尽量降低其他信号的干扰。

5.8.5　电化学噪声在油气田局部腐蚀监/检测中的应用

已有文献报道[131]，电化学噪声技术监测油气田的腐蚀，但与前述的几种腐蚀监测技术相比，实例还是较少。从目前来看，电化学噪声技术主要应用于油气田设备局部腐蚀的早期诊断。挂片失重法、交流阻抗探针法、电阻探针法及线性极化电阻探针法等在线腐蚀监/检测技术主要是针对全面腐蚀，而对局部腐蚀的监/检测无能为力。然而，油气田的生产设备多以点蚀、缝隙腐蚀、垢下腐蚀、应力腐蚀等局部腐蚀为主。虽然超声探伤和涡流检测等物理手段可以检测到设备的局部厚度的变化和裂纹，但是这些方法的经济成本高，不宜运用在现场在线腐蚀监/检测。因此，对局部腐蚀监/检测技术的深入系统研究非常重要。

早在 1997 年 8 月开始，Barr 就研究了将电化学噪声系统用于 Simonette 酸性油气田的现场实时（in real time）监测[132]。测试系统所处环境：进气压力 3450kPa，进气温度 45℃，流体含 1%H_2S 和 4%CO_2。现场测试结果表明，电化学噪声技术用来监测油气田设备的局部腐蚀具有极好的应用前景。

2013 年，任建勋采用电化学噪声技术对我国某酸性气田所用的 L450 钢发生的硫化氢应力腐蚀开裂进行了现场原位实时监测[133]，研究结果表明，电化学噪声技术可以监测油气田服役设备的 SSCC。

在缓蚀剂领域，用电化学噪声法可以比较准确地分析出缓蚀剂的缓蚀性能。Monticelli 等[134]研究了铝合金 AA6351 在含不同缓蚀剂的 NaCl 中的电化学噪声，认为可以通过比较缓蚀剂加入前后功率谱密度（PSD）曲线特征参数的变化，来判断它们是通过抑制腐蚀电极的局部阴极析氢反应或是加强电极表面钝化膜来抑制材料的腐蚀。李欣等[135]采用 EN 研究了工业纯铁在 10×10^{-3}mol/L 苯甲酸钠溶液中的电压噪声谱，发现未加缓蚀剂的噪声图谱上，电流（或电压）有很大波动，而加入缓蚀剂后，电化学噪声电压谱（或电流谱）非常平坦。

电化学噪声技术也曾应用于中石化西北局塔河油田 TK224 油气单井井口监测局部腐蚀及缓蚀剂的应用效果。该井运行时总压 0.8MPa，H_2S 含量 504.2mg/m^3（0.036MPa），CO_2 含量 3.29%（0.026MPa），温度 35℃，含水率 83.7%，矿化度 2.3×10^5mg/L。现场测试仪器：Concerto™ MK Ⅱ型电化学噪声测试系统（英国产）、三电极探头（型号 LP4100），电极材料采用油田输油管道常用的钢材——$20^{\#}$钢。监测试验证明了电化学噪声技术可以监测到设备的局部腐蚀发生。

电化学噪声用于现场设备的腐蚀监/检测还是一个新兴的且正在探索中的课题，需要解决的重要问题是突破实验室条件下的噪声的专家分析与现场测试条件下的简单分析之间的障碍。

5.9 油气田腐蚀监/检测点遵循的原则

油气田腐蚀监/检测点的确定要考虑以下几个方面。

（1）确定腐蚀状况可能突变的部位。

（2）确定腐蚀严重部位。这些部位主要包括：①油气井出口处；②采油树立管进口和出口处；③地势低洼处。

（3）确定腐蚀环境、流动状态发生突变的部位。这些部位主要包括：①管线拐弯处；②联合站进站管端；③联合站汇管进出口端；④污水缓冲罐进出口端；⑤采油树立管进、出口端等。

（4）确定曾经发生过腐蚀的部位。

（5）确定集气系统凝析液易积聚部位。

（6）确定缓蚀剂加注部位。

（7）将所确定的腐蚀突变部位按其作用典型性和代表性程度大小排序，排序时要根据腐蚀速率、典型性及代表性的权重进行综合分析计算，得到每一个点的综合权重，并以此权重值排序。

（8）根据可能实施的腐蚀监/检测点数量，对已排序点顺序选取相应点数。

（9）跟踪腐蚀监/检测结果，与管网系统实际腐蚀状况进行对照，从中挑选出符合性最好和最差的监/检测点，根据对照结果调整其权重，并在第二次腐蚀监/检测选点时加以考虑。

确定好腐蚀监/检测点后，还要确定监/检测设备的安装位置，一般参考如下几个要求。

（1）腐蚀监/检测点可设置在主管线或旁通管线上，旁通管线的水力条件应与主管线相似。

（2）腐蚀监/检测点不应选择在弯头或连接部位，或者其他会促进危险的地方。

（3）腐蚀监/检测点尽可能避免安装在相对测试来讲其流动条件不具代表性的死角上。

（4）腐蚀监/检测点的安装应避免对下游设备造成不利的影响，如造成主流干扰。

5.10　油气田系统腐蚀监/检测的几点说明

1. 多种腐蚀监测手段同时使用

参考国内外油气田的经验，精确且始终如一的内腐蚀监测有一定难度，为了充分满足各方面要求，在设计腐蚀监测方案初就应考虑同时使用几种监测方法。在任何腐蚀监控系统中，常常以两种或两种以上的监测系统组合起来，为采集数据提供一个更广泛的基础。各种技术的综合利用，将对于了解工艺系统中的腐蚀速率以及如何把腐蚀速率降至最低，得出具有实际价值的结论并制定正确的防腐措施。

2. 腐蚀监/检测数据与实际腐蚀状况存在差异

腐蚀监/检测结果能够表明所处环境腐蚀性的强弱和腐蚀控制技术的实际效果，用来判断油田设施的腐蚀速率和腐蚀趋势。然而，它并不是油田设施腐蚀情况的完全“克隆”，往往存在一些影响因素，使腐蚀监/检测试样和实际设施的腐蚀存在差别。例如，表面状况、长时间使用和短期试样、腐蚀监/检测的位置等。因此，必须十分认真地对待腐蚀监/检测数据。既要用来判断油田设施实际腐蚀情况，又要区别不同环境因素带来的影响，要缩小腐蚀监/检测数据与实际腐蚀状况的差异，必须通过长期的腐蚀监/检测，找到规律，积累经验。

3. 局部腐蚀监/检测的复杂性

油气田系统中全面腐蚀与局部腐蚀共存，但局部腐蚀破坏更为突出（油气管线失效多以孔蚀、缝隙腐蚀、电偶腐蚀等局部腐蚀为主），但现有的腐蚀监/检测技术仅适用于全面腐蚀而非局部腐蚀监/检测。由于产生局部腐蚀原因的复杂性、随机性，对于局部腐蚀的监/检测还存在困难。目前，无论是国际还是国内，都没有任何一种腐蚀监/检测技术能够定量监/检测腐蚀系统的局部腐蚀，唯有腐蚀挂片监/检测技术能够在一定程度上反映腐蚀体系的局部腐蚀倾向。然而，这种反映也存在着较大的误差。例如，管线长期处于含有缓蚀剂的油、气、水介质中运行，导致表面已生成稳定的缓蚀剂膜，而在后期投放的监/检测试样的表面却是机械加工的光亮表面，经过一段时间后，试样表面产生了局部腐蚀，但这种情况并不完全代表管线内也一定产生了局部腐蚀。另一方面，由于腐蚀产物在管线内的堆积受“闭塞阳极”的作用，在沉积物下产生了严重的局部腐蚀，而腐蚀监/检测试片表面则是光洁的，它不存在沉积物的堆积，导致腐蚀试片观察不到局部腐蚀。当然，这是两种比较极端的情况，腐蚀挂片监/检测法仍是可以反映局部腐蚀倾向的监/检测方法。对局部腐蚀的观察和监/检测需多方面、长期积累经验，才能做到较为准确。尽管局部腐蚀监/检测技术有一定难度，但意义特别重大。

4. 井下腐蚀监/检测技术难度较大

开发适用于井下高温、高压环境下的在线腐蚀监/检测传感器对于评估井下腐蚀状况具有重要的工程意义。

5.11　油气田系统腐蚀监/检测的应用实例

随着科学和技术的发展，世界各国油气田都十分重视腐蚀监测。例如，阿联酋阿布扎比油田（1997）和英国北海 Forties 油田（2003），一直采用挂片腐蚀监测和电化学腐蚀监测方法，提供历史腐蚀数据和有价值的点蚀数据，其中挂片监测方法是电化学监测方法的辅助手段。同时这两个油田还使用电阻探针法对多相油管和输油管进行腐蚀监测，采用线性极化电阻探针法监测防腐药剂的有效性。

美国 Rohrback Cosasco 公司于 2012 年推出一款最新的 DCMS 井下腐蚀监控系统，用于井下管材腐蚀状况的监控管理。DCMS 井下腐蚀监测工具是一种管内电子设备，质量为 13.6kg，使用锂电池供电，利用电子抗腐蚀探针测定井下管内的金属腐蚀损失率。工具本体由高抗腐蚀性 17-PH 不锈钢制成，最高工作温度 150℃，最高抗压 68MPa；并且一口单井可同时下入多个同类工具，以测量不同井深处的腐蚀速率，根据井下腐蚀状况可以评估井下油管缓蚀剂的应用效果。

近年来，中原油田、胜利油田、大庆油田、四川油田、普光气田、塔里木油田、塔河油田等各大油气田均开始重视腐蚀监测[136-138]，取得了理想的效果。科学地选择腐蚀监测井是成功进行井下腐蚀监测的前提保障。所选择的监测井既要有曾经发生过严重腐蚀的油井，还要包括尚未表现出腐蚀的油井，同时还要兼顾区域性。

中原油田自 1994 年以来，开展了“油田生产系统腐蚀监测技术”的攻关研究，是我国实施腐蚀监测技术最早的油气田。中原油田研发了便携式带压开孔器，实现了油田油、气、水低压系统的带压开孔（如金属、非金属管线、容器），以及不停产安装；研究改进了带压试片（棒）取放器，实现了立管、横管、容器任何方位的安装使用；还研究开发了井下挂环器，实现了油、水井油管内及油套环形空间的挂环监测；通过对国内外生产的浸入式快速腐蚀监测设备研究对比，选择了中国科学院金属腐蚀与防护研究所生产的 CMB-1510B 便携式智能腐蚀速率测量仪作为开展在线应用研究的基础设备。中原油田于 2000 年在采油三厂卫 95 块和采油二厂东区沙二下 1-8 等 2 个套损较为严重的区块，采用鹰眼监测（井下电视成像技术，测井仪）技术开展井况普查，共测井 46 口，准确地测取了井下套管腐蚀状况，获取了重要的生产指导资料；该技术能直观地了解井下套管状况，即套管变形、套管错断、套管内腐蚀等，还可检查射孔段的射孔眼状况、井壁结垢状况、井下落物和鱼顶形状等，为井况的诊断、防治以及增产、增注措施的实施提供了准确的基础资料。中原油田于 2010 年 6 月开始运用油井井下管柱腐蚀状况监测技术对卫 79 块的多口单井进行动态腐蚀监测，采用的方式是磺基水杨酸比色法测定油井产出水铁离子浓度，动态监测井下腐蚀状况，并且根据井下的腐蚀状况能很好地指导投加油井缓蚀剂治理、预防井下管柱腐蚀。

胜利油田应用的腐蚀监测技术方法主要有线性极化法、电位测定法、电阻法、腐蚀挂片法、分析法、目测法、超声波法以及细菌监测法等，并通过这些监测技术得到了总腐蚀量、腐蚀状态、腐蚀速率及腐蚀产物构成等腐蚀数据，并通过多种腐蚀监测方法的同时使用，使腐蚀监测方法互补，提高了测量数据的可靠性和有效性。

大庆油田针对含油污水介质和含 H_2S 介质的系统，利用氢渗法监测了 6 种国内外典型的管道内防腐涂层结构的氢渗电流变化规律，并分析了不同涂层结构的防腐效果，首次在现场应用并完善了氢渗法。氢渗法监测技术通过现场监测钢管内壁的氢渗电流变化，可以在实际工况条件下，综合评价油田管内腐蚀状况及防腐层防护效果。

新疆塔里木油田分公司的轮南作业区针对井下管柱腐蚀严重的问题，采用了井下挂环技术对油井管柱的腐蚀状况进行监测。井下挂环技术于 20 世纪 90 年代初由中原油田等东部油田研制成功并成熟使用，该技术是指将用于腐蚀监测的钢质试环（分内环和外环）镶嵌在专门为之设计的挂环器上（有内外环嵌槽和绝缘尼龙座），挂环器在油井提管柱作业时随油管下入井筒，下一次作业时再随油管一起取出，以定性监测和定量计算出井下工况条件下介质对油管的腐蚀状况。井下挂环技术监测的腐蚀数据真实可靠，既可监测油管的内腐蚀，又可监测油管外环空腐蚀，具有良好的腐蚀监测效果。

塔河油田为了深入了解油田生产系统的腐蚀现状与规律，2005 年以来逐步开展了油气田生产系统腐蚀监测技术的研究。塔河油田建成了较为完善的监测网络，按照“区域性、系统性、代表性”的原则，在集输管道、站内装置工艺管线及设备容器、管道等重点部位大面积实施了腐蚀监测技术。监测方式以挂片失重法为主，化学分析法、电阻探针法、电感探针法等方法为辅。塔河油田在采用挂片失重法对油田生产系统进行腐蚀监测的过程中，为保证挂片在取放过程中不影响正常生产，现场采用带压取放操作。一种是螺杆式带压取放器，该方式是将挂片悬挂器中的夹片器直接与螺杆制成一体，这样可以直接通过旋转螺杆，使夹片器上下移动，方便地进行挂片的取放操作，该方法主要用于中高压管线的挂片取放；另一种是便携式带压取放器，该方式挂片悬挂器中的夹片器不带螺杆，而将夹片器的上部做成套扣的形式，通过携带的取放器与夹片器扣在一起，然后将夹片器带出，该方法主要用于低压管线的挂片取放。

随着塔河油田开发年限的延长，腐蚀问题已逐渐凸显并日趋严重，并且伴随着注气替油提高石油采收率工艺的实施，导致井下带入大量的氧，使得井下的腐蚀环境更加恶劣。带入的 O_2 量以及 O_2 在生产系统中的溶解程度对后续生产过程中井下和地面管线造成不同程度的影响。因此，2014 年，塔河油田针对注 N_2 过程中遇到的氧腐蚀问题进行了多种手段的井下腐蚀监测。塔河油田对多口井如 TK407、TK411、TK833CH 等油井井下 1000～5000m 区间的不同位置采用挂环法进行了井筒腐蚀监测，挂环材料包括 P110、P110S、35CrMo（抽油杆材质）及 P110+涂层等。在某些井如 TK470CH 井采用挂片法进行了井口挂片腐蚀监测。

通过对塔河油田主要生产井采用挂环技术的腐蚀监测得出了 5 点重要的结论：

（1）随着井深的增加，注气井井下油管的腐蚀逐渐加剧；P110S 材质试样的耐蚀性能较其他两种材质（P110、35CrMo）试样好；有封隔器注气井井下内挂环的腐蚀较外挂环严重，无分隔器注气井井下内挂环与外挂环的腐蚀情况较相近。

（2）在注气+焖井阶段，注气井井下的腐蚀程度较井口的腐蚀程度更加严重，并且井下结垢也较严重，引起这一现象的主要原因既可以是井底较高的温度，也可以是井筒中含有一定量的 CO_2、H_2S 等气体，在注 N_2 过程中不仅 N_2 中含有 1%～5% 的 O_2，而且所加注的水中溶解氧也在 0.5mg/L 左右，这些腐蚀性组分在井下的溶解度要大于井口，并且井下的温度及氧分压均高于井口，造成井下发生了更加严重的腐蚀。

（3）在注气及注气+焖井阶段，注气井井口均发生了较严重的腐蚀，并且在注气+焖井过程中结垢也很严重，主要是注气过程带入大量氧引起的氧腐蚀造成的；根据注气井井口及未注气单井管线的腐蚀挂片的分析结果表明，注气井井口的全面腐蚀速率及点蚀速率均要大于未注气单井管线，主要是由于冲刷腐蚀和氧腐蚀的相互作用；随着注气井生产时间的不断延长，注气井采出液中溶解氧的含量呈下降的趋势。

（4）井下腐蚀结垢较严重，沉积物主要为铁的氧化物，说明在注 N_2 过程中带入的大量氧溶解在地层水中，引起井下发生较为严重的氧腐蚀，并且注气过程发生了较严重的冲刷腐蚀，冲刷腐蚀与吸氧腐蚀相互作用进一步加剧腐蚀。

（5）井下油管使用镀层和涂层均无法得到较好的防腐效果，因为井下油管的镀层和涂层一旦损坏，引起点腐蚀的发生和发展，这样就容易引起井下油管的腐蚀穿孔；对于涂层，损坏的部位成为涂层剥落的突破口，一旦涂层剥落，不仅失去保护作用，剥落下的涂层还会堵塞管道而带来次生破坏。

塔河油田通过对井下腐蚀监测，摸清了生产工况下油管及抽油杆的腐蚀状况及腐蚀规律，进而提出了针对性强的防腐措施和对策。

参考文献

[1] 吕瑞典，薛有祥. 油气田腐蚀监测技术综述[J]. 石油化工腐蚀与防护，2009，26（1）：4-7.

[2] 杨飞，周永峰，胡科峰，等. 腐蚀防护监测检测技术研究的进展[J]. 全面腐蚀控制，2009，23（11）：46-51.

[3] Yang L T. Techniques for Corrosion Monitoring[M]. Oxford：Woodhead Publishing Limited，2008.

[4] 李挺芳. 腐蚀监测方法综述[J]. 石油化工腐蚀与防护，1993，（3）：49-51.

[5] SY/T 5329—2012. 碎屑岩油藏注水水质推荐指标及分析方法[S]，2012.

[6] 张学元，王凤平，杜元龙. 评价油管腐蚀状况挂片装置的设计与应用[J]. 石油矿场机械，1998，27（2）：15-17.

[7] 胡峻，卢宇. 井下挂环技术在轮南油田腐蚀监测中的应用[J]. 油气井测试，2004，13（4）：56-58.

[8] 马文海，何光仁，刘永新，等. 活动式多功能井下腐蚀监测装置[P]：中国，ZL200520022053. 2007.

[9] 王凤平，丁言伟，李杰兰. 金属腐蚀与防护实验[M]. 北京：化学工业出版社，2015.

[10] 李久青，杜翠薇. 腐蚀试验方法及检测技术[M]. 北京：中国石化出版社，2007.

[11] 周玉波，邵丽艳，李言涛，等. 腐蚀监测技术现状及发展趋势[J]. 海洋科学，2005，29（7）：77-80.

[12] 郑立群，张蔚，台闯，等. 高温腐蚀监测探针和测试仪的研制与应用[J]. 石油化工腐蚀与防护，2002，19（5）：50-53.

[13] David K W. Corrosion monitoring mool[P]：US，5627749. 1997.

[14] David J B，Randy L B，Allan P. Field experience with a new high resolution programmable downhole corrosion monitoring tool[J]. Corrosion，1998，56（1）：56-77.

[15] 柏任流. 基于温度补偿的电阻探针腐蚀监测原理的研究与仪器的开发应用[D]. 武汉：华中科技大学硕士学位论文，2007.

[16] 柏任流，周静. 电阻探针腐蚀监测仪的开发与应用[J]. 黔南民族师范学院学报，2007，3（3）：15-18.

[17] 庞精龙，马新飞. 炼油装置在线腐蚀监测技术状况[J]. 石油化工腐蚀与防护，2008，25（1）：62-64.

[18] 孔祥军，马玲，李磊，等. 炼油行业设备腐蚀监测技术现状[J]. 炼油与化工，2010，21（2）：32-35.

[19] 杜月侠，张居生. 腐蚀监测技术在油气田的应用[J]. 全面腐蚀控制，2008，22（3）：31-33.

[20] 杨晓惠，饶霁阳，王燕楠. 在线腐蚀监测技术在石化行业中的应用[J]. 石油化工腐蚀与防护，2011，28（3）：40-42.

[21] Hemblade B J，Davies J R，Sutton J. High resolution metal loss in non-aqueous environments. NACE

International，Houston，Texas，1999.
[22] 严伟丽. 腐蚀监测技术在镇海炼化分公司中的应用[J]. 石油化工腐蚀与防护，2009，26（增刊）：148-151.
[23] 罗建成，莫烨强，郑丽群，等. 局部腐蚀引起电感探针数据的失真[J]. 腐蚀与防护，2014，35（10）：1044-1047.
[24] Tiefnig E. Method and apparatus for determining corrosivity of fluids on metallic materials[P]：US，5583426. 1996-12-10.
[25] 刘刚，董绍华，付立武. Microcor 内腐蚀监测在陕京输气管道中的应用[J]. 油气储运，2008，27（1）：41-43.
[26] 吴涛，李家俊，刘玉民. Microcor 腐蚀监测仪的原理及其在油田上的应用[J]. 腐蚀科学与防护技术，2010，22（6）：539-542.
[27] Stern M，Geary A L. Electrochemical polarization I. A theoretical analysis of the shape of polarization curves[J]. Journal of the Electrochemical Society，1957，104（1）：56-63.
[28] 王凤平，康万利，敬和民. 腐蚀电化学原理、方法及应用[M]. 北京：化学工业出版社，2008.
[29] 曹楚南. 腐蚀电化学原理[M]. 北京：化学工业出版社，2008.
[30] ASTM G3. Standard Practice for Conventions Applicable to Electrochemical Measurements in Corrosion Testing[S]，2004.
[31] Dean S W，Sprowls D O. In-service monitoring[J]. ASM Handbook，1987，13：197-203.
[32] Papavinasam S，Revie R W，Attard M，et al. Comparison of techniques for monitoring corrosion inhibitors in oil and gas pipelines[J]. Corrosion，2003，59（12）：1096-1111.
[33] 宋诗哲. 腐蚀电化学研究方法[M]. 北京；化学工业出版社，1988.
[34] 吴涛，李家俊，刘玉民. Microcor 腐蚀监测仪的原理及其在油田上的应用[J].腐蚀科学与防护技术，2010，22（6）：539-542.
[35] 高亚楠，魏冰，蔡彩霞. 腐蚀监测技术在中原油田的应用[J]. 江汉石油学院学报，2003，25（增刊）：132-133.
[36] Thomason W H. Corrosion monitoring with hydrogen probes in the oil field[J]. Materials Performance，1984，23（5）：24-30.
[37] Fineher D R，Nestle A C，Marr J J. Coupon corrosion rates versus hydrogen probe activity[J]. Materials Performance，1976，15（1）：34-40.
[38] Tadeus K，Zakroczymski S. An electrochemical method for hydrogen determination in steel[J]. Corrosion，1982，38（4）：218-223.
[39] Tsubakino H，Yamakawa K. Hydrogen penetration and damage to Oil Field Steels[J]. Corrosion Eng（Jpn），1985，33：159-166.
[40] Devanathan M A V，Stachurski Z，Beck W. A technique for the evaluation of hydrogen embrittlement characteristics of electroplating baths[J]. Journal of the Electrochemical Society，1963，110（8）：886-890.
[41] Freeman H B. Hydrogen monitoring apparatus[P]：US，5279169. 1994.
[42] Papavinasam S，Revie R W，Demoz A，et al. Comparison and ranking of techniques for monitoring general and pitting corrosion rates inside pipelines. Corrosion 2002，NACE International，Houston，Texas，2002.
[43] Papavinasam S，Revie R W，Attard M，et al. Comparison of techniques for monitoring corrosion inhibitors in oil and gas pipelines[J]. Corrosion，2003，59（12）：1096-1111.
[44] Nishimura R，Toba K，Yamakawa K. The development of a ceramic sensor for the prediction of hydrogen attack[J]. Corrosion Science，1996，38（4）：611-621.
[45] Badawy W A，Alkharafi F M，Slazab A S. Inhibition of corrosion of Al，Al-6061and Al-Cu in neutral solutions[J]. Bulletin of Electrochemistry，1997，13（5）：65-75.
[46] 张丹丹. 新型电化学渗氢探针的研制[D]. 武汉：华中科技大学硕士学位论文，2011.

[47] Devanathan M A V，Stachurski Z. The Adsorption and Diffusion of Electrolytic Hydrogen in Palladium[C]. Proeeedings of the Royal Society，1962，A270：90-102.

[48] Devanathan M A V，Stachurski Z. The mechanism of hydrogen evolution on iron in acid solutions by determination of permeation rates[J]. Journal of the Electrochemical Society，1964，111（5）：619-623.

[49] Mansfeld F，Jeanjaquet S，Roe D K. Barnacle electrode measurement system for hydrogen in steels[J]. Materials Performance，1982，21（2）：35-38.

[50] Childs P E，Howe A T，Shilton M G. Battery and other applications of a new proton conductor：Hydrogen uranyl phosphate tetrahydrate，$HUO_2PO_4 \cdot 4H_2O$[J]. Journal of Power Sources，1978，3（1）：105-114.

[51] Hultquist G. Hydrogen evolution in corrosion of copper in pure water[J]. Corrosion Science，1986，26（2）：173-177.

[52] Liaw B Y，Deublien G，Huggins R A. Novel electrochemical hydrogen sensors for use at elevated temperatures[J]. Solid State Lonics，1988，28（2）：1660-1663.

[53] Yamakawa K，Nishimura R. Hydrogen permeation of carbon steel in weak alkaline solution containing hydrogen sulPhide and cyanide ion[J]. Corrosion，1999，55（1）：1230-1237.

[54] 赵亮，余刚，张学元，等. 硫化氢腐蚀监测用钯合金膜氢传感器[J]. 中国腐蚀与防护学报，2005，25（5）：280-284.

[55] Morris D R，Wan L. A solid-state potentialmetric sensor for monitoring hydrogen in commercial pipeline steel[J]. Corrosion，1995，51（4）：301-311.

[56] 郑敏辉，陈祥. $SrCeO_3$ 基高温质子导体及 Al 液定氢探头[J]. 金属学报，1994，30（5）：238-242.

[57] 余刚，赵亮，叶立元，等. 三镍电极氢传感器[J]. 化学通报，2003，（1）：1-8.

[58] 欧爱良. 胶状电解液氢渗透传感器及镁合金阳极氧化添加剂的研究[D]. 湖南大学硕士学位论文，2010.

[59] 肖恺，闫一功，雷良才，等. 固态电解质氢传感器的研究进展[J]. 腐蚀科学与防护技术，2001，13(3)：165-168.

[60] 欧阳跃军，欧爱良，余刚，等. 电流型氢渗透传感器研究[J]. 湖南大学学报（自然科学版），2009，36（12）：49-52.

[61] 余刚，张学元，柯克，等. 加氢反应器器壁中可移动原子氢浓度探测电化学氢探头[J]. 金属学报，1999，35（8）：841-845.

[62] Du Y L，Zheng L，Fang A M. Repair and maintenance for the offshore and marrine Industries[C]. Proceedings of the 1986 Conference on Inspection，Singapore，1986：27-29.

[63] 杜元龙. 原子氢渗透速率测量传感器[P]：中国，90106448.3. 1992.

[64] 杜元龙. 海洋平台节点氢致开裂危险性探测仪[P]：中国，89105157. 0. 1993.

[65] 杜元龙. 管线钢硫化物应力腐蚀裂开敏感性探测仪[P]：中国，90106449. 1. 1994.

[66] Du Y L. A Sensor for Measuring the Permeation Rate of Atomic Hydrogen and its Applications in HIC Inspection[C]. Proceedings on 12th International Corrosion Congress，Houston，1993：2383.

[67] 李庆海，罗富绪. 用电指纹监测法监测腐蚀和裂纹[J]. 国外油气储运，1995，13（3）：40-44.

[68] 苗传臣，张维华. 新技术监测管线和裂纹[J]. 国外油田工程，1994，（5）：55-57.

[69] 杨列太. 腐蚀监测技术[M]. 路民旭，辛庆生，等，译.北京：化学工业出版社，2012：495.

[70] Gartland P O，Horn H，Wold K R，et a1. FSM—developments for monitoring of stress corrosion cracking in storage tanks. Corrosion-national Association of Corrosion Engineers Annual Conference，NACE，1995.

[71] Daaland A. Modelling of local corrosion attacks on a plate geometry for developing the FSM technology[J]. Insight，1996，38（12）：872-875.

[72] 段光才. FSM——一种完美的监测钢制管道和容器腐蚀的方法[J]. 石油化工腐蚀与防护，1994，（3）：43-45.

[73] 万正军，廖俊必，王裕康，等. 基于电位列阵的金属管道坑蚀监测研究[J]. 仪器仪表学报，2011，32（1）：19-25.

[74] Daaland A. Modelling of weld corrosion attacks on a pipe geometry for developing an interpretation model from FSM signals[J]. Insight，1996，38（6）：435-439.

[75] 尚书. 电指纹法检测金属容器缺陷的实验研究[D]. 东营：中国石油大学（华东）硕士论文，2012.

[76] Daaland A. Modelling of local corrosion attacks on a plate geometry for developing the FSM technology[J]. Insight，1996，38（12）：872-875.

[77] 万正军，甘芳吉，罗航，等. 基于电位矩阵法的金属管道腐蚀剩余厚度监测研究[J]. 四川大学学报：工程科学版，2013，45（4）：97-102.

[78] Hognestad H，Lindstad A. Monitoring of crack formation and crack growth in steel structures by the electric field signature method[J]. Control and Instruments in Industry，2008，l7（31）：258-262.

[79] Strommen R，Horn H，Gartland P，et al. The FSM technology-operational experience and improvements in local corrosion Analysis[J]. Corrosion Control，1996，3（38）：260-270.

[80] Gartland P. Choosing the right positions for corrosion monitoring on oil and gas pipelines[J]. Corrosion，1998，24（8）：28-36.

[81] Hands B. Monitoring of corrosion induced loss of material by means of a plurality of electrical resistance measurements[P]：US. 2006.

[82] Scanlan R J，Boothman R，Clarida D R. Corrosion monitoring experience in the refinery industry using the FSM technology[J]. Corrosion Control，2003，36（55）：108-126.

[83] 肖河川，万正军，张志平，等. 基于 FSM 的平板模型研究[J]. 电子测量技术，2012，35（3）：107-111.

[84] Clarida D R. Corrosion monitoring experience in the refinery industry using the FSM technology[J]. Produce and Practice，2006，6（15）：38-46.

[85] Wold K，Sirnes G. FSM technology-16 years of field—experience，status history and further developments[J]. Corrosion Control，2007，73（31）：78-83.

[86] Daaland A. Modelling of weld corrosion attacks on a pipe geometry for developing an interpretation model from FSM signals[J]. Insight，1996，38（6）：434-439.

[87] Lindstad A. Monitoring of corrosion induced loss of material by means of the FSM technology[J]. The New NDT Technology，2007，16（35）：88-96.

[88] 廖伍彬，邓晓辉，闰化云，等. 场指纹腐蚀监测技术在番禺油气田的初步应用[J]. 全面腐蚀控制，2010，24（11）：37-41.

[89] Hemblade B J，Davies J R. High resolution metal loss in non-aqueous environments[J]. Corrosion Control，1999，2（25）：60-70.

[90] Pritchard A M，Webb P. Use of the FSM technique in the laboratory to measure corrosion inhibitor performance in multiphase flow[J]. Corrosion Control，2008，15（26）：37-48.

[91] Haroun M R. Three years of corrosion monitoring data at the yellowhammer gas plant use the FSM technology[J]. Corrosion Control，1997，2（63）：108-120.

[92] Parr D，Ridd B. Weld root corrosion monitoring with a new electrical field signature mapping inspection tool[J]. The New NDT Inspection Tool，1998，9（18）：28-32.

[93] Johnsen R，Bjornsen B E，Morton D，et al. Weld root corrosion monitoring with a new electrical field signature mapping inspection tool. Corrosion-National Association of Corrosion Engineers Annual Conference. NACE，2000.

[94] Wold K. The FSM technology—operational experience and improvements in metal corrosion analysis[J]. Corrosion Control，1999，6（28）：210-222.

[95] Gartland P O，Strommen R D，Horn H，et al. The FSM technology—operational experience and improvements in local corrosion analysis. Corrosion 96，NACE International，Houston，Texas，1996.

[96] Bich N N，Kubian E. Corrosion mfonitoring as an integral component of an effective corrosion management program. 2004 International Pipeline Conference. American Society of Mechanical Engineers，2004：215-224.

[97] 周春，曾冠鑫，汤天遴，等. 场指纹法腐蚀监测技术在塔中 1 号气田的应用[J]. 腐蚀与防护，2013，34（4）：335-338.

[98] 华吴平，廖俊必，孙天礼，等. 国产场指纹腐蚀监测系统应用研究[A]//第二届中国石油石化腐蚀与防护技术交流大会论文集[C]，成都，2016.

[99] Isaac J W，Hebert K R. Electrochemical current noise on aluminum microelectrodes[J]. Journal of the Electrochemical Society，1999，146（2）：502-509.

[100] 张鉴清，张昭，王建明，等. 电化学噪声的分析与应用——I. 电化学噪声的分析原理[J]. 中国腐蚀与防护学报，2001，21（5）：310-320.

[101] 张涛，杨延格，邵亚薇，等. 电化学噪声分析方法的研究进展[J]. 中国腐蚀与防护学报，2014，34（1）：1-17.

[102] 曹楚南. 腐蚀电化学[M]. 北京：化学工业出版社，1994.

[103] 王凤平，张玉楠，吕红梅. AZ91D 镁合金在 NaCl 溶液中的电化学噪声现象[J]. 辽宁师范大学学报：自然科学版，2011，34（2）：199-202.

[104] Zhang T，Liu X L，Shao Y W. Electrochemincal noise analysis on the pit corrosion susceptibility of Mg-10Gd-2Y-0.5Zr，AZ91D alloy and pure magnesium using stochastic model[J]. Corrosion Science，2008，50（12）：3500-3507.

[105] 陈崇木，张涛，邵亚薇，等. AZ91D 镁合金在 NaCl 溶液中腐蚀过程的电化学噪声分析[J]. 腐蚀科学与防护技术，2009，21（1）：15-19.

[106] Lafront A M，Zhang W，Jin S. Pitting corrosion of AZ91D and AJ62x magnesium alloys in alkaline chloride medium using electrochemical techniques[J]. Electrochimica Acta，2005，51（3）：489-501.

[107] 胡会利，李宁，程瑾宁. 不同金属的电化学噪声研究[J]. 电镀与精饰，2007，29（2）：4-7.

[108] 胡丽华，杜楠，王梅丰，等. 1Cr18Ni9Ti 不锈钢在酸性 NaCl 溶液中的点蚀电化学特征[J]. 中国腐蚀与防护学报，2007，1（3）：6-10.

[109] 胡丽华，杜楠，王梅丰，等. 电化学噪声和电化学在阻抗谱检测 1Cr18Ni9Ti 不锈钢的初期点蚀行为[J]. 中国腐蚀与防护学报，2007，27（4）：233-236.

[110] Benzaid A，Gabrielli C，Huet F，et al. Investigation of the electrochemical noise generated during the stress corrosion cracking of a 42CD4 steel electrode. Materials Science Forum. Trans Tech Publications，1992，111：167-176.

[111] Iverson W P. Transient voltage changes produced in corroding metals and alloys[J]. Journal of The Electroche1mical Society，1968，115（6）：617-618.

[112] Hladky K，Dawson J L. The measurement of localized corrosion using electrochemical noise[J] . Corrosion Science，1981，21（4）：317-322.

[113] Eden D A，John D G，Dawson J L. Comparison of electrochemical potential noise to the electrochemical current noise to provide a resistive noise which is inversely proportional to the corrosion current[P]：US，Patent 5139627. 1992.

[114] Barbosa M R，Real S G，Vilche J R，et al. Comparative potentiodynamic study of nickel in still and stirred sulfuric

acid-potassium sulfate solutions in the 0.4-5.7 pH range[J]. Journal of the Electrochemical Society，1988，135（5）：1077-1085.

[115] 刘晓磊，何建平，陈素晶. 电化学噪声表征 7075 铝合金的模拟大气腐蚀过程[J].腐蚀科学与防护技术，2006，18（5）：386-388.

[116] 李劲风，张昭，程英亮，等. NaCl 溶液中 Al-Li 合金腐蚀过程的电化学特征[J]. 金属学报，2002，38（7）：760-764.

[117] 胡会利，李宁，程瑾宁. 电化学噪声在腐蚀领域中的研究进展[J]. 腐蚀科学与防护技术，2007，3(27)：114-118.

[118] 姜文军. N80 钢局部腐蚀的电化学噪声研究[D]. 武汉：华中科技大学硕士学位论文，2006.

[119] 徐桂英，王风平，丁言伟，等. AZ91D 镁合金在含植酸 NaCl 溶液中的腐蚀行为[J]. 辽宁师范大学学报，2009，32（3）：332-335.

[120] Minotas J C，Djellab H，Ghali E1. Anodic behavior of copper electrodes containing arsenic or antimony as impurities[J]. Journal of Applied Electrochemistry，1989，19（5）：777-783.

[121] Lafront A M，Zhang W，Jin S，et al. Pitting corrosion of AZ91D and AJ62X magnesium alloys in alkaline chloride medium using electrochemical techniques[J]. Electrochimica Acta，2005，51（3）：489-501.

[122] 胡丽华，杜楠，王梅丰. 1Cr18Ni9Ti 不锈钢在酸性 NaCl 溶液中的点蚀电化学特征[J]. 失效分析与预防，2006，（3）：6-10.

[123] 董泽华，郭兴蓬，许立铭. 用电化学噪声研究 16Mn 钢的亚稳态孔蚀特征[J]. 腐蚀科学与防护技术，2001，13（4）：195-198.

[124] 曹楚南，常晓元，林海潮. 孔蚀过程的电化学噪声特征[J]. 中国腐蚀与防护学报，1989，9（1）：21-28.

[125] 尹擎. 基于电化学噪声的腐蚀监测技术的研究[D]. 哈尔滨：哈尔滨工程大学硕士学位论文，2013.

[126] Flis J，Dawson J L，Gill J，et al. Impedance and electrochemical noise measurements on iron and iron-carbon alloys in hot caustic soda[J]. Corrosion Science，1991，32（8）：877-892.

[127] Van Nieuwenhove R. Electrochemical noise measurements under pressurized water reactor conditions[J]. Corrosion，2000，56（2）：161-166.

[128] 宋诗哲. 腐蚀电化学研究方法[M]. 北京：化学工业出版社，1988.

[129] 李欣，齐晶瑶，王郁萍. 金属腐蚀电化学噪声测量法的研究与进展[J]. 哈尔滨建筑大学学报，1997，30（6）：113-117.

[130] Leoal A，Doleoek V. Corrosion monitoring system based on measurement and analysis of electrochemical noise[J]. Corrosion，1995，51（4）：295-300.

[131] 董泽华，郭兴蓬，郑家燊，等. 16Mn 钢局部腐蚀中的电化学噪声特征[J]. 中国腐蚀与防护学报，2002，22（5）：290-294.

[132] Barr E，Goodfellow R B，Rosenthal L M. Noise monitoring in Canada's simonette sour oil processing facility. Corrosion 2000，NACE International，Houston，Texas，2000，414：26-31.

[133] 任建勋. L450 钢硫化氢应力腐蚀开裂的电化学噪声特性研究[D]. 成都：西南石油大学硕士学位论文，2013.

[134] Monticelli C，Brunoro G，Frignani A，et al. Evaluation of corrosion inhibitors by electrochemical noise analysis [J]. Journal of Electrochemical Society，1992，139（3）：706-711.

[135] 李欣，齐晶瑶. 用电化学噪声测量法进行缓蚀剂的性能测试及筛选[J]. 工业水处理，1996，（6）：27.

[136] 熊颖，陈大钧，王君. 油气田开发中的 CO_2 腐蚀与监测[J]. 工业化工腐蚀与防护，2007，24（5）：1-5.

[137] 于涛. 腐蚀监测技术在常减压装置中的应用[D]. 大庆：大庆石油学院硕士学位论文，2008.

[138] 羊东明，葛鹏莉，朱原原. 塔河油田苛刻环境下集输管线腐蚀防治技术应用[J]. 表面技术，2016，45（2）：57-64.

第 6 章　油气田腐蚀的控制

目前油气田腐蚀的控制技术主要包括合理选材、缓蚀剂技术、内外防护层技术、腐蚀监/检测技术、阴极保护技术等。为了更好地防止油气田的腐蚀，需要采用综合的防腐技术及防腐工艺，综合的防腐技术包括“合理选材+缓蚀剂+腐蚀监测+智能检测+阴极保护+内外防腐层”六要素，而且内外腐蚀同时控制。通过综合的防腐技术最终将腐蚀速率控制在 0.076mm/a 的行业标准以下。

6.1　缓　蚀　剂

6.1.1　缓蚀剂的定义、特点

缓蚀剂是一种以适当的浓度和形式存在于环境介质中，可以防止或减缓金属腐蚀的化学物质或复合物[1]。缓蚀剂也称腐蚀抑制剂或阻蚀剂。尽管有许多物质都能不同程度地防止或减缓金属在介质中的腐蚀，但真正有实用价值的缓蚀剂只是加入量少、价格便宜而又能明显降低腐蚀速率，使金属材料保持原来的物理机械性能的物质。

与其他通用的防腐蚀方法相比，缓蚀剂具有以下特点：①缓蚀剂成本低，操作简单，见效快。②在几乎不改变腐蚀环境条件的情况下，即能使整体设备得到良好的保护。③不需额外增加防腐蚀设备的投资。④保护对象的形状对防腐蚀效果的影响比较小。⑤当环境（介质）条件发生变化时，很容易改变缓蚀剂品种或改变添加量与之相适应。⑥通过组分复配，可同时对多种金属长期保护。

国内外油气田设备防护经验表明，加注缓蚀剂能大大提高油气田设备的使用寿命，无疑是油气田设备保护的最佳防护措施之一，也是该领域中国内外学者研究最多的防腐蚀措施。

6.1.2　缓蚀剂分类

由于缓蚀剂应用广泛，种类繁多以及缓蚀机理复杂，缓蚀剂一般可按其化学成分、作用机理、缓蚀剂形成保护膜的特征、物理状态和用途进行分类。

（1）按化学成分分类，可分为无机缓蚀剂和有机缓蚀剂，这两类缓蚀剂在油气开发中均有使用。通常情况下，中性介质中多使用无机缓蚀剂，以钝化型和沉淀型为主；酸性介质使用的缓蚀剂大多为有机物，以吸附型为主。但是根据现在的复配缓蚀剂需要，中性介质中也使用有机缓蚀剂，而在酸性水介质中也添加无机盐类缓蚀剂[2]。

（2）按作用机理分类，可分为阴极型缓蚀剂、阳极型缓蚀剂和混合型缓蚀剂。

阳极型缓蚀剂，又称阳极抑制型缓蚀剂。例如，中性介质中的铬酸盐、亚硝酸盐、磷酸盐、硅酸盐、苯甲酸盐等，它们能增加阳极反应的阻力，从而使腐蚀电位正移，极化曲线斜率增加。阳极型缓蚀剂通常是缓蚀剂的阴离子移向金属阳极使金属钝化。对于非氧化型缓蚀剂（如苯甲酸钠等），只有溶解氧存在才能起抑制金属腐蚀的作用。阳极型缓蚀剂是应用广泛的一类缓蚀剂。但如果用量不足，不能充分覆盖阳极表面时，会形成大阴极、小阳极的腐蚀电池，反而会加剧金属的孔蚀。因此阳极型缓蚀剂又有“危险型缓蚀剂”之称。

阴极型缓蚀剂又称阴极抑制型缓蚀剂。如酸式碳酸钙、聚磷酸盐、硫酸锌、砷离子、锑离子等，它们能使阴极过程减慢，增大酸性溶液中氢析出的过电位，使腐蚀电位负移。阴极型缓蚀剂通常是阳离子移向阴极表面，并形成化学的或电化学的沉淀保护膜。例如，酸式碳酸钙和硫酸锌，它们能与阴极过程中生成的氢氧根离子反应，生成碳酸钙和氢氧化锌沉淀膜；砷离子和锑离子可在阴极表面还原成元素砷和元素锑覆盖层，使氢的过电位增加，从而抑制金属的腐蚀。这类缓蚀剂在用量不足时并不会加速腐蚀，故阴极型缓蚀剂又有“安全缓蚀剂”之称。

混合型缓蚀剂又称混合型抑制型缓蚀剂。例如，含 N、含 S 以及既含 N 又含 S 的有机化合物、琼脂、生物碱等，它们对阴极过程和阳极过程同时起抑制作用。这时虽然腐蚀电位变化不大，但腐蚀电流却减小很多。这类缓蚀剂主要有以下三种：①含氮的有机化合物，如胺类和有机胺的亚硝酸盐等；②含硫的有机化合物，如硫醇、硫醚、环状含硫化合物等；③含硫的有机化合物，如硫脲及有衍生物等。

尽管油气田生产过程中这三种缓蚀剂均有使用，但混合型缓蚀剂使用量明显高于其他两种。

（3）按缓蚀剂所形成的保护膜特征分类，可分为氧化膜型缓蚀剂、沉淀膜型缓蚀剂、吸附膜型缓蚀剂，其中油气田开发中以吸附膜型缓蚀剂用量最大。

氧化膜型缓蚀剂直接或间接氧化金属，在其表面形成金属氧化物薄膜，阻止腐蚀反应的进行。氧化膜型缓蚀剂一般对可钝化金属（铁族过渡性金属）具有良好保护作用，而对不钝化金属如铜、锌等金属没有多大效果，在可溶解氧化膜的酸中也没有效果。氧化膜较薄（0.003～0.02μm），致密性好，与金属附着力较强，防腐蚀性能良好。这类缓蚀剂如铬酸盐，可使铁的表面氧化生成 $\gamma\text{-}Fe_2O_3$ 保护膜，从而抑制铁的腐蚀。由于它具有钝化作用，故又称“钝化剂”。

沉淀膜型缓蚀剂包括聚磷酸等，它们能与介质中的离子反应并在金属表面形成防腐蚀的沉淀膜。沉淀膜的厚度比一般钝化膜厚（约为几十至400nm），而且其致密性和附着力也比钝化膜差，所以效果比氧化膜型差一些。此外，只要介质中存在缓蚀剂组分和相应的共沉淀离子，沉淀膜的厚度就不断增加，因而有可能引起结垢的副作用，所以通常要和去垢剂合并使用才会有较好的效果。沉淀膜型缓蚀剂本身是水溶性的，但与腐蚀环境中共存的其他离子作用后，可形成难溶于水的沉积物膜，对金属起保护作用。

吸附膜型缓蚀剂能吸附在金属表面，改变金属表面性质，从而防止腐蚀。

（4）按物理状态分类，可将缓蚀剂分为水溶性缓蚀剂、油溶性缓蚀剂、气相缓蚀剂三类。油气田系统中以水溶性缓蚀剂用量最大，但有时油溶性缓蚀剂却有非常好的缓蚀效果，且冰点很低，在油气田缓蚀剂应用中不可忽视油溶性缓蚀剂。

（5）按实际应用领域分类，可将缓蚀剂分为水介质缓蚀剂、中性介质缓蚀剂、酸性介质缓蚀剂、油气田缓蚀剂、气相缓蚀剂和油相缓蚀剂等。

目前尚缺乏一种既能把各种缓蚀剂分门别类，又能把缓蚀剂组成、结构和缓蚀机理反映出来的完善的分类方法。在缓蚀剂生产及应用中，通常按使用范围对缓蚀剂分类。

6.1.3　缓蚀机理

对缓蚀剂作用机理的研究可追溯到20世纪初，但由于缓蚀机理的复杂性，至今对缓蚀剂的缓蚀机理还没有达成共识。近30年来，缓蚀机理方面的研究已引起广大腐蚀科学工作者的重视。

20世纪20年代就已开始研究有机缓蚀剂在酸性溶液中的作用机理，一些学者认为[3-5]，缓蚀剂在金属表面具有吸附作用，生成一种吸附在金属表面的吸附膜，从而减缓金属的腐蚀速率，这就是吸附理论；另一些学者认为[6, 7]，缓蚀剂与金属作用生成钝化膜，或者缓蚀剂与介质中的离子反应形成沉淀膜，从而减缓金属的腐蚀，这就是成膜理论；还有学者从电化学观点出发，认为缓蚀剂的作用机理是对电极的阻滞作用，这就是电化学理论。实际上这三种理论相互间均有着内在的联系。由于金属腐蚀和缓蚀过程的复杂性以及缓蚀剂的多样性，难以用同一种理论解释各种各样缓蚀剂的作用机理。1972年，Fischer对抑制腐蚀电极反应的不同方式做了仔细分析后，提出了界面抑制机理、电解液层抑制机理、膜抑制机理及钝化机理[8]。Lorenz和Mansfeld也明确提出界面抑制机理和相界面抑制机理来表达两种不同的电极反应阻滞机理[9]。现将几种主要的缓蚀作用理论总结如下。

1. 吸附膜理论[10-14]

缓蚀剂科学的基础来源于对吸附现象的认识，缓蚀剂在金属表面的吸附，不仅能改变腐蚀过程的局部反应动力学，而且能够改变金属的表面状态，特别是在发生吸附的活化表面。所以，缓蚀剂的吸附作用与其缓蚀性能之间有着密切的关系，研究缓蚀剂的吸附作用对于认清缓蚀剂的作用机理，筛选适用于具体介质和材料条件下的缓蚀剂具有重要的意义。酸性介质缓蚀剂主要是吸附型的。

吸附膜理论认为，有机缓蚀剂分子含亲水性的极性基团和疏水性的非极性基团，极性基团一般是含有孤对电子的N、O、S、P等原子，非极性基团通常是带有长烃链的疏水性基团。如一些含氮有机物（如胺类、酰胺类、亚胺类、咪唑啉类等）或有机磷酸盐，其电荷集中在电负性较大的N、O、S、P等原子上。由于在水溶液中的金属表面上有表面电荷，缓蚀剂便在金属表面上发生物理吸附，物理吸附是通过静电引力和范德华力吸附在金属表面，物理吸附快而可逆。一旦缓蚀剂和金属表面发生物理吸附，便发生缓蚀剂和金属之间的电荷迁移，结果形成非常牢固的化学键，即化学吸附。化学吸附是指含孤对电子的原子（N、O、S、P）和Fe原子的空轨道形成配位键而引起的吸附，此吸附类似化学反应，选择性显著、吸附热大、吸附所需的活化能比物理吸附大，故化学吸附比物理吸附慢，而且不可逆。整个吸附过程主要按照先物理吸附后化学吸附进行。

正是缓蚀剂分子上的物理吸附和化学吸附作用，使缓蚀剂被牢固地吸附在金属表面上，在金属表面形成定向排列的稳定的疏水性保护膜。这样，一方面改变了金属表面的电荷状态和界面性质，使金属表面的能量状态趋于稳定化，从而增加腐蚀反应的活化能（能量障碍），使腐蚀速率减慢；另一方面，金属表面形成的疏水性保护膜相当于一个阻挡层，起到屏蔽金属与环境介质的作用，有效阻止水分子、Cl^-、H^+对金属表面的侵蚀和溶解作用。

吸附过程与环境介质（如pH、温度、液体剪切张力）、金属表面状态（粗糙度、垢、氧化膜、表面损坏和碳酸盐膜）及其他表面活性组分的竞争（阻垢剂和破乳剂）等有很大的关系，也与缓蚀剂的分子结构有关，当缓蚀剂分子的亲水性较强时，则表现为较强的吸附力，但分散性差；反之，当缓蚀剂分子亲油性较强时，则分散性较好，但吸附性较差。

大量有机化合物如醛类、胺类、羧酸和杂环化合物等都是吸附型有机缓蚀剂，目前有机缓蚀剂至少有150多个基本品种。

2. 成膜理论

成膜理论认为，缓蚀剂在金属表面形成一层难溶解的保护膜，阻止介质对金属的腐蚀。该种保护膜包括氧化物膜和沉淀膜。氧化膜缓蚀剂一般对可钝化金属如铁族过渡性金属、铝等有良好的保护作用，而对于非钝化金属如铜、锌等非过渡性金属没有多大效果，当然在氧化膜可溶解的酸中也不会有效果。成膜理论主要有以下三种观点：①有机缓蚀剂通过界面转化起缓蚀作用；②聚合（缩聚）物膜的缓蚀作用；③有机缓蚀剂形成表面配合物保护膜。

3. 电化学理论

电化学理论认为，金属腐蚀是发生在金属表面不同阳极和阴极部位上的电化学反应，缓蚀剂通过加大腐蚀的阴极过程或阳极过程的阻力而减小金属的腐蚀速率。因此分为阳极抑制型、阴极抑制型和混合抑制型缓蚀剂。无论属于何种类型的缓蚀剂，它的缓蚀效果均与其在金属表面吸附膜的稳定性和致密性有关。

阳极钝化机理：能在金属表面形成钝化保护膜的缓蚀剂称为阳极缓蚀剂。该机理认为阳极缓蚀剂主要在阳极形成钝化保护膜，增大阳极极化而使腐蚀电位正移，从而抑制阳极反应，使金属腐蚀得到抑制。

阴极抑制机理：能阻止阴极过程的缓蚀剂称为阴极缓蚀剂。该机理认为阴极型缓蚀剂在阴极区形成沉积保护膜，增大阴极极化而使腐蚀电位负移，使阴极过程变慢，从而抑制阴极反应。

混合抑制机理：缓蚀剂能同时增大阴极反应和阳极反应的阻力，注入缓蚀剂前后腐蚀电位变化不大，但腐蚀电流大幅度减少，控制了金属的腐蚀。

6.1.4 油气田常用缓蚀剂

在现代油气田开采和集输过程中，应用缓蚀剂控制管线和设备的内腐蚀仍然起着重要的作用，缓蚀剂是油气田常用的化学添加剂。油气田生产涉及的环节较多，既有地下生产系统，如油井等，也有地面生产系统，包括单井管线、集输干线、处理厂站、长输管线、水源站等。储藏在地下的原油需要经过石油勘探、钻井、开发、采油、集输、油气处理、储运、石油炼制等多个过程才能得到成品油。油田地面系统中的每一环节都存在设备的腐蚀问题。另一方面，油气田生产是一个庞大而系统的产业，工艺复杂，生产条件苛刻，具有高温、高压以及生产介质的高矿化度、高 CO_2 和/或高 H_2S，使油气田系统的腐蚀因素具有复杂性和多样性。由于腐蚀因素的复杂性，油气田生产过程设备发生腐蚀的概率较高，有时腐蚀失效一旦发生，可能引发更大的次生破坏。由此可见，缓蚀剂的应用和评价是油气田应用缓蚀剂的重要战略步骤，对实现油气田的安全生产和长期安全运行，不仅具有重大的经济意义，更具有重大的社会意义。

1. 咪唑啉类缓蚀剂

咪唑啉类缓蚀剂是一种广泛应用于石油、天然气生产中的缓蚀剂，对含有 CO_2 的腐蚀体系有明显的缓蚀效果。咪唑啉类缓蚀剂无特殊刺激性气味、热稳定性好、毒性低，是油气田中常用的抑制 CO_2 腐蚀缓蚀剂，一般分油溶性和水溶性两类。

咪唑啉及其衍生物的主要化学结构式如图 6-1 所示。咪唑啉缓蚀剂分子由三部分组成：含 N 的五元环、含有不同碳链的烷基憎水支链 R_1 和与 N 原子成键的含有具有不同活性基团（如酰胺官能团、氨基官能团、羟基）的亲水支链 R_2[15]。有咪唑啉环的化合物一般都具有一定的缓蚀作用，抗 CO_2 腐蚀的咪唑啉类缓蚀剂是通过 N 原子吸附在金属表面形成单分子吸附膜，改变 H^+的氧化还原电位或络合溶液中的某些氧化剂，降低其电极电位而达到缓蚀目的。

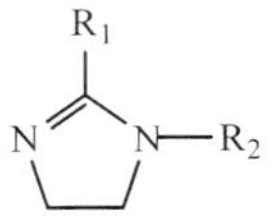

R_1

N　N—R_2

图 6-1　咪唑啉衍生物分子结构

国内外众多腐蚀专家对油气田 CO_2 腐蚀环境用的咪唑林类缓蚀剂性能进行了大量研究，得出了一些有益的结论[16]：①室内评价和现场应用试验表明，咪唑啉衍生物缓蚀剂对 CO_2/H_2S 腐蚀体系的缓蚀率高达 90%～95%，不仅可有效地抑制或缓解高浓度的 CO_2/H_2S 和 Cl^-引起的电化学腐蚀，而且能显著抑制应力腐蚀，对抑制我国各大油气田设备的腐蚀起到了有效的保护作用[17-23]。②在油田污水中，加入咪唑啉缓蚀剂后，自腐蚀电位正移，阳极极化曲线变陡，而阴极极化曲线变化不大[24]，说明咪唑啉衍生物是阳极控制为主的混合控制型缓蚀剂，其机理为咪唑啉环上取代基的屏蔽及疏水作用对钢铁腐蚀的阳极溶解过程和阴极吸氧过程起阻滞作用，且对前者的阻滞作用更强一些。③咪唑啉衍生物缓蚀剂对碳钢在高温、高压下的 CO_2 腐蚀和 H_2S 腐蚀均有良好的抑制作用，并可抑制 H_2S 导致的局部腐蚀。抑制机理是咪唑啉衍生物能与介质中的硫化物共同与 Fe 原子配位，产生稳定的吸附膜，其属于阳极型缓蚀剂[25]。④咪唑啉两性表面活性剂在高温油气田防护方面也得到应用[26, 27]，这类表面活性剂的分子中含有阴阳两种离子，去污、起泡和乳化性能均较好，并且具有抗静电、杀菌、防腐蚀和耐硬水等许多其他表面活性剂所不具备的优异性能。国内近几年也开始了对这一类表面活性剂的研究[28, 29]。目前，生产这种表面活性剂的主要原料为多元胺和脂肪酸，由其合成的高效液体或固体缓蚀剂能够在高温油田环境中使用。

咪唑啉有优秀的缓蚀性能已被大量试验证明，但它也有一定的缺点，就是易水解。在碱性环境中咪唑啉的水解存在两种观点[30]：一种观点认为，OH^-进攻质子化的咪唑啉；另一种观点认为，OH^-进攻咪唑啉。随温度和 pH 的升高，咪唑啉水解速率加快。在酸性环境中咪唑啉及其衍生物是稳定的，咪唑啉在无水环境下也是稳定的。无论是酸性还是碱性条件下，咪唑啉盐都相当稳定。

多数情况下，咪唑啉缓蚀剂很少单独使用，多以其衍生物或与其他物质复配使用。咪唑啉类缓蚀剂复配时能产生协同效应，使吸附后的不同缓蚀剂分子或离子可以相互吸引，导致表面覆盖度增大，因而提高缓蚀效果。例如，咪唑啉与硫醇复配后能很好地抑制 CO_2 腐蚀的作用，并具有一定的“后效性”[31]。咪唑啉与硫化物、磷酸酯、季铵盐、炔氧甲基季铵盐化合物等复配，由于协同效应而使缓蚀率较单一成分的咪唑啉缓蚀率高。国外商品化的咪唑啉类缓蚀剂多为咪唑啉与酰胺复配，如咪唑啉酰胺（IM）缓蚀剂。也有研究者[19]研发了几种活性基团协同作用的“分子内复配”咪唑啉缓蚀剂，即在一个分子内引入 2 个或 2 个以上不同类的活性基团，集中反映在一个化合物中，使其在使用性能上取长补短。该种形式的缓蚀剂能形成比分子外复配更致密的保护膜，从而大大提高与各种载体的相容性、降低聚合物的毒性，扩展其应用范围[32, 33]。咪唑啉及其衍生物以其独特的分子结构具有优异的缓蚀性能，因此咪唑啉及其衍生物在油气田开发中得到广泛应用，效果也较理想，但其缓蚀率仍有较大的提升空间。

自 1949 年美国报道了有机含 N 咪唑啉及其衍生物抗 CO_2 腐蚀的油田缓蚀剂专利[34]以来，研究者已经开发了很多商品咪唑啉类缓蚀剂。例如，70 年代末，华中理工大学和四川石油管理局井下作业处合作研制出 7701 复合缓蚀剂[35]，我国才解决了油井酸化缓蚀剂技术难题。咪唑啉及其衍生物缓蚀剂商品主要有：CZ3[36, 37]、DPI[38]、CT2-4 等一些水溶性有机成膜型油气井缓蚀剂[39]；主要成分为咪唑啉含硫衍生物、有机硫代磷酸酯复配的 TG500 缓蚀剂[40]，WSI 等系列油田缓蚀剂[41]，这些缓蚀剂现已成功应用于各油田，并取得了良好的防护效果。中国科学院金属研究所研制的 IMC-80-BH 缓蚀剂[42]，主要成分为咪唑啉衍生物，复配芳香胺衍生物、炔氧甲基季铵盐等。目前该缓蚀剂已经在渤海油田、长庆油田广泛使用，并出口其他国家。上述这些缓蚀剂及其复配都能在一定程度上有效防止 CO_2/H_2S 腐蚀。目前，国内外油田领域缓蚀剂的研究仍十分活跃，主要针对全面腐蚀，特别是对 CO_2 和 H_2S 腐蚀的缓蚀技术的研究更为突出。

2. 铵盐和季铵盐类缓蚀剂

季铵盐类缓蚀剂是广泛用于油气井中的吸附成膜型缓蚀剂，这类缓蚀剂主要靠季铵阳离子与荷负电的钢铁表面发生静电吸附，同时分子中的 N 与 Fe 发生化学吸附，在钢铁表面形成致密、完整的覆盖膜，从而有效地抑制阳极反应。另外，季铵盐上的阴离子对阳离子缓蚀剂的静电吸附也有较大的影响。

根据有机缓蚀剂结构与性能的关系设计合成的成膜型的含 N 杂环季铵盐（商品型号 9912-1），在 90℃下 CO_2 饱和的 3%NaCl 水溶液中对 Q235 碳钢有较好的缓蚀效果，9912-1 与硫脲复配后具有良好的协同效应，该缓蚀剂与硫脲和三乙胺复配后可适于中高温条件下的 CO_2 腐蚀环境[43, 44]。中国科学院金属研究所[45, 46]通过有机合成把炔醇基和季铵基结构等具有较好缓蚀性能的官能团进行“分子内复配”，在“分子外”复配一定比例的杀菌剂、分散剂和消泡剂等辅助成分而形成性能优良的缓蚀剂 IMC-80-ZS，该缓蚀剂现已在我国多个油田试用，其效果优于美国同类产品 CI-203。现已发现，将烯基咪唑啉季铵盐（OED）与丙炔醇、硫脲等复配缓蚀剂，其缓蚀率达 94%以上[47]。

近年来研制的双季铵盐化合物中含有两个季氮原子，与一般的季铵盐比较，其具有低毒、广泛的生物活性和良好的水溶性等特点，不仅具有良好的缓蚀性能，而且还具有优异的杀菌效果[48]。双季铵盐对金属缓蚀剂的研究开发在今后还有较大的发展空间。

3. 炔醇类缓蚀剂

对油气井而言，石油管材多在高温、高压的环境中使用，所以油气系统的防腐还必须考虑与井深相适应的高温缓蚀剂。炔醇类化合物就是在高温酸性溶液中对钢铁有较好抑制作用的缓蚀剂，尤其是与含 N 化合物复配后，可应用于 100℃以上的高温环境。炔醇类缓蚀剂主要包括丙炔醇、已炔醇、甲基丁炔醇，工业上使用较多的是丙炔醇。由于丙炔醇羟基上 O 原子的孤对电子和炔键上的 π 电子易与金属表面原子形成 π-d 配位键而吸附在金属表面[49]，吸附作用和遮蔽作用能有效地防止材料发生点蚀和坑蚀。但是，炔醇类缓蚀剂的叁键必须在碳链的顶端，即 1 位，羟基位置必须与叁键相邻，即 3 位。否则，炔醇的缓蚀效果不佳，甚至无缓蚀作用[50]。如果丙炔醇和有机酸化合物复配，其缓蚀效果更好。因此，工业上很少单独使用丙炔醇酸化施工，而是和含 N 有机化合物复配使用。芦艾等[51]采用醇钾催化法合成甲基丁炔醇、甲基戊炔醇及二甲基已炔醇，与磷酸、三乙醇胺和三氧化二锑等复配，添加量为 1%，在 80℃的 15%盐酸中缓蚀率达到 99.6%。但炔醇缓蚀剂的主要缺点是毒性大，对操作者的皮肤和眼睛有严重的刺激，操作时应注意防护。

4. 硫脲类缓蚀剂

硫脲是尿素中的 O 被 S 替代后形成的化合物，除此之外，硫脲还指一类具有通式（R_1R_2N）（R_3R_4N）C═S 的有机化合物，即简单硫脲氢被烃基取代后的衍生物。

硫脲类缓蚀剂主要应用于油气田酸性介质中钢铁的腐蚀防护，它是通过 S 原子与 Fe 原子的吸附起缓蚀作用的。研究发现，硫脲衍生物在较低浓度时就可抑制碳钢在 CO_2 饱和水溶液中的腐蚀，具有明显的缓蚀效果[52]；硫脲衍生物对阴阳极过程都有抑制作用，依取代基不同抑制程度不同，分子体积较小的硫脲与含 N 化合物的复配效果优于体积较大的对甲基苯基硫脲与含 N 化合物的复配效果；不同硫脲衍生物缓蚀率与浓度关系不同，会出现缓蚀率极值现象[53, 54]，即金属的腐蚀速率与缓蚀剂浓度之间有一最佳浓度值，当超过极值浓度后，金属的腐蚀速率随浓度的增加而上升。因此，在实际应用中应特别注意硫脲缓蚀剂的有效浓度范围。

硫脲衍生物与含 N 杂环化合物有强烈的缓蚀协同作用，硫脲、溴化十六烷基三甲基胺和溴化十六烷基吡啶在较低温度下对 N80 碳钢在 CO_2 饱和水溶液中的腐蚀有一定的缓蚀效果，但不够理想，通过一定比例复配后，复合缓蚀剂对阴阳极过程都有显著的抑制作用[55]。硫脲与氨基三亚甲基膦酸（ATMP）复配后，缓蚀率也得到提高，这是因为 ATMP 分子中的膦酰基与 Fe^{3+}络合，生成难溶性螯合物沉积于碳钢表面，同时硫脲分子中的 S 与 Fe 结合，降低 Fe 电子云密度，抑制 Fe 的腐蚀，使碳钢表面被覆盖的面积增大，所以缓蚀效果较好[56]。

一般来说，硫脲类缓蚀剂的缓蚀率随着温度的升高而降低，继续增加温度甚至会促进金属的腐蚀。由于硫脲类缓蚀剂具有加速氢在碳钢和不锈钢中的渗透作用并产生氢脆，所以承受应力的碳钢和不锈钢不宜使用硫脲类缓蚀剂。所以今后的研究重点是硫脲类缓蚀剂与其他类型缓蚀剂的协同效应。

5. 噻唑类缓蚀剂

噻唑是一类含 N 和 S 的五元环的化合物，分子中含个两双键，因此具有芳香性。噻唑及其衍生物分子中含有的 N、S 两种原子与碳钢表面的 Fe 形成多个吸附中心，同时双键也可以和金属形成 π-d 键，从而增强分子的吸附能力，因此能在金属表面形成牢固的吸附膜[57]。噻唑类缓蚀剂通常在较高温度下使用，对油气田常用的 N80 钢的 CO_2 腐蚀具有较高的抑制作用，液相及气相的缓蚀率分别为 86.9%和 89.6%[45, 58]。二氢噻唑衍生物与硫脲或乌洛托品等复配，对抑制 CO_2 的气液两相的腐蚀也具有良好的缓蚀效果[59,60]。但在 CO_2 和 H_2S 共存的腐蚀环境中，噻唑的缓蚀机理变为“几何覆盖效应”，吸附能力较差，缓蚀率较低。

6. 松香类缓蚀剂

松香是一种来源丰富、价格便宜的天然产物，是一系列树脂酸（$C_{19}H_{29}COOH$）的混合物。其主要含有烷基氢化菲结构的树脂胺，分子结构中非极性三环结构具有很好的疏水性，而极性的氨基部分具有亲水性，因此属于两亲分子。

以普通松香和二乙烯三乙胺为原料，合成的油溶性松香咪唑啉缓蚀剂（商品名 WRI）中聚合度为 10 的水溶性松香基咪唑啉（WRI-10），其缓蚀性能优于市售产品苯并三氮唑、乌洛托品和脂肪酸季铵盐“1227”[61, 62]。油气田中使用的松香类缓蚀剂复配后缓蚀率大大提高，华中科技大学开发的抑制碳钢 CO_2 腐蚀的水溶性缓蚀剂，是以松香胺为主，复配硫脲及其衍生物，对含 CO_2 的高温、高压集输管线系统以及有腐蚀产物的金属材料表面都有很好的保护作用[63]。李国敏等对松香胺改性后制得的水溶性松香胺衍生物，对高压 CO_2 体系中的 N80 钢有良好的缓蚀作用，在 80℃的高温下浓度为 30mg/L 的条件下缓蚀率可达 90%以上，缓蚀性能随浓度增加而增加，其缓蚀机理是“负催化效应”，属于混合型缓蚀剂[64]。

松香类缓蚀剂不但能有效抑制钢铁的腐蚀，而且具有环境友好、热稳定性高等优点，具有非常好的发展前景。

7. 吗啉类缓蚀剂

吗啉（又称吗啡啉）是蒸汽冷凝系统最早采用的缓蚀剂之一。吗啉及其衍生物为既含 N 又含 O 的六元杂环化合物，毒性较低，并有一定的可挥发性，使得这些物质可吸附并附着在金属表面上，从而起到一定的缓蚀作用。研究发现，将吗啉、三聚甲醛、二正丁胺为原料合成的吗啉衍生物对抑制 CO_2 腐蚀的缓蚀效果不理想[65]，主要原因是饱和蒸汽压较小，与金属形成的吸附膜空隙较大，因此，吗啉类缓蚀剂通常也要复配使用。将吗啉衍生物与丙炔醇进行复配，炔醇可以进一步聚合成膜，填补吗啉衍生物吸附膜的空隙，阻止腐蚀介质与金属表面的接触。另外，吗啉衍生物与丙炔醇的复配物缓蚀剂在高温下抑制 CO_2 对钢铁的腐蚀有着阻滞的作用，可用于高 CO_2 含量的油气田开采和集输系统工艺流程中的井下油套管、地面设施等防腐[66]。

以吗啉和甲醛等为原料、经曼尼希（Mannich）反应，合成的 4-（*N*，*N*-二正丁基）-胺甲基吗啉（DBM）、苯甲酸吗啉盐、双-（吗啉甲基）-脲、*N*，*N*-二（4-吗啉甲基）-环己胺（BMMCH）等吗啉衍生物缓蚀剂是高效的气相缓蚀剂[67-70]，研究发现，这些吗啉衍生物比公认的钢铁特效气相缓蚀剂亚硝酸二环己胺的缓蚀率高，是一种高效的钢铁缓蚀剂。

由于吗啉及其衍生物是单一的离子吸附型缓蚀剂，单独使用缓蚀效果并不理想，通常需要与不同种类的缓蚀剂复配，将吗啉衍生物与苯甲酸等有机酸复配，可以取得较好的效果，现已在国内外二十多家单位使用[71-73]。

8. 炔氧甲基胺衍生物

炔氧甲基胺化合物的结构式为 RN（CH_2OR'），其中 R 为烷基、芳基、环烷基等及取代衍生物，R′为炔基。

炔氧甲基胺和炔氧甲基胺衍生物也是抑制 H_2S+CO_2 腐蚀环境的有效缓蚀剂，如以 IMC-80 系列为代表的缓蚀剂。缓蚀剂 IMC-80-N 的主体成分是炔氧甲基胺和炔氧甲基季铵盐，这是中国科学院金属研究所早期研究的高温、浓酸下适用的缓蚀剂[74]，该化合物实现了把具有较好性能的各类型缓蚀剂典型官能团（炔醇、杂环酮、有机胺和季铵）互相组合在一个化合物中，使其在性能上实现互补。该缓蚀剂具有好的抑制 H_2S 引起的氢脆敏感性的能力，同破乳剂、减阻剂等油田其他化学药剂有好的配伍性，其在油、气、水相中均具有优良的综合性能。

缓蚀剂 IMC-80-Z 也是目前油田在用的控制含 H_2S、CO_2 和高 Cl^- 环境腐蚀的高效缓蚀剂，该缓蚀剂主要成分为炔氧甲基季铵盐化合物，并复配聚醚化合物。可以有效控制油气井和集输系统等的全面腐蚀和局部腐蚀，抑制低强度钢的氢脆破坏和高强度钢的硫化物应力腐蚀破裂。

炔氧甲基胺和炔氧甲基季铵盐复配缓蚀剂 ZSY92-1 已在中原油田得到广泛应用。该缓蚀剂为水溶油分散吸附成膜型缓蚀剂，能在高矿化度和 CO_2 饱和条件下，对 N80 钢和 Q235 钢的腐蚀进行有效控制。缓蚀剂浓度在 60～70mg/L 时，缓蚀率达 80%～90%。

9. 酰胺类缓蚀剂

酰胺类缓蚀剂属有机胺类化合物，由于分子中存在酰胺键（—$CONH_2$），故稳定性良好，在较宽的 pH 范围内耐水解，且毒性低、生物降解性好，可用于酸性介质、中性介质及大气腐蚀介质中，特别适合于油气田中抗 CO_2 腐蚀[75]。制备酰胺类缓蚀剂的化学路线有多种，从目前研究的情况来看，以脂肪酸与氨反应合成脂肪酸酰胺的路线为主，在无催化剂存在时，脂肪酸与氨气反应合成酰胺需要在高温和高压下进行。国内关于酰胺类缓蚀剂研究较早的是脂肪酸酰胺，即以脂肪酸为原料经酰胺化得到脂肪酸酰胺。例如，西安石油大学的李谦定等以混合脂肪酸和二乙醇胺为原料合成混合脂肪酸二乙醇酰胺缓蚀剂，研究结果表明该类缓蚀剂对钢材等金属材料有较好的防护效果[76]。

10. 脂肪羧酸类缓蚀剂

20 世纪 90 年代，A. N. Markin[77]提出，含有 C_{10}～C_{12} 的脂肪羧酸可用于保护钢铁不发生 CO_2 腐蚀。后来考虑到环境因素，研究者致力于新的有机化合物的研究，发现一些羧酸酐也可吸附于钢铁表面抑制腐蚀。Kuznetsov 等[49]研究了脂肪族羧酸在饱和 CO_2 的盐溶液中对钢的气相和液相的缓蚀效果，发现随着疏水性的增加，脂肪羧酸的缓蚀性能增加。结果表明，十二烷酸抑制 CO_2 腐蚀效果最好，而辛酸在 30～100℃的条件下，浓度为 3.7mmol/L 时就能够抑制铁的溶解。Bilkova 等[78]通过各种电化学和分析技术研究了 2-硫代乙醇酸（TGA）在不同浓度、不同暴露时间以及不同 pH 条件下的缓蚀性能和缓蚀率，并分别从吸附性、成膜性、溶液的 pH 效应及化学性质几方面讨论了该缓蚀剂的缓蚀机理，并考虑了引起局部腐蚀的可能性。

11. 多元醇磷酸酯类缓蚀剂

多元醇磷酸酯是国内外较早使用的一种缓蚀剂，广泛应用于炼油厂、化工厂、化肥厂等冷却水处理以及油田水处理。鉴于多元醇磷酸酯在高矿化度水中溶解能力差，近年来国内又以聚氧乙烯甘油醚代替多元醇，开发了分子中含有氧乙烯基的新型多元醇磷酸酯，与一般的有机磷酸酯相比，其稳定性、缓蚀性能和溶解性都有不同程度的改善。张贵才等以聚氧乙烯烷基苯酚醚（OP）为原料，合成了氧乙烯链长和单酯含量不同的系列聚氧乙烯烷基苯酚醚磷酸酯[79]。应用各种方法评价了这些表面活性剂在饱和 CO_2 的模拟盐水中的缓蚀效果，发现该类表面活性剂通过抑制阳极反应起到缓蚀作用；在氧乙烯链节数为 4～10 的 4 种聚氧乙烯烷基苯酚醚磷酸酯中，氧乙烯链越短，缓蚀效果越好；产物中不同的聚氧乙烯烷基苯酚醚磷酸单、双酯含量对缓蚀性能影响不大。

磷酸酯类缓蚀剂中硫代磷酸酯的缓蚀机理为多中心、多层次吸附反应成膜[80]。靠近金属表面的一层膜为硫代磷酸酯中负电性的 S^{2-} 与 Fe^{2+}、Fe^{3+} 反应沉积而成，其上面的另一层膜为硫代磷酸酯中的长链烷基和带孤对电子的硫原子吸附覆盖于金属表面而成，就这两种膜的附着力而言，显然沉积膜的化合键结合力强于覆盖膜的配位键，当浓度大于 1000mg/L 时，它在金属表面的成膜机理开始由反应沉积型向吸附覆盖型转化，此时，虽然膜的厚度很大，但膜质地较脆，长期使用寿命可能减小。试验证明[81]，磷酸酯类缓蚀剂确实对环烷酸腐蚀有良好的抑制作用，反应产生的不是碳氢化合物可溶的环烷酸铁，而是其不可溶的磷酸铁。磷原子上的多个活性中心，使其一个分子可与多个铁原子进行反应，相互作用的结果实质上是在金属表面形成一层均匀致密的膜，以阻止环烷酸对金属的腐蚀。当磷酸酯浓度为 1000mg/L 时，在实验室做碳钢挂片腐蚀试验，无论 6h 还是 48h，碳钢腐蚀速率都降到了 0.5mm/a 以下，缓蚀率在 94%以上[35]，表明这种缓蚀剂在极短时间内即可在金属表面成膜，随着腐蚀溶液中硫代磷酸酯缓蚀剂浓度增加，表面膜发生转型，试验证明了其良好的缓蚀效果。磷酸酯类缓蚀剂还具有良好的耐高温性能。但此类缓蚀剂污染环境，不符合环保要求。

6.1.5　油气田缓蚀剂的不同状态

1. 液体缓蚀剂

无论是油溶性还是水溶性缓蚀剂，石油化工生产中所用的缓蚀剂常温下基本上是以液体形式存在，或使用前配成一定浓度的液体。近年来，随着深井及超深井的投入使用，发现过去加注的高效液体缓蚀剂已不能满足油气田材料的防腐要求，因为常遇到以下问题：①气举井产液量大，且流速高，加注的液体缓蚀剂容易被快速带出，缓蚀剂的有效周期短。②从油套环空加入的液体缓蚀剂难以到达工作阀以下井段，有 30%～50%井段得不到保护。③油井套压高，油套环空加注液体缓蚀剂防腐工艺不方便，使用受到限制，而固体缓蚀剂可随生产管柱放入井下，通过缓慢释放缓蚀活性物质，对油井泵、管、杆长时间进行缓蚀保护。④注加液体缓蚀剂要动用高压注液泵、容器及载泵车等地面设施，管理难度加大，而固体缓蚀剂投加方便。解决这些问题最好的办法是研制固体高效缓蚀剂，直接投入井底，使其在井下发挥长效作用，对井下管道起到保护[82]作用。

2. 固体缓蚀剂

用定型剂将两种高效液体缓蚀剂定型，制成固体，使其进入水后慢慢溶解[83]，但此缓蚀剂的局限性在于有效成分含量不高，熔点低等，如遇井底高温便自动熔化成液体，起不到水面下的保护作用，所以研制一种有用成分含量高且适宜高温井下使用的水溶性缓蚀剂是目前高温井下用缓蚀剂的一个发展方向。

胜利油田于 2000 年开始研制固体缓蚀剂，其商品化的固体缓蚀剂 GTH 于 2001 年开始在江汉油田、八面河油田和孤岛油田进行现场试验，取得了良好效果，其中在孤岛油田的 35 口油井实施固体缓蚀剂 GTH 保护，效果明显。有 32 口井的检泵周期由原先平均 4 个月延长到 8 个月以上[84]。

固体缓蚀剂 GTH 外观为浅黄色圆柱体，缓蚀剂 GTH 由主剂（缓蚀剂、添加剂）、辅剂（固化剂、黏结剂、催化剂、缓释剂）、助剂（加重剂、强剂、填充剂、溶剂）三大部分构成，按一定比例混合均匀，连续投料到挤压成型装置内成型。GTH 固体缓蚀剂的主缓蚀剂为季铵盐，复配酰胺咪唑啉。缓蚀剂在油井采出液中以合适的溶解速率缓慢、均匀溶解，主剂在采出液中的浓度保持稳定，在一定时间内使油井采出水中缓蚀成分浓度维持在 13mg/L。该种缓蚀剂通过表面吸附成膜改变金属表面的电荷状态和界面性质，使金属表面的能量状态趋于稳定化，阻碍与腐蚀反应有关的电荷或物质的转移，使腐蚀速率减小，达到保护井下管柱的目的。根据 7 口油井的检测数据，下入 GTH 固体缓蚀剂后，N80 钢在油田采出水中的平均腐蚀速率由 0.138mm/a 降至 0.023mm/a，缓蚀率为 83%[84]。

3. 气液两相缓蚀剂

这类缓蚀剂主要解决含水井液体部分及液面以上 100～500m 管段的钢材腐蚀，或油气水的混输系统发生的腐蚀，或湿气生产与输送过程中发生湿气管道的顶部腐蚀（top of the line corrosion，TLC），以上腐蚀都要求缓蚀剂既有液相保护作用又有气相保护功能，同时要含有液相和气相缓蚀成分，以利于对液面以下部分和气相部分材料的防护。杨小平等研制了油溶性成膜缓蚀剂（液相缓蚀剂）CZ3-1 和水溶性挥发性缓蚀剂（气相缓蚀剂）CZ3-3，将两者复配使用，对高温、高 H_2S 气体分压和高 CO_2 气体分压下该气田采出水的腐蚀有良好的减缓作用[85]。改进的气、液双相缓蚀剂 CZ3-1E 的液相缓蚀剂成分仍为油溶性成膜缓蚀剂，由有机胺和有机酸反应合成。气相缓蚀组分为合成反应中有机胺原料的低分子组分、炔醇及杂环类物质，炔醇可有效地抑制钢铁表面的点蚀和坑蚀，两种挥发性物质协同作用可大大提高气相缓蚀效果。中石油西南油气田分公司天然气研究院开发的气液两用缓蚀剂 CT2-15，其气、液两相缓蚀率均大于 90%，可将现场的腐蚀速率控制在 0.125mm/a 以下，适用于 H_2S 和 CO_2 的综合腐蚀防护，而对于以 CO_2 为主的腐蚀环境和高温（<160℃）油气井也具有一定的缓蚀作用[86]。张军平等[87]合成了一种吗啉衍生物和噻唑衍生物，该吗啉衍生物与硫脲、咪唑啉衍生物及炔醇的复配缓蚀剂，该噻唑衍生物和炔醇的复配缓蚀剂，是两种高效气液双相缓蚀剂，对高温下 CO_2 的腐蚀起到较好的缓蚀作用，可广泛用于高 CO_2 含量的油气田开采和集输系统工艺流程中的防腐。赵景茂等[59]使用二氢噻唑衍生物和硫脲、表面活性剂复配得到了一种复合缓蚀剂，该复合缓蚀剂在饱和 CO_2 的 3%NaCl 腐蚀介质中，对 CO_2 气液两相腐蚀都有很好的抑制作用，并且通过极化曲线发现，该复合缓蚀剂属于阳极型缓蚀剂，其缓蚀机理为“负催化效应”，在阳极极化下该缓蚀剂在电极表面可发生二次脱附。

6.1.6　油气田缓蚀剂的近期发展

虽然已有许多商业化的抑制 CO_2 腐蚀的缓蚀剂，但对 CO_2 腐蚀的缓蚀剂的研究仍任重道远。第一，多数缓蚀剂的毒性较大[88]，因此，开发高效、低毒并对环境友好的缓蚀剂是缓蚀剂研究的主要任务之一。第二，有些吸附型缓蚀剂虽然对油气田的 CO_2 腐蚀有一定的缓蚀作用，但温度稍高（>70℃），则发生脱附而使缓蚀率大幅度降低，甚至失效，所以，通过官能团分子内和分子外复配的研究，大力开发针对高温、高压环境下的抑制 CO_2 腐蚀的新型缓蚀剂。第三，发展适用于多相体系的缓蚀体系，特别是气液双相高效缓蚀剂[49]。第四，对防止局部腐蚀（尤其是点蚀）的缓蚀剂研究相对较少。若局部腐蚀得不到有效控制，造成的危害更大。如何协调防止局部腐蚀和全面腐蚀的缓蚀剂是一个重要课题。

6.1.7　油气田缓蚀剂的选用

1. 油气田缓蚀剂的选用原则

根据油气田腐蚀环境的不同，油气田大致可分为：CO_2 腐蚀环境、H_2S 腐蚀环境、CO_2/H_2S 混合腐蚀环境及无 CO_2/H_2S 腐蚀环境等。根据油气田设备的不同，可将缓蚀剂分为：①油气井缓蚀剂；②集输系统缓蚀剂；③污水系统缓蚀剂；④钻井勘探用缓蚀剂；⑤油气井压裂酸化缓蚀剂；⑥酸洗缓蚀剂等。不同的腐蚀环境和不同的设备，要选用不同类型的缓蚀剂。但无论哪类缓蚀剂，均涉及缓蚀剂的筛选评价规范、缓蚀剂的注入规范和缓蚀剂应用效果的评价规范这三个方面。

尽管这三类缓蚀剂的应用环境可能不同，缓蚀剂的评价条件及测试方法既有其共性，也有其个性。针对不同应用环境的缓蚀剂，实验室评价时均要模拟缓蚀剂的使用条件，并在该使用条件下的测试体系中评价各缓蚀剂的缓蚀率，即可对缓蚀剂的使用效果做出合理的评价。

缓蚀剂的选用应根据油气田的主要腐蚀因素，结合不同缓蚀剂室内评价试验及现场评价试验结果确定。下面是缓蚀剂选用的一般原则：

（1）根据所要防护的金属及其所处的腐蚀介质性质选取不同的缓蚀剂。

（2）缓蚀剂应与腐蚀介质具有较好的相容性，且在介质中具有一定的分散能力，才能有效到达金属表面，发挥缓蚀功能。为做到这点，常在缓蚀剂中添加少量表面活性剂，或在缓蚀剂分子上连接亲水性的极性基团。

（3）缓蚀剂的用量要少，缓蚀效果要好，才能使缓蚀剂具有经济性。为提高缓蚀效果，通常采取多种缓蚀剂复配，获得协同效应。

缓蚀剂除缓蚀功能外，还应考虑到工业体系的总体效果，如环保、阻垢、灭菌等。

虽然具有缓蚀作用的物质很多，但真正能用于工业生产的缓蚀剂品种是有限的，这是因为商品缓蚀剂首先要具有较高的缓蚀率，其次原料来源广泛，价格合理。所以，应用于油气田不同环境和工艺的缓蚀剂应具有以下性能：①投入腐蚀介质后，能立即产生缓蚀作用；②在腐蚀环境中应具有良好的化学稳定性，可以维持必要的使用寿命；③在预处理浓度下形成的保护膜可被正常工艺条件下的低浓度缓蚀剂修复；④不影响材料的物理、机械性能；⑤具有良好的防止全面腐蚀和局部腐蚀的效果；⑥毒性低或无毒。由于单一品种的缓蚀剂很难同时满足这些要求，因此，油气田实际使用的缓蚀剂通常是由两种或多种缓蚀物质复配而成，使其具有协同作用（synergism）。另外，由于没有普适的油气田缓蚀剂，因此，合适的缓蚀剂要有针对性地进行合成、复配，然后再经逐层筛选，只有那些符合要求的综合品种才是优良的缓蚀剂配方，并经过综合性能调整才能形成优良的商品缓蚀剂。

油气田缓蚀剂的选择是一个复杂的过程，首先，分析具体腐蚀环境中设备的腐蚀机理；其次，确定抑制腐蚀的缓蚀剂化学结构，利用软硬酸理论[89]进行目标缓蚀剂的合成或复配；最后，用各种方法进行缓蚀剂性能测试和缓蚀效果评价[90]。目前油气田使用的缓蚀剂基本上是按这一原则选用的。

单靠一种成分难以达到满意的缓蚀效果，石油工业用缓蚀剂往往都是几种缓蚀成分按一定比例进行复配，通过协同效应提高缓蚀率。产生协同效应的机理随体系而异，许多还不太清楚。原则上阴极型和阳极型缓蚀剂复配，缓蚀剂和增溶分散剂复配，兼顾不同金属的复配等。腐蚀介质、流速、温度、压力、缓蚀剂浓度与类型、加药量、加药方式（连续注入、一次性注入和加药周期）都是影响缓蚀剂性能的因素[91, 92]。

对于 CO_2 腐蚀环境可以通过添加缓蚀剂控制设备的腐蚀。控制 CO_2 腐蚀的缓蚀剂种类较多，根据 CO_2 腐蚀机理，CO_2 腐蚀环境中所使用的缓蚀剂组成、分子构型与缓蚀剂性能上存在一定的关系，现有的结论是：缓蚀剂分子中同时含有 N、P、S 的吸附型的有机缓蚀剂控制 CO_2 腐蚀效果较好；缓蚀剂中最有效的成分是一些相对分子质量大于 200 的含 N 有机化合物；咪唑啉环中含—NH—取代基的缓蚀率远大于含—OH 基的缓蚀率。目前，各油气田针对 CO_2 腐蚀的缓蚀剂主要有改性胺的第三代胺、酰胺类、咪唑类以及其他一些含 N、P、S 的有机化合物。普遍认为，季铵盐类、咪唑啉衍生物、酰胺类缓蚀效果较好，其中氨基酰胺抗高温降解性能好，在高温环境下得到广泛应用。通常采用油溶性缓蚀剂（常用长链脂肪胺）控制油管和高温立管的腐蚀，而输油管则采用水溶性缓蚀剂，对于气井所用的缓蚀剂还需兼有气相缓蚀效果。目前，采用缓蚀剂控制 CO_2 引起的全面腐蚀已取得了良好效果，但对充分和有效地控制局部腐蚀的缓蚀剂尚需做进一步的研究。

石油工业中 H_2S 和 CO_2 混合腐蚀环境对金属的腐蚀是以氢去极化腐蚀为主，在此条件下，金属表面原有的氧化膜易被溶解，因此不宜选用氧化型（钝化型）缓蚀剂，而宜选用吸附型缓蚀剂。另一方面，高酸性气田井下缓蚀剂还应具备以下功能：气、液两相缓蚀效果好，具有抑制或延缓 SSC、HIC 和 SCC 的能力，又能将平均腐蚀速率降到相关标准以下，且不发生点蚀和其他形式的局部腐蚀等。因此，抑制 H_2S+CO_2 腐蚀环境的缓蚀剂一般采用复配缓蚀剂，通过协同效应提高缓蚀率。产生协同效应的机理随体系而异，许多还不太清楚，但复配的原则不变，即阴极型和阳极型缓蚀剂复配，缓蚀剂和增溶分散剂复配，兼顾不同金属的复配等。

对于低 H_2S 和低 CO_2 腐蚀环境，主要腐蚀因素已经不是体系中的 H_2S 或 CO_2 酸性气体，这类腐蚀环境中的腐蚀因素可能是体系中存在的溶解氧或介质的冲刷作用，溶解氧或介质冲刷对钢铁的腐蚀速率影响是很明显的，在溶解氧较高的系统中无论使用何种缓蚀剂其投加量都必须比较大，才能达到预期防护效果。目前国内外处理溶解氧腐蚀的工艺主要是向水中加入 Na_2SO_3 等除氧化学药剂，使溶解氧降低至 0.10mg/L 以下[93]，然后再根据实际情况使用合适的有机缓蚀剂。

综上所述不难看出，缓蚀剂在油气田腐蚀控制中应用必须掌握好三个环节，一是有针对性地选择综合性能优良的缓蚀剂品种，二是制订合理的注入工艺和完善的缓蚀剂注入系统，三是具有有效的管理体制和正确的腐蚀监测系统。三个环节中的任一环节的疏忽都会导致缓蚀剂保护的失败。

2. 油气田生产过程中所用缓蚀剂的选用

1）油气井缓蚀剂

油气井缓蚀剂主要指油气井的井筒缓蚀剂，同时也包括套管环空保护液中所使用的缓蚀剂。油气井在开采的中后期，井底产生大量积水，有时不易排出，其在井下对油套管及井下施工工具产生严重的腐蚀。此外，油气井含有大量的 CO_2 和 H_2S 气体，会引起井下采油、气设备腐蚀穿孔或断裂。因此，对于高含 CO_2 和 H_2S 的油气井，碳钢加缓蚀剂仍然是最经济和有效的防护方法，是一项成本低、容易实施、见效快的措施。油气井加注缓蚀剂防腐不但可以保护油管、套管及井下设备，而且也可以起到保护集油管线和设备的作用；油气井施行缓蚀剂保护技术，不仅可在未投产工艺中使用，还可以在已经投产并且已经遭受不同程度的腐蚀破坏的生产工艺中使用。选择合适的缓蚀剂不仅可以控制全面腐蚀，还可抑制局部腐蚀、应力腐蚀和腐蚀疲劳，这在许多油气田开发中有很好的例子。油气井缓蚀剂对抑制我国西部部分油田苛刻环境下的油、套管腐蚀也起了重要的作用。

国外自 20 世纪 70 年代就已实施油气井加缓蚀剂防腐。目前，国外较好的油井缓蚀剂主要类型有丙炔醇类、有机胺类、咪唑啉类和季铵盐类等。我国四川石油管理局天然气研究所于 20 世纪 70 年代使用 4-甲基吡啶釜残、粗吡啶、页氮等缓蚀剂防护技术，较好地防止了 H_2S 对气井的腐蚀。他们研究出 CT2-2、CT2-3、CT2-4 系列缓释剂产品，在防止 H_2S 腐蚀性能方面优于美国引进的 A163 缓蚀剂产品[94]。国产抗 H_2S 腐蚀的气井缓蚀剂还有咪唑啉、取代硫脲、粗喹啉、兰 4-A、1014、氧化松香胺、聚环氧乙烷基胺等。

含硫油气田中加注缓蚀剂控制 H_2S 腐蚀在理论上和实践上都是可行的。从理论上看，性能优良的缓蚀剂在金属表面上的吸附，不仅能有效地抑制 H^+放电的阴极反应，同时还能抑制活性 H 原子向金属内部的渗透。因此，这些缓蚀剂不仅能有效控制 H_2S-H_2O-Cl^-污水引起的严重全面腐蚀和溃疡腐蚀，同时还能有效控制 SSC 的发生。从实践上看，我国含 H_2S 的西南油气田 40 多年的开发过程中，曾有非常成功的应用缓蚀剂控制 H_2S-H_2O-Cl^-引起的严重全面腐蚀和溃疡腐蚀，同时还能有效地控制 SSC 发生的经验。但是，在 H_2S 腐蚀环境中使用缓蚀剂需要注意是否有元素硫在金属表面沉积，元素硫能引起咪唑啉类缓蚀剂性能失效[95, 96]。

对含 CO_2 油气井的腐蚀也可以靠添加缓蚀剂加以控制。通常，采用油溶性水分散性缓蚀剂（常用长链脂肪胺）控制油管和高温立管的腐蚀，而输油管部分则采用水溶性油分散性的缓蚀剂。对于气井，所用的缓蚀剂还须兼有气相缓蚀效果。目前，采用缓蚀剂控制 CO_2 引起的全面腐蚀方面，已取得了良好的效果[97, 98]，但对充分和有效地控制 CO_2 引起的局部腐蚀，尚须作进一步的研究。需要注意的是，含 CO_2 的油气井不仅会产生严重的腐蚀，而且还往往在井管的油气采出面上发生结垢、原油结蜡、结沥青及乳化等问题。解决这些问题一般都靠添加适当的防垢剂（scale inhibitor）、防蜡/防沥青剂（paraffin/asphaltene controller）和防泡剂（antifoamer）等来解决。

不论CO_2腐蚀还是H_2S腐蚀，均以氢去极化腐蚀为主，在此条件下，金属表面原有的氧化膜易被溶解，因此，抑制H_2S、CO_2腐蚀的缓蚀剂要采用含有N、O、S、P等杂原子的吸附型有机缓蚀剂。如果采用氧化型缓蚀剂，非但起不到缓蚀作用，而且还会加速腐蚀。

现将部分商品化的油气井缓蚀剂列于表6-1中。

表6-1 油气田常用的商品油气井缓蚀剂

型号	主要成分	适用环境	研制者
IMC-80-N	炔氧基+胺基+芳香基+季铵基化合物	H_2S	中国科学院金属研究所
TG500	硫代磷酸酯+含N化合物	H_2S/CO_2	张玉芳等
1901	多种烷基吡啶+喹啉衍生物	H_2S/CO_2	
CT2-4	酰胺类化合物	$H_2S/CO_2/Cl^-$	四川石油管理局天然气研究所
CT2-2	胺类	$H_2S/CO_2/Cl^-$	四川石油管理局天然气研究所
CT2-15	有机胺类	H_2S/CO_2	四川石油管理局天然气研究所
N-11	丙二胺衍生物	H_2S	陕西省化工研究所
581	咪唑啉+酰胺	H_2S	北京化工大学
BARAFLM	成膜胺	H_2S	Baroid（美）
COAT-145	成膜胺	H_2S	Exxon（美）
Kontol		H_2S	
DRILLCOROI		H_2S	Ewabo（德）
GP-1	酰胺类化合物	H_2S	四川石油管理局输气公司研s究所
WSI-02	季铵盐+有机硫化物+非离子表面活性剂	CO_2	
IMC-M_1 IMC-M_2 IMC-M_3	咪唑啉	CO_2	中国科学院金属研究所
SD-816	咪唑啉+酰胺+多元醇	CO_2	陕西省石油化工研究设计院
WPI	吡啶衍生物	CO_2	华北油田

为了防止套管内壁（冷却面）的腐蚀，保证高压油气井的安全，通常的做法是：加封隔器，并在环形空间充入含有缓蚀剂的油，借以保护环形空间免遭溶有腐蚀性气体（CO_2，H_2S或CO_2+H_2S，有时还有回注水引入的O_2）的凝析水的腐蚀。用泵将缓蚀剂注入油套管环形空间，靠缓蚀剂的自重降到井底，随产出液从油管内返出，在这一过程中，缓蚀剂大部分溶解于产出水中，少量分散在油中，随着上返，缓蚀剂在金属表面被吸附而形成保护膜，由此起到了防护作用。

随着我国西部油田大量深井及超深井的投入使用，普通的低温缓蚀剂已经不再适用这种高温、高压及高矿化度的环境，尽管研制了一些高温、高压环境下适用的高效缓蚀剂[99]，但仍不能满足现在西部油气田生产的需要。所以，目前油气井缓蚀剂研究的重点是开发适用于耐高温、高压、高含 H_2S、CO_2 或 SRB 的高矿化度油水介质的缓蚀剂。

2）酸化缓蚀剂

酸化是碳酸盐岩油藏开发过程中油气井增产、注水井增注的有效技术措施之一。然而，在生产实践中，由于酸液对油井的严重腐蚀，直至 20 世纪 30 年代酸化缓蚀剂问世之后，酸化增产技术才得以应用和发展。其原理是通过酸液对岩石胶结物或地层孔隙、裂缝内堵塞物等的溶解和溶蚀作用，恢复和提高地层孔隙和裂缝的渗透率。在酸化施工过程中，通过向酸液中添加缓蚀剂而抑制酸液对井下管柱和设备的腐蚀。

酸化缓蚀剂是酸化施工过程中最重要的添加剂之一，油气井增产措施使用的所有工业用酸都需加入缓蚀剂以降低井筒管柱的酸蚀速率。随着钻井工艺的发展和采油技术的进步，大量深井、超深井和极深井的投入开发，对酸化用缓蚀剂的性能提出了更高的要求。目前酸化缓蚀剂的主流产品是：以酮醛胺缩合物为主剂的复配体系和以吡啶、喹啉复合季铵盐为主剂的复配体系。

20 世纪 60～70 年代，国内油井较浅（一般在 1000～2000m 之间），井下温度不高（油井温度不超过 80℃），酸化用的盐酸质量分数不超过 15%，一般为 10%HCl 溶液。该阶段主要学习苏联，使用甲醛、乌洛托品及亚砷酸（砒霜）等化合物作为酸化缓蚀剂。后来经过试验，证实将两种以上缓蚀剂复配制成复合缓蚀剂往往具有更好的效果，如乌洛托品与碘化钾复配、乌洛托品与烷基酚聚氧乙烯醚（OP）复配、丁炔二醇与碘化钾复配、丁炔二醇与 OP 复配、丁炔二醇与碘化钾和 OP 复配等。由于该时期油井温度较低及酸的质量分数不高，使用复合酸化缓蚀剂，可以使碳钢腐蚀速率控制在施工允许的范围内。

进入 20 世纪 70 年代以后，中国石油工业发展迅猛，胜利、华北、大港、江汉、辽河及中原等油田相继勘探成功，一大批 2000～3000m 甚至 4000～5000m 深的生产井投产使用，这时需要研制适用于高温、高浓度、大酸量的油井酸化缓蚀剂。20 世纪 80 年代初，第一口试用井是四川石油管理局一口 7000m 深的井，井下温度为 196℃，为解决腐蚀问题，华中理工大学与四川石油管理局井下作业处合作研究出 7701 复合缓蚀剂，解决了油井酸化缓蚀剂技术难题[35, 100]。高温压裂酸化获成功后，高温酸化缓蚀剂的研究进展较快，7461、7461-102、7801、7812 和 IMC 等一系列高温酸化缓蚀剂相继问世，基本满足了当时国内酸化施工的需要。

“7701”酸化缓蚀剂是一种以季铵盐为主要成分的缓蚀剂[100]。吡啶釜残是合成“7701”酸化缓蚀剂的主要原料之一，吡啶釜残中的烷基吡啶类（4-甲基吡啶、4-正丙基吡啶、2-甲基-5-乙基吡啶、2，4，6-三甲基吡啶等）和喹啉类物质与氯化苄在160～180℃范围内进行季铵化反应，反应 6h 后，得到中间产物，然后将中间产物降温至 50℃左右并加入匀染剂 102 和乙醇加热回流，得到酸化缓蚀剂。“7701”酸化缓蚀剂在室温时是一种棕黑色油状液体，在盐酸或土酸介质中有很好的分散性，呈清亮、透明的棕色液体。通过电化学研究发现，“7701”在金属表面上形成的吸附膜可能是多层的，并且“7701”同时抑制了电化学的阴极过程和阳极过程，特别是对阴极过程抑制明显。“7701”与乌洛托品及丙炔醇等增效剂复配后得到的“7701”复合缓蚀剂在 150℃、28%盐酸溶液中对钢铁有很好的保护性能，这是由于“7701”与复合的组分之间发挥了较好的协同作用，在金属表面上发生了化学吸附，形成了络合体的多层致密的保护膜，阻碍了 H^+与金属的作用，因而腐蚀速率大大降低。其络合吸附膜形成的变化过程是“7701”在盐酸中离解为苄基吡啶（喹啉）季铵盐的阳离子和氯离子，而钢铁在盐酸溶液中表面带负电荷，当正电荷的苄基吡啶（喹啉）的阳离子与金属表面接触时，阳离子被吸附在金属表面上，阳离子中的极性氮原子紧靠金属表面，非极性烷基及苄基指向溶液，这样在金属表面上形成带正电荷的吸附层，一方面使 H^+难于接近金属，另一方面，它也可能引起氢超电势的增加，其结果就使得钢铁在盐酸中的腐蚀速率大大降低。同时苄基苯环上的 p 电子也增强了缓蚀剂的化学吸附，因此，“7701”的缓蚀性能较其他苯胺、吡啶单组分好。

经过二三十年的高温酸化缓蚀剂的研究发现，高温酸化缓蚀剂中多含炔醇类[35]，但我国生产炔醇的厂家很少，且价格昂贵，影响了我国酸化缓蚀剂的发展。最近国外研究发现，以松香胺衍生物、咪唑啉衍生物作为原料的缓蚀剂也有很好的缓蚀效果[35]，我国盛产松香，而且在咪唑啉的基础研究方面做了大量工作[25, 61, 62]，为油气田高温缓蚀剂的研究奠定了牢固的基础。

20 世纪 80 年代初，不需要复配甲醛的酸化缓蚀剂被陆续开发出来。如四川石油管理局天然气研究所研制的 CT1-2 和 CT1-3 高温酸化缓蚀剂可以用在 120～190℃的酸化施工环境中[94]。80 年代末 90 年代初，华中理工大学郑家燊等研制出的高温（180℃）浓盐酸酸化缓蚀剂 8601-G（季铵盐复合物）和 150℃盐酸酸化抗点蚀缓蚀剂 8401-T 及 8703-A（季铵盐化合物）[101]，分别在胜利、大庆油田应用并获得成功。80 年代中后期及 90 年代，国内又一大批油井酸化缓蚀剂研究成功，如 CT1-8，IMC-80-5，SD1-3，CFR 和 XA-139 等[102]。

90 年代，无机缓蚀剂的研究发展较快，李德仪推出一批锑化合物作为高温酸化缓蚀剂及缓蚀增效剂[103]，可供筛选的有 Sb_2O_3，Sb_2O_5，$SbCl_3$ 和 $K_4Sb_2O_7$ 等。陈旭俊研究了抑制铁基合金孔蚀的无机缓蚀剂，主要有铬酸盐、重铬酸盐、亚硝酸盐、钼酸盐及磷酸盐等[104]。

目前国内酸化缓蚀剂的主要类型有：醛、酮、胺缩合物；咪唑啉衍生物；席夫碱、曼尼希碱、吡啶、喹啉季铵盐；杂多胺；复合添加增效剂，如甲醛、炔醇等；高分子聚合物。其中，咪唑啉衍生物、希夫碱、曼尼希碱、吡啶、喹啉季铵盐为主要组成制备的缓蚀剂及其复配物在生产中应用较多。

曼尼希碱（Mannich base）是油田高温浓盐酸酸化作业中一类重要的缓蚀剂。曼尼希碱是指甲醛、胺与含有活泼氢原子的化合物的缩合反应产物。下式是以苯乙酮、甲醛水溶液和苯胺为原料，以乙酸为催化剂合成曼尼希碱的反应式：

$$C_6H_5COCH_3 + HCHO + C_6H_5NH_2 \xrightarrow{CH_3COOH} C_6H_5COCH_2CH_2NH—C_6H_5$$

曼尼希碱分子是一个螯合配位体，其多个吸附中心（O 原子和 N 原子）向金属表面提供孤对电子，进入铁原子杂化的 d_{sp} 空轨道，通过配位键与铁发生络合作用，生成具有环状结构的螯合物。该化合物吸附在无氧化膜存在的裸露的金属表面，形成较完整的多分子疏水保护膜，阻止腐蚀产物 Fe^{3+}向溶液中的扩散和溶液中的 H^+向金属表面接近，减缓腐蚀反应速率，起到缓蚀作用。

“7801”酸化缓蚀剂的主要成分就是曼尼希碱，是以苯乙酮、苯胺、六次甲基四胺为主要原料合成的，首先，六次甲基四胺分解为甲醛和氨，随后甲醛与苯胺、苯乙酮在催化剂作用下发生反应，反应结束后通过减压蒸馏法分离出未反应完的苯乙酮及苯胺等混合液体，得到棕红色树脂状酮醛胺缩合物，该缩合物的相对分子质量在 280 左右。温度在 100℃时，得到的产品缓蚀性能最好。在合成的酮醛胺缩合物中加入丙炔醇、表面活性剂、乙醇、六次甲基四胺等，混合得到棕红色的“7801”酸化缓蚀剂，通过挂片试验证实，在 28%HCl+2%HAc 浓酸液中添加 3%“7801”酸化缓蚀剂，150℃时 N80 钢试片的腐蚀速率仅 25g/（$m^2·h$），同时“7801”酸化缓蚀剂具有优良的抗 H_2S 腐蚀性能。

CT1-2 是另一种以曼尼希碱为主要成分的高温、高浓度盐酸缓蚀剂，以环己酮、甲醛、盐酸为原料，发生缩合反应，反应结束后脱水得到中间产物，在中间产物中加入苯胺继续反应得到酮醛胺缩合物，在合成的酮醛胺缩合物中加入甲酰胺、丙炔醇、非离子表面活性剂及溶剂，混合后得到 CT1-2 酸化缓蚀剂，该酸化缓蚀剂满足 170℃下的浓盐酸酸化要求。

王虎等[105]以苯乙酮、甲醛及二乙胺为原料，合成了曼尼希碱类缓蚀剂。采用电化学测试技术研究了该缓蚀剂在 20℃、15%盐酸溶液中对 P110 钢缓蚀作用的电化学机理。极化曲线测试显示，随着曼尼希碱浓度的增加，自腐蚀电位向正方向移动，表明曼尼希碱缓蚀剂是以抑制阳极过程为主的缓蚀剂。郑海洪等[106]的研究也证实，较高的缓蚀率是曼尼希碱分子在金属表面吸附所致，提高缓蚀剂浓度可以增加缓蚀剂在金属表面的覆盖度，有效保护金属基体。

蒋文学等[107]以芳香酮、醛和芳香胺为原料，用微波辐射法合成了一种曼尼希碱。孙天祥等[108]以甲醛、乙二胺、苯乙酮为主要原料，利用 Mannich 反应合成了曼尼希碱缓蚀剂。用静态失重法对其缓蚀性能进行综合评价，结果表明，在 90℃、15%的盐酸中加入 1%的缓蚀剂，N80 钢片的腐蚀速率为 2.473g/（$m^2·h$），具有良好的缓蚀性能。由酮醛胺缩合物缓蚀机理可知，由于用乙二胺、苯乙酮合成的曼尼希碱分子中含有四个配位原子，能和铁原子（离子）形成一个五元环和两个六元环，生成的螯合物分子以多个极性基团吸附在金属表面（图 6-2），从而表现出良好的缓蚀性能。

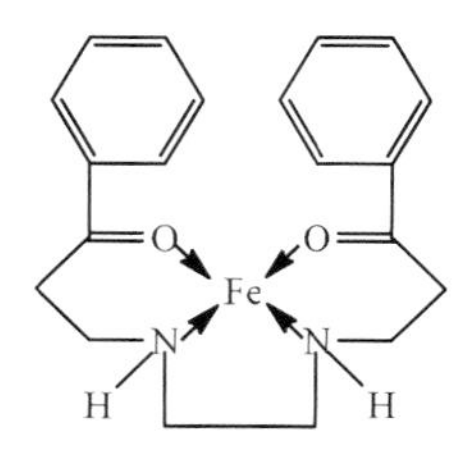

图 6-2　铁原子与曼尼希碱分子生成的螯合物分子[108]

杂环季铵盐型缓蚀剂也是一类高温酸化缓蚀剂。以杂环季铵盐类化合物作为主体，得到的酸化缓蚀剂具有优良的抗高温、抗点蚀性能，可广泛用在盐酸与土酸的酸化施工中。

下式是以 4-甲基吡啶、氯化苄合成甲基吡啶季铵盐的反应式：

$$H_3C{-}C_5H_4N + Cl{-}CH_2{-}C_6H_5 \xrightarrow{\triangle} \left[H_3C{-}C_5H_4N^+{-}CH_2{-}C_6H_5\right]Cl^-$$

尽管国内酸化缓蚀剂的开发取得了较大的发展，但是国内酸化缓蚀剂产品仍然不能满足油气田需求。目前，国内市场上满足 120℃以下环境的酸化缓蚀剂很多，但是更高温度条件下，特别是温度超过 150℃时的成品酸化缓蚀剂产品非常少，而且需要添加较多的碘化物等昂贵的增效剂，导致高温条件下的缓蚀剂成本很高；变黏酸（转向酸）体系要求酸化缓蚀剂不含甲醛及金属盐；作为高温酸化缓蚀剂的重要组成成分的丙炔醇，由于其剧毒性，在很多情况下开始受到限制。

从目前情况来看，高温酸化缓蚀剂还不能完全满足油气田酸化施工的要求，需要开发出新的、更高效的酸化缓蚀剂。聚合咪唑啉缓蚀剂是高温酸化缓蚀剂的新品种，其结构式为

由于聚合咪唑啉分子链上含有大量咪唑啉基团，其能提供更多吸附点；聚合咪唑啉分子中引入的大量疏水烷基链，可以增强缓蚀剂的阻隔性能。另外，聚合咪唑啉缓蚀剂合成过程可随意调控各基团的数量。经实验室初步评价，在 60℃15%盐酸溶液中，0.8%质量分数的聚合咪唑啉缓蚀剂可使 N80 钢的腐蚀速率降为 0.6g/（$m^2·h$），优于 SY/T 5405 标准中的一级品指标。

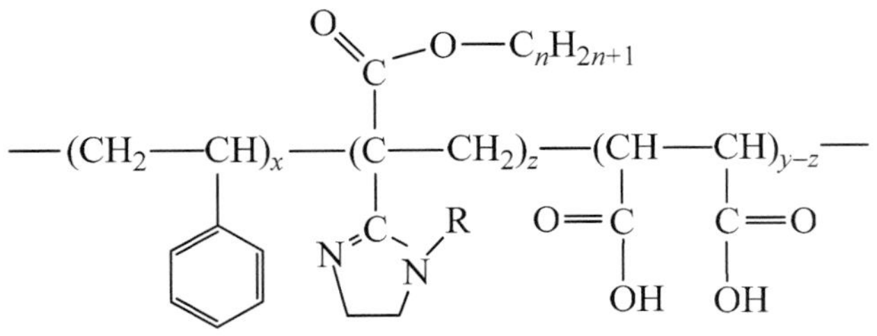

图 6-3　聚合咪唑啉缓蚀剂结构式

3）油田污水缓蚀剂

几乎所有的油田都采用注水开发方式。油田污水水质复杂，有害成分（如溶解氧、Cl^-、H_2S、CO_2、细菌等）含量高，在油田污水处理和回注过程中均会对设备及管线造成严重腐蚀。

油田污水系统应用缓蚀剂始于 20 世纪 50 年代，初期曾沿用化工厂循环冷却水系统的无机缓蚀剂来处理油田污水，以达到防腐蚀的目的。但无机缓蚀剂用于处理像油田回注这样大量的、非循环的含氧水是不经济的，因此人们倾向于应用有机缓蚀剂或使用有机与无机混合缓蚀剂。目前油田污水缓蚀的主要技术路线为：由开式系统改为闭式系统，使注水中氧含量降至 0.02～0.05mg/L，这样就使油田污水的腐蚀类型从主要是氧腐蚀环境转化为弱酸性的腐蚀环境（主要是 H_2S 和 CO_2 等腐蚀），然后再使用有机缓蚀剂进行防腐。

油田水系统使用的有机缓蚀剂主要类型有：季铵盐类、咪唑磷酸胺类、脂肪胺类、酰胺衍生物类、吡啶衍生物类、胺类和非离子表面活性剂复合物等。对油田注水系统缓蚀效果较好的是季铵盐类和咪唑啉类缓蚀剂，因为这类化合物通常还具有较好的分散性，可以防止一些沉积物对地层的堵塞。椰子油酰胺的乙酸盐对油田注水也有较好的效果，它具有缓蚀和杀菌的双重作用。椰子二胺及它的己二酸盐也有同样的效果，并且在含有相当浓度的溶解氧中仍然有效。油田污水及注水系统常用的商品缓蚀剂主要有：CT2-7、CT2-10、HS-13、SH-13、SH-1、WP、NJ-304、PTX-4、PTX-CS、WT-305-2、4502、苯并三唑等。

根据化学成分可将油田污水系统缓蚀剂分为无机缓蚀剂和有机缓蚀剂。

（1）无机缓蚀剂。

无机缓蚀剂早已应用于油气田污水系统金属的防腐，但近年来，由于环境保护的原因，许多无机缓蚀剂如亚硝酸盐、铬酸盐、磷酸盐及砷化物等，因其毒性和污染而受到严格限制，为了寻找新的替代品，研究人员发现钼酸钠、钨酸钠、硅酸钠、四硼酸钠等均具有较好的缓蚀性能[109]。

钨酸钠（Na_2WO_4）：钨酸钠属于成膜型缓蚀剂，WO_4^{2-} 首先在碳钢表面吸附，而后与 Fe^{3+}发生反应，在阳极区形成阻碍 Fe^{2+}扩散的钝化膜，从而起到缓蚀作用。

此外，Na_2WO_4浓度的增大有利于改善表面钝化膜的性能，使钝化膜更加致密。

钨酸钠几乎无毒，含少量钨酸钠的冷却水对生物不会造成污染，也不引起微生物滋生，属环境友好的缓蚀剂，且它对许多金属及其合金都有保护作用[110]。我国钨矿储量丰富，这些都为钨酸盐的广泛使用提供了条件。

钼酸钠（Na_2MoO_4）：钼酸钠属于阳极钝化型缓蚀剂，其缓蚀过程是MoO_4^{2-}与Fe^{2+}首先形成非保护性混合物，然后Fe^{2+}被水中溶解的氧氧化成Fe^{3+}，这时 Fe（Ⅱ）-钼酸盐络合物就转化成不溶于中性或碱性水溶液的钼酸高铁，最终钢铁表面为钼酸高铁所覆盖，形成保护膜。MoO_4^{2-}吸附在水合氧化铁膜上，扩大了阳极钝化区电位范围，使维钝电流密度减小，诱发小孔再钝化，提高了抗孔蚀性。这种膜的作用在于阻止 Fe^{2+}、Fe^{3+}通过膜向溶液扩散，同时也阻止了腐蚀介质向金属表面的迁移，从而抑制了金属的腐蚀[109]。

钼酸钠属于水溶性缓蚀剂，低毒、无公害，不引起微生物滋生，适用于高温、高 pH，且在软水、硬水、吹气或脱气的系统中都有缓蚀效果[110]，它通常被用于钢铁防腐，对铜、铝、镉、银和锌也有一定的缓蚀作用，与那些不可逆反应的缓蚀剂不同，它在抑制腐蚀过程中本身消耗并不多[111]，它们作为主组分与其他物质复配能起到很好的缓蚀效果。

（2）有机缓蚀剂。

现已普遍认为[112]，有机缓蚀剂通过物理和化学吸附，在钢铁表面形成一层连续或不连续的吸附膜，利用缓蚀剂分子与溶液中某些氧化剂反应形成的空间位阻，减少了金属表面 H^+浓度，从而降低电极反应活性或改变双电层结构而影响电化学反应的动力学，使腐蚀速率显著降低。

油气田污水系统常用的有机缓蚀剂有咪唑啉、十八胺、十二烷基二甲基苄基氯化铵、吗啉（1，4-氧氮杂环己烷、吗啡啉）、磷酸酯、哌嗪（piperazine，$C_4H_{10}N_2$，别名二氮己环、六氢吡嗪、胡椒嗪）、苯并三唑（BTA）、月桂酰基肌氨酸钠、油酰基肌氨酸钠等。现将部分商品化的油气田污水缓蚀剂列于表 6-2 中。

表 6-2　油气田常用的商品污水缓蚀剂[113]

型号	主要成分	应用	研制生产单位
805 号缓蚀阻垢剂	钼酸钠、HEDP、磷酸三钠、苯并三氮唑	兼阻垢作用，用量 8～10mg/L，缓蚀率 60%～75%	胜利油田滨南采油指挥部
SL-1 缓蚀剂	有机胺聚氧乙烯醚、六偏磷酸钠	用量 15mg/L	胜利油田设计院
CT2-7，CT2-10	$C_{18\sim20}$直链脂肪酸有机胺盐、有机胺、酰胺、表面活性剂、溶剂	开放系统 15～20mg/L；密闭系统 10～15mg/L	四川石油管理局天然气研究所
CL-1	两种咪唑啉化合物、联氨	用量 15～30mg/L，平均缓蚀率＞90%	胜利油田纯梁采油厂，华中理工大学

续表

型号	主要成分	应用	研制生产单位
KW-204	有机胺	应用于 CO_2、H_2S 污水	中原油田规划设计研究院，江苏武进横山水质助剂厂
SL-2B	咪唑啉硫代磷酸酯		中国石油天然气总公司胜利设计院
AM-C_{42}	棉籽油脚脂肪酸、有机胺、不饱和脂肪酸、卤代脂肪酸	用量 10mg/L，平均腐蚀速率由 0.12mm/a 降至 0.0039mm/a	胜利石油管理局技术检测中心，德州市工科所试验助剂厂
SD-815	咪唑啉衍生物、有机胺	应用于含 CO_2、H_2S 污水，用量 50mg/L	陕西省石油化工研究设计院
IMC-80-N	炔氧甲基胺及其衍生化合物	80～100mg/L	中国科学院金属研究所
IMC-30-G	多元醇磷酸酯	75～100mg/L	中国科学院金属研究所

4）酸洗缓蚀剂

结垢和金属表面的污泥沉积是油田生产中普遍存在的问题，生产中通常采用机械和化学方法处理。对污水管线、注水管线和锅炉等采用化学清洗，能大大节约人力、物力和时间，其在油气田中已广泛应用。但是，为了防止酸洗过程中金属被强酸腐蚀，必须根据条件选用相应的高效酸洗缓蚀剂。表 6-3 列出了部分国产酸洗缓蚀剂所适用的酸种和金属，可供参考。

表 6-3　部分国产酸洗缓蚀剂[114]

缓蚀剂名称	主要成分	适用酸种	适用范围
天津若丁（五四若丁）	二邻甲苯硫脲、食盐、糊精、皂角粉	硫酸、盐酸	黑色金属
天津若丁（新）	二邻甲苯硫脲、食盐、淀粉、平平加	盐酸	黑色金属、黄铜
沈 1-D	苯胺与甲醛缩合物	盐酸	黑色金属
兰-5	苯胺、乌洛托品、硫氰化钾	硝酸	碳钢、铜及其合金、碳钢-不锈钢焊缝
兰-826	多种缓蚀剂复配	硝酸、盐酸、氢氟酸、柠檬酸	碳钢、合金钢、铜、铝
SH-416	吡唑酮衍生物	氢氟酸、盐酸	锅炉酸洗
SH-707	咪唑类化合物	盐酸	20#碳钢及其他碳钢
SS-811	咪唑衍生物	盐酸	锅炉及碳钢设备
柠檬酸酸洗缓蚀剂 1 号	吡唑酮衍生物和咪唑酮衍生物	柠檬酸	锅炉、20#碳钢、12CrMoV
云南工业硝酸除垢缓蚀剂	硫代硫酸钠、尿素、乌洛托品	硝酸	钢铁、黄铜、不锈钢
氢氟酸酸洗缓蚀剂	α-硫醇基苯并噻唑、平平加等	氢氟酸	锅炉及配管

续表

缓蚀剂名称	主要成分	适用酸种	适用范围
7701	4-甲基吡啶釜残、氯化苄、匀染剂 102、乙醇	盐酸	锅炉酸洗
7801	酮醛胺缩合物、丙炔醇、表面活性剂、乙醇	盐酸	锅炉酸洗

6.1.8　油气田缓蚀剂的评价与筛选

由于运行环境的复杂性以及使用条件的针对性，对在油气田体系中实际使用中的缓蚀剂，使用前要对缓蚀剂既要进行实验室评价，也要现场评估其缓蚀效果，否则可能引起缓蚀性能失效。

虽然油气田使用缓蚀剂工艺已经很成熟，但是缓蚀剂种类繁多，缓蚀机理复杂，缓蚀剂的使用具有很强的针对性，对一个油田好用的缓蚀剂可能对另一个油田没有作用，这就需要对油气田使用的缓蚀剂进行科学筛选与评价。目前还没有先例将油气田设备的使用环境与缓蚀剂使用的有效性联系起来进行缓蚀剂的筛选，也没有一个统一的理论或方法将缓蚀剂的使用环境与其分子结构或缓蚀率相关联，目前在油气田使用的缓蚀剂主要还是依靠大量的试验筛选工作来完成。如何在众多的缓蚀剂中筛选出适合不同油气田环境、不同生产环节的高效缓蚀剂是一项很复杂、艰巨的任务，也是各大油气田非常重视的问题。

缓蚀剂的缓蚀效果不仅与缓蚀剂的性质有关，还与油气田的工况条件有很大的关系，因此缓蚀剂的筛选与使用，必须模拟油气田实际工况条件对各种缓蚀剂进行严格的筛选和评价，以便筛选出合适的缓蚀剂。

缓蚀剂控制腐蚀的有效性，首先取决于选择缓蚀剂品种的针对性，对于油田应用的缓蚀剂应根据引起腐蚀的原因，评价出有显著抑制效果的配方。其次，应用缓蚀剂控制腐蚀还必须遵循严格的注入管理，按照剂量要求和注入规范，严格执行，确保缓蚀剂的有效浓度，这样才能收到良好的防护效果。

一般来说，油气田缓蚀剂的筛选与评价应遵循如下程序：现场调研、室内筛选与评价、缓蚀剂放大样试验、现场试验四个步骤。

1. 现场调研

为减少缓蚀剂筛选的盲目性及提高缓蚀剂筛选的效率，在筛选缓蚀剂前十分有必要对适合于现场环境的缓蚀剂选型有一个明确的认识，以便筛选出适合油田现场使用的缓蚀剂，这对保障油田的安全生产具有重要的指导意义。

油气田生产可分采油、集输、处理、储运、回灌等不同生产环节，根据生产工艺、生产介质的不同，不同的生产环节具有不同的腐蚀主控因素。因此，缓蚀剂筛选前应先充分对油气田进行现场调研，旨在了解油气田基础数据，如油、气、水开发数据及水分析数据、生产温度、压力、流速，是否有O_2混入，设备管线条件及尺寸，何处可以加入缓蚀剂等基本信息，由此分析油田腐蚀现状，总结腐蚀规律，确定影响腐蚀的主要因素，对腐蚀环境进行归类总结，收集适应腐蚀环境下对应生产单元的基础技术资料，并提供该资料给拟参选的缓蚀剂厂商，厂商根据技术资料自行筛选并提供待参选的缓蚀剂小样。

影响缓蚀剂性能的因素有生产运行参数，如温度、压力、气油比（GOR）、水油比（WOR）、流速、腐蚀性介质（如H_2S、CO_2、O_2等）、细菌（如TGB、SRB等）、pH以及其他药剂（如破乳剂、杀菌剂、阻垢剂等）使用情况。不同单元的缓蚀剂评价应在所有影响缓蚀剂性能的条件下进行，根据生产工艺不同，各单元技术资料参数应有所侧重，详情见表6-4。

表6-4　油田各工作单元技术资料数据表[115]

系统	温度	压力	气油比	水油比	流速	H_2S分压	CO_2分压	水型	O_2	硫	TGB	SRB	pH
1	√	√	√	√	√	√	√	√	*	√	*	*	√
2	√	√	√	√	√	√	√	√	*	√	*	*	√
3	√	√			√	√	√		*				
4	√	√						√	√	√	√	√	√

注：表中“1”为油井及含水原油集输系统；“2”为凝析气井及油气水混输系统；“3”为湿气输送系统；“4”为油田污水处理与输送及回注系统；“√”为应提供的项目，“*”为宜提供的项目。

2. 室内筛选与评价

1）缓蚀剂筛选与评价的一般条件

缓蚀剂室内性能评价必须根据不同生产系统有针对性地开展，同一系统用缓蚀剂必须在同一现场工况条件、试验浓度、评价方法、评价周期和评价装置下进行。

缓蚀剂评价工况条件应按表6-4的要求而定，试验用水最好采用现场水，也可采用与现场水水型一致的配制模拟水，试验材质应采用与现场金属相同的成分、制作工艺的材质。

缓蚀剂筛选评价方法主要有挂片失重法和电化学法，建议优选失重法。失重法又可分为静态失重法和动态失重法两种，一般可先采用静态失重法初选，再采用动态失重法复选，也可直接采用动态失重法。

常用的缓蚀剂评价试验装置有：高温高压反应釜、高温高压旋转箱、转轮、转笼、环流测试装置、潮湿箱、喷射冲击装置、电化学工作站等。对于动态评价，因井筒内压力高、温度高，井筒用缓蚀剂可选用高温高压动态评价釜，地面集输和污水处理系统压力和温度较低，可选用转轮、转笼等装置评价。

评价周期可执行 SY/T5273—2014 标准要求，静态评价为 7d，动态评价为 3d。

需要说明的是，筛选缓蚀剂的试验条件应尽量符合现场实际操作条件，但是现场的介质条件经常改变，不论怎样努力，在实验室里总是创造不出和现场完全一样的条件，所以筛选结果不能保证与现场应用结果完全吻合。因此，不可以把筛选结果看作是最后的结果，评定缓蚀剂的效果最终还要根据现场的使用情况来决定。

2）缓蚀剂室内筛选与评价内容

参考 SY/T 5273—2014《油田采出水处理用缓蚀剂性能指标及评价方法》及 SY/T 5405—1996《酸化用缓蚀剂性能试验方法及评价指标》等相应标准，对缓蚀剂生产厂家提供的缓蚀剂样品的各项指标进行严格的实验室筛选与评价。室内评价内容包括：物化性能、配伍性能和防腐性能。

（1）物化性能评价。

缓蚀剂物化性能决定了其在油田应用的适应性，是缓蚀剂的一项重要性能指标，同时，物化性能评价往往简单而快速，这也符合缓蚀剂评选程序制订的基本原则，因此，缓蚀剂性能评价试验由物化性能评价开始[116]。根据 SY/T 5273—2014《油田采出水处理用缓蚀剂性能指标及评价方法》标准要求，缓蚀剂物化性能评价应包含外观、密度、pH、倾点、开口闪点、凝点、水中溶解性、乳化倾向等指标。

（2）配伍性能评价。

缓蚀剂的配伍性即缓蚀剂与油田生产体系各方面的匹配性能，评价时参考 SY/T 5273—2014 标准。它主要包括三方面内容：首先，评价缓蚀剂与其他化学药剂的配伍性，如与防垢剂、杀菌剂、水合物抑制剂、起泡剂、降黏剂、破乳剂等化学药剂的相互作用。要求缓蚀剂对其他药剂的性能不降低，其他药剂对缓蚀剂的防腐性能也不降低，一般可要求变化率不超过±（3%～5%）。缓蚀剂与其他化学药剂的配伍性是重点测试项目。其次，评价缓蚀剂与加注设备、油气生产设施材质的配伍性，特别是与非金属材料的配伍性，如是否引起橡胶密封圈的膨胀和强度降低，是否引起防腐胶带机械性能降低等。最后，评价缓蚀剂与油气水生产介质的配伍性，如缓蚀剂污染原油、缓蚀剂降解成垢等。

由此可见，在筛选缓蚀剂的时候，必须做全面的兼容性试验，以防止不同的化学药剂之间相互作用而降低功能。与此相反，建议在整个油水系统中（主干管线和分支管线）仅仅使用一种缓蚀剂。

（3）防腐性能评价。

当供选择的缓蚀剂较多时，防腐性能评价应包括初选评价和强化条件评价[117, 118]。

初选评价应具有简单、快速、低成本、结果明确等特点，一般在温和条件下进行静态挂片评价即可。在候选缓蚀剂很少时，也可直接进行强化条件下的腐蚀评价。强化条件下的腐蚀评价必须考虑高流速、温度、压力和酸性介质等因素，具体内容见表 6-4。根据 SY/T 5273—2014 标准要求，缓蚀率大于 70%视为合格，各油气田也可根据自身特点提高标准。

根据长期油气田缓蚀剂的筛选经验，室内油气田缓蚀剂筛选必须注意以下三点：

i）自配复合盐水，必须与油田污水成分相近，尤其是矿化度、Cl^-含量和 pH 这三项一定要与油田污水成分相近。

ii）室内油田污水缓蚀剂筛选要考虑介质中的溶解性气体，如果筛选过程没有考虑在实际系统中溶解的气体（CO_2、H_2S），这样得到的腐蚀速率比考虑到溶解气体（CO_2、H_2S）的腐蚀速率低，且不能判定缓蚀剂对这些气体引起的腐蚀的控制性能。

iii）尽管 SY/T 5273—2014 标准要求缓蚀效率大于 70%视为合格，但缓蚀效率是一个相对值，它只是表示添加物对原腐蚀介质的腐蚀性控制的相对程度，并不能表明实际控制到的腐蚀水准。而对于实际工业体系，真正关心的是实际控制到的腐蚀水准，只要把腐蚀速率控制在设计水平以内就被认可，并不需要知道相对腐蚀减少了多少。实际上对多种缓蚀剂的筛选用缓蚀率排序和用腐蚀速率排序是一样的。

3. 缓蚀剂放大样试验

缓蚀剂室内筛选合格后，并不能直接批量进入油气田工业应用，因为实验室内很难模拟真实现场的实际情况，所以，还应进行缓蚀剂放大样试验，大样试验合格后方能进入工业应用。油气田管理部门可结合生产实际情况，对室内筛选评价合格的、较好的缓蚀剂进行工业放大样试验。进入工业放大样试验的产品必须进行性能评价，与小样评价性能的符合率达到 90%以上方可进行现场加注。

适合同种工况条件下（井筒、集输系统、污水处理系统等）的不同缓蚀剂的工业放大样试验必须在相同试验周期、试验浓度、评价方法下进行。试验周期应不少于 30d，推荐 90～180d（取 3～6 次腐蚀监测数据求平均值）；井筒、集输系统用缓蚀剂的试验浓度可为 100ppm 或更低，污水处理系统可为 50ppm 或更低；评价方法应以现场挂片失重法为准，电化学评价数据仅作为参考。

此外，为了及时了解缓蚀剂对设备的缓蚀性能，现场条件下最好采用挂片失重法和线性极化探针法对缓蚀剂性能做实时（real time）和在线（on-line）监测，详情参考第 5 章有关内容。

6.1.9　缓蚀率

缓蚀剂防腐性能通常用缓蚀率（η）表征，缓蚀率越大，防腐性能越好。缓蚀率的数学表达式如下

$$\eta = \frac{r_0 - r_{\text{inh}}}{r_0} \times 100\% \qquad (6\text{-}1)$$

式中：r_0 为无缓蚀剂时的腐蚀速率；r_{inh} 为有缓蚀剂条件下的腐蚀速率。缓蚀率等于 100%，表明缓蚀剂能达到完全保护；缓蚀率达到 90%以上的缓蚀剂为良好的缓蚀剂；若缓蚀率为零，则表示缓蚀剂无防腐性能。一般来说，缓蚀率大于 70%的缓蚀剂视为合格的缓蚀剂，实际推荐的缓蚀剂的缓蚀率宜在 80%～99%之间。

缓蚀率是一个相对值，它表示使用缓蚀剂前后腐蚀速率变化的相对程度。它的数值取决于两个腐蚀速率，一个是没加缓蚀剂时的腐蚀速率，另一个是加缓蚀剂后的腐蚀速率。如果仅仅使用缓蚀率这一指标来判定腐蚀程度，就会出现两个问题：一是这一指标直接受空白腐蚀速率大小的影响，也就是相同的缓蚀率不一定代表相同的腐蚀速率，因为空白腐蚀速率经常是不相同的，有时同一方法在不同实验室测量得到的腐蚀速率就有明显的差异；二是缓蚀率不直接表明腐蚀的程度，所以，选择缓蚀剂时不仅要考察缓蚀率，也要参考腐蚀速率。

缓蚀率是缓蚀剂浓度的函数，即在一定环境中应有一最佳的缓蚀剂浓度。这个数值常用来确定腐蚀的严重程度和后续的腐蚀限度。当然，系统的缓蚀率还受到分散机制的影响，例如，缓蚀率在仅存在水时的测量值和存在油/水混合时的测量值是不同的。

需要说明的是，许多情况下金属表面常产生孔蚀、晶间腐蚀和选择性腐蚀等非全面腐蚀。此时，评定缓蚀剂的有效性，除测量缓蚀率以外，还需辅以其他设备如电子显微镜观察金属表面的非全面腐蚀程度等。

6.1.10　实验室内缓蚀率的测试

缓蚀剂的缓蚀率实质上就是评价缓蚀剂在一定环境中的腐蚀速率，所以，缓蚀率的测试实际上就是金属腐蚀速率的测试。腐蚀速率测量的准确性对缓蚀率的计算具有重要的影响。实验室中评价缓蚀剂的方法主要有重量法、电化学法等。

1. 重量法

判断某一缓蚀剂的缓蚀性能最直观的方法就是将试样暴露一定时间之后，测量试样质量的变化，求出其腐蚀速率，这就是挂片法的试验基础。这种方法简单易行，准确性较高，而且在大多数情况下它还被认为是与其他方法进行比较的一种标准方法，因而使用很广泛。但是重量法也有一些局限性，例如，重量法试验周期比较长，而且测量的是在试验周期内的平均腐蚀速率，无法反映金属表面的局部腐蚀或点蚀情况，也不能及时反映腐蚀的状况。所以重量法只适用于全面腐蚀，对于有选择性的局部腐蚀则毫无意义。另外试验结果受试样的制备、环境介质、试验操作等许多因素的影响。尽管这种方法有一定的局限性，但仍是一种有价值的方法，而且当腐蚀行为的进程不大可能变化，因而其响应快慢不重要时，重量法仍是一种可靠的基本方法。除重量法外，也有研究人员采用量气法测量金属腐蚀速率[119]。

为了便于对比，缓蚀剂的筛选应该采用同一方法进行，但不论重量法还是电化学法均要模拟油气田现场条件，模拟的条件包括试验介质、试验材料、腐蚀气体、温度、压力、pH、流速等，因此筛选试验宜在反应釜内进行。挂片试验后，应该小心检查试样，在清洗和称量之前完整地记录腐蚀产物的状态。所有积聚的腐蚀产物和杂质都应该清除干净，可以用机械方法擦洗、刮净，也可以用化学方法在溶剂中洗涤。若不能除干净，会产生误差。根据失重数据和原始面积以及被试验金属的密度，按式（6-2）确定金属的腐蚀速率。

$$r_{\mathrm{corr}}=\frac{8.76\times10^{4}\times(m_0-m_t)}{S\cdot t\cdot\rho} \tag{6-2}$$

式中：r_{corr} 为全面腐蚀速率（mm/a）；m_0 为试验前试片质量（g）；m_t 为试验后试片质量（g）；S 为试片总面积（cm^2）；ρ 为试片材料密度（$\mathrm{g/cm}^3$），钢铁材料的密度为 $7.85\mathrm{g/cm}^3$；t 为试验时间（h）。

重量法不仅可以测量缓蚀率，还可以借助其他工具如点蚀测深仪测量最深的点蚀深度，并按式（6-3）计算点蚀速率。

$$r_t=\frac{8.76\times10^{3}\times h_t}{t} \tag{6-3}$$

式中：r_t 为点蚀速率（mm/a）；h_t 为试验后试片表面最深点蚀深度（mm）；t 为试验时间（h）。

此外，借助电子显微镜还可以检查试样表面是否存在孔蚀、晶间腐蚀、应力腐蚀等局部腐蚀。

在试验过程中应定期测定与腐蚀过程有关的参数，如 pH、氧浓度、缓蚀剂浓度等，虽不能直接得出腐蚀速率，但能得到有关腐蚀过程的情况。另外一些分析技术如光谱测定、工艺物料和腐蚀产物的 X 射线荧光特性测定以及特殊的离子选择性电极等，在腐蚀监测中的应用与腐蚀产物有关，并且牵涉对测量结果与设备腐蚀过程之间关系所做的假设。例如，在添加缓蚀剂前后介质含铁量的分析，可以直接测出腐蚀速率的变化以及缓蚀剂的保护效率等。在合适的环境中，这类方法非常有价值。

根据金属试样在介质中运动与否，重量法还可分为静态试验法和动态试验法。动态试验法比静态试验法更接近于现场的实际，两者所测出的都是金属腐蚀速率的平均值。

1）静态试验法

这一方法的特点是：腐蚀介质和试样静止，并用试件的失重来鉴定缓蚀率。该方法操作简单，但是它存在缺点，如钢铁在 H_2S 环境中腐蚀时，试件表面会生成硫化铁膜，该膜在不同的 H_2S 分压条件下具有不同的保护能力，在静态下该膜能减缓腐蚀速率。而现场中的介质均为运动的，所以，静态试验法不能真实反映现场实际情况。

2）动态试验法

动态试验法的特点是试件与腐蚀介质保持相对运动。相对运动方式主要有：试样旋转、溶液循环流动等。目前筛选缓蚀剂的动态试验方法多使用高温高压釜，可以根据具体的要求专门设计、制作。例如在筛选油、气井缓蚀剂时，可以使用气液双相反应釜（叠式釜）[120]，气液双相反应釜结构如图 6-4 所示。它是由两个釜体叠合在一起组成的，上下釜体的温度和旋转速率可以分别控制，上釜模拟油气井的气相环境，下釜模拟相应的液相环境，可以根据现场的实际工矿条件模拟现场的真实油气生产环境。所以，动态试验法是目前最能反映现场实际情况的缓蚀剂筛选方法。

2. 电化学法

金属在油气田腐蚀介质中的腐蚀是电化学反应，主要由腐蚀的阴极过程控制[1]。因此缓蚀剂的作用实质上就是阴、阳极过程发生阻滞，从而使腐蚀速率减慢的过程。电化学法不仅可以测试腐蚀速率，计算缓蚀率，还能根据加入缓蚀剂前后腐蚀电位和极化曲线的形状的改变，确定缓蚀剂的类型。

1）Tafel 极化曲线外延法

对于在较宽电位范围内电极过程服从 Tafel 关系式的腐蚀体系来说，测定极化曲线是一种很有用的筛选与评价缓蚀剂的方法。在 Tafel 极化区，将阴极、阳极极化曲线的 Tafel 线性区外推得到的交点所对应的横坐标即为腐蚀电流密度，即腐蚀速率，腐蚀速率按式（6-4）计算，然后再按式（6-1）计算缓蚀率。

$$r_c = \frac{8.76 \times 10^4 \times i_c \times M}{n \cdot F \cdot \rho} \tag{6-4}$$

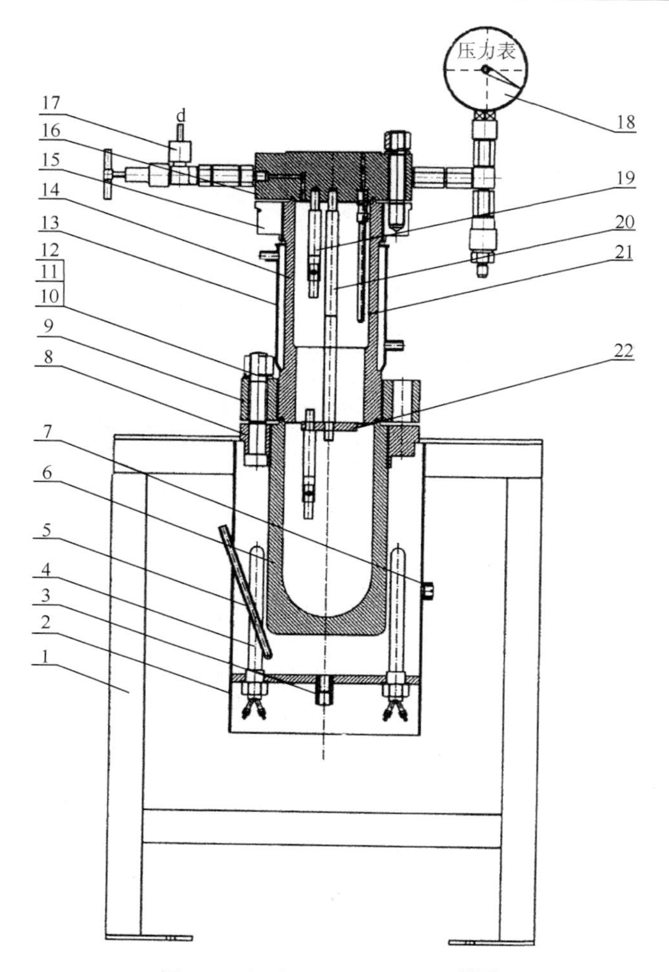

图 6-4　气液双相反应釜结构[120]

1. 支架；2. 加热油槽；3. 排油口；4. 电加热棒；5. 夹套测温管；6. 下釜体；7. 测油口；8. 液相法兰；9. 连接法兰；10. 螺栓；11. 螺母；12. 垫圈；13. 夹套；14. 上釜体；15. 气相法兰；16. 釜盖；17. 气液相阀；18. 压力表；19. 吊挂；20. 吊挂盘支杆；21. 釜内测温组件；22. 吊挂盘

式中：r_c 为腐蚀速率（mm/a）；i_c 为腐蚀电流密度（A/cm^2）；F 为法拉第常数，26.8A·h/mol；M 为研究电极材质的摩尔质量（g/mol）；ρ 为研究电极材质的密度（g/cm^3）；n 为研究电极材质的失电子数。

为了真实地模拟油气田现场高温、高压的腐蚀环境，电化学法筛选与评价缓蚀剂最好在反应釜中进行[121]，试验装置如图 6-5 所示。装置包括高温高压反应釜、电化学工作站、气体钢瓶等。电化学测试采用三电极体系：研究电极、参比电极和辅助电极。研究电极的工作面积为 $1cm^2$，电位扫描幅度为 $E_c \pm 150mV$，扫描速率通常设置为 0.166mV/s。待腐蚀电位达到稳定后（5min 内 E_c 波动不超过 $\pm 1mV$），

在 N_2 保护条件下测量有无缓蚀剂条件下的极化曲线。

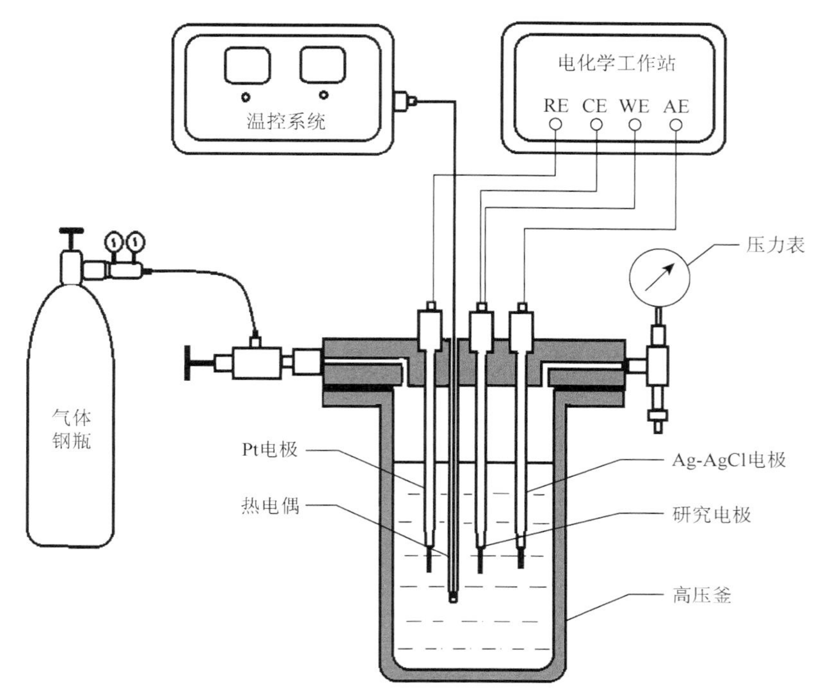

图 6-5　电化学法筛选与评价缓蚀剂试验装置[121]

试验时对腐蚀体系进行 Tafel 极化，可得到相应的 Tafel 极化曲线。分别作阴极、阳极的极化曲线反向延长线，极化曲线的交点分别对应于腐蚀电位 E_c 和腐蚀电流密度 i_c，如图 6-6 所示。由 Tafel 直线分别求出 b_a 和 b_c。这就是极化曲线外延法或称 Tafel 外延法[1]。

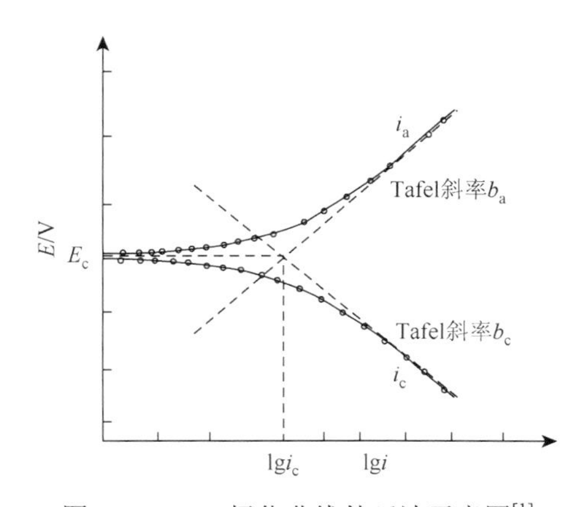

图 6-6　Tafel 极化曲线外延法示意图[1]

根据测试的极化曲线形状和腐蚀电位，可以判断缓蚀剂的类型，从而确定缓蚀剂是阴极型、阳极型还是混合型。缓蚀剂对电极过程的作用如图 6-7 所示[122]。图中 4、4′分别为无缓蚀剂时测得的阳极极化曲线和阴极极化曲线，由于加入了 1 号缓蚀剂，得到研究电极的阳极极化曲线 1 和阴极极化曲线 1′，腐蚀电位由 E_{c4} 负移到 E_{c1}（假设腐蚀电位负移＞30mV），腐蚀电流由 i_{c4} 降低到 i_{c1}，同时阴极极化曲线的斜率 b_c 增大，而阳极极化曲线斜率 b_a 基本不变，则 1 号缓蚀剂阻滞了阴极过程；2 号缓蚀剂的加入引起对应的极化曲线的变化情况与 1 号缓蚀剂正好相反，腐蚀电位由 E_{c4} 正移到 E_{c2}（假设腐蚀电位正移＞30mV），腐蚀电流由 i_{c4} 降低到 i_{c2}，同时阴极极化曲线的斜率 b_c 基本不变，而阳极极化曲线斜率 b_a 增大，则 2 号缓蚀剂阻滞了阳极过程；3 号缓蚀剂的加入使阴、阳极极化曲线的斜率 b_c、b_a 均增大，腐蚀电流密度明显降低，但腐蚀电位变化不大（在±30mV 之内波动），则 3 号缓蚀剂同时阻滞了阴极过程和阳极过程。由此可以判断，1 号缓蚀剂是阴极型缓蚀剂，2 号缓蚀剂是阳极型缓蚀剂，3 号缓蚀剂是混合型缓蚀剂。

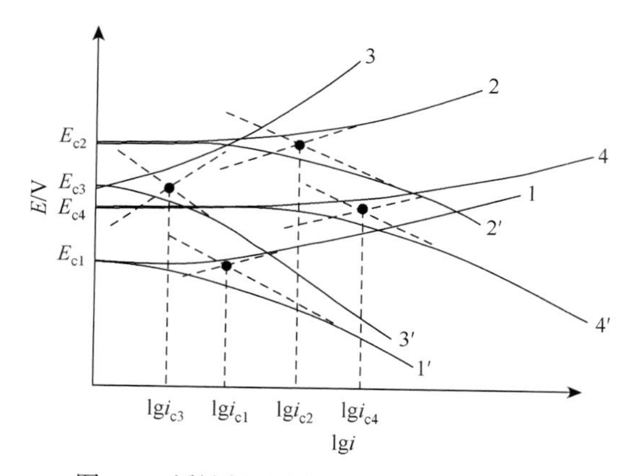

图 6-7　缓蚀剂对电极过程作用示意图[122]

2）极化电阻法[1]

活化极化控制的腐蚀金属在极化曲线上腐蚀电位 E_c 附近（通常 $\Delta E \leqslant \pm 10\text{mV}$）存在一段近似线性区，在此区间极化电流与电极电位符合 Stern-Geary 方程式，该方程式又称线性极化方程式，即

$$i_c = \frac{B}{R_p} \tag{6-5}$$

用线性极化方程式（6-5）即可求得腐蚀电流 i_c，此技术称为极化电阻技术。R_p 为线性极化电阻，符合式（6-6）

$$R_p = \frac{b_a b_c}{2.3(b_a + b_c) i_c} \tag{6-6}$$

式中：R_p 为极化电阻（Ω）；b_a 为阳极反应的 Tafel 斜率；b_c 为阴极反应的 Tafel 斜率。

以腐蚀金属电极的极化值 ΔE 为纵坐标，以极化电流密度 i 为横坐标作图，过曲线上 O 点作切线，切线的斜率即为 R_p，如图 6-8 所示。

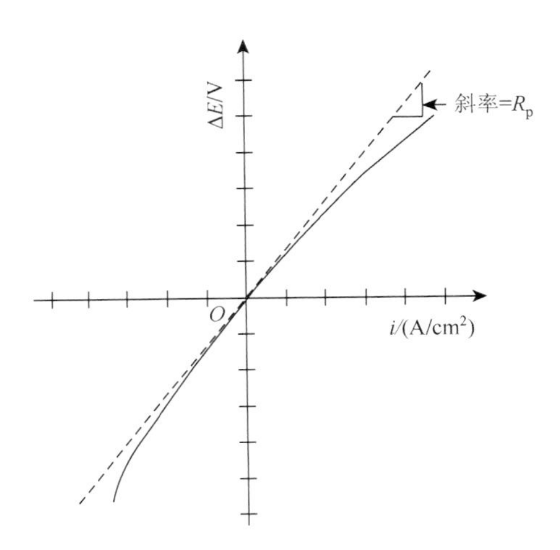

图 6-8　线性极化曲线示意图[1]

近年来，也有学者采用恒电量法对缓蚀剂性能进行评价。在研究的众多电化学方法中，对于酸性缓蚀剂来说，恒电量法的优势明显，恒电量法不仅能迅速测得 R_p、C_d 值，而且可以获得 Stern-Geary 公式中的 B 值，直接计算实际状态下的腐蚀电流，能够更加直接、准确地评价酸性缓蚀剂。

恒电量测量技术最早由 G. Baker 提出，20 世纪 70 年代末由 K. Kanno 等引入腐蚀科学领域。他们用这一方法测定了金属的腐蚀速率。恒电量法的基本原理是将一已知的电荷注入电解池，对所研究的金属电极体系进行扰动，同时记录电极电位随时间的变化。对曲线分析可得到各电化学参数。在测量过程中因为没有电量通过被测体系，一般不受溶液介质阻力的影响，所以特别适于在高阻的腐蚀介质中应用，对那些电化学方法不能应用的高阻体系，它能进行快速而有效的应用，并提供定量数据，从而扩大了电化学方法的应用范围。尽管使用电化学法评价缓蚀剂简便、快速，但与重量法相比，电化学法测试数据误差大，重现性差。

随着电化学仪器的不断完善，经常采用交流阻抗技术研究缓蚀剂的性能。该法用小幅度正弦交流信号扰动电解池，并观察体系在稳态时对扰动的跟随情况，同时测量电极的阻抗。由于可将电极过程以电阻和电容网络组成的电化学等效电路来表示，因此交流阻抗技术实质上是研究 RC 电路在交流电作用下的特点和应用，这种方法对于研究金属的阳极溶解过程、测量腐蚀速率以及探讨缓蚀剂对金属腐蚀过程的影响有独特的优越性。根据研究体系的频响特征，对阻抗数据进行处理与分析，可推断电化学过程的性质及计算各表征参数的值。但阻抗谱的解析技术与交流阻抗测试技术相比，进展较缓慢，这主要是因为实际电极体系的阻抗谱较复杂，加之腐蚀电极过程机制的复杂性，造成阻抗谱参数解析困难。

3. 化学分析法

在金属腐蚀的研究中，常用化学分析法测定腐蚀介质的成分和浓度、缓蚀剂的含量或由金属试样的腐蚀产物来测定金属的腐蚀量等，以此探讨腐蚀机理和腐蚀过程的规律。

当金属的腐蚀产物完全溶解于介质中，就可以定量分析求得瞬间腐蚀速率，据此可以从一个试样测出腐蚀量与时间关系曲线。如果一直到腐蚀试验结束，才从试样上附着或沉积于溶液中的腐蚀产物中取样分析，这样求得的腐蚀速率只代表平均腐蚀速率。可以预测，化学分析既可以作为一种腐蚀的监控方法，也可以分析检测油气集输系统管线不同部位的缓蚀剂浓度，这对于保障油气田缓蚀剂的有效性和持久性都是非常重要的。

4. 磁阻法

磁阻法是一项金属腐蚀原位检测的新技术，其基本原理是测量密封在探针内部线圈的电感变化，灵敏地检测出由腐蚀或磨蚀造成的金属试样尺寸的细微变化。测试仪器是美国 Cortest 公司的 Microcor 腐蚀速率快速测试系统[123]，其测试介质可以是液相、气相、电解质、非电解质，也可以有悬浮物，且其响应时间比一般电阻探针快 2～3 个数量级。磁阻法可以测试金属材料在不同环境中的腐蚀速率，由此计算缓蚀剂的缓蚀率、吸附行为等[124, 125]，其在油气田缓蚀剂筛选与评价中得到了一定的应用[126, 127]。

6.1.11 影响缓蚀率的因素

影响缓蚀率的因素就是影响腐蚀速率的因素。影响缓蚀率的因素很多，除了缓蚀剂的组分、结构、介质的性质、金属的种类和表面状态诸因素外，还与缓蚀剂的浓度、使用温度和介质的流动等因素有关。

1. 浓度的影响

缓蚀剂浓度对金属腐蚀速率的影响大致有三种情况：

（1）缓蚀率随缓蚀剂浓度的增加而增加。例如在盐酸和硫酸中，缓蚀率随缓蚀剂若丁剂量的增加而增加。实际上很多有机及无机缓蚀剂，在酸性及浓度不大的中性介质中，都属于这种情况。但从节约原则出发，应以保护效果及减少缓蚀剂消耗量来确定实际剂量。

（2）缓蚀率与浓度的关系有极值，即在某一浓度时缓蚀效果最好，浓度过低或过高都会使缓蚀率降低，在这种情况下，缓蚀剂浓度不宜过量或不足。

（3）缓蚀剂用量不足，不但起不到缓蚀作用，反而会加速金属的腐蚀或引起孔蚀。例如亚硝酸钠在盐水中如果添加量不足时，腐蚀反而加速。试验证明，在海水中加的亚硝酸钠剂量不足时，碳钢腐蚀加快，而且产生孔蚀。这种情况下添加量太少是危险的。属于这类缓蚀剂的还有大部分的氧化剂，如铬酸盐、重铬酸盐、过氧化氢等。

对于需要长期采用缓蚀剂保护的设备，为了能形成良好的基础保护膜，首次缓蚀剂用量往往比正常操作时高 4～5 倍。对于陈旧设备采用缓蚀剂保护，剂量应适当增加，因为金属表面存在的垢层和氧化铁等常要额外消耗一定量的缓蚀剂。

2. 温度的影响

温度是影响缓蚀剂性能的重要指标之一。温度对缓蚀剂缓蚀性能的影响大致可以分成三种不同情况。

（1）温度升高，缓蚀率降低。这是由于温度升高时，缓蚀剂在金属表面难以形成完整的保护膜层，缓蚀剂的吸附作用明显降低，不能对管道内壁发挥有效的保护作用，因而使金属腐蚀加速。大多数有机和无机缓蚀剂都属于这一情况。应结合工况条件下的实际温度，有针对性地筛选高温条件下适用的缓蚀剂。

（2）在一定温度范围内缓蚀率不随温度升高而改变，但超过某温度时却使缓蚀效果显著降低。例如，苯甲酸钠在 20～80℃的水溶液中对碳钢腐蚀的抑制能力变化不大，但在沸水中，苯甲酸钠已经不能防止钢的腐蚀了。这可能是因为蒸汽的气泡破坏了铁与苯甲酸钠生成的络合物保护膜。用于中性水溶液和水中的不少缓蚀剂，其缓蚀率几乎是不随温度的升高而改变的。对于沉淀膜型缓蚀剂，一般也应在介质的沸点以下使用才会有较好的效果。

（3）缓蚀率随着温度的升高而增高。这可能是温度升高时，缓蚀剂可依靠化学吸附与金属表面结合，生成一层反应产物薄膜；或者是温度较高时，缓蚀剂易在金属表面生成一层类似钝化膜的膜层，从而降低腐蚀速率。因此，当介质温度较高时，这类缓蚀剂最有实用价值。属于这类缓蚀剂的有：硫酸溶液中的二苄硫、二苄亚砜、碘化物等，盐酸溶液中的含氮碱、某些生物碱等。

此外，温度对缓蚀率的影响有时是与缓蚀剂的水解等因素有关的。例如，温度升高会促进各种磷酸钠的水解，因而它们的缓蚀率一般均随温度的升高而降低。另外，由于介质温度对氧的溶解量有很大的影响，温度升高会使氧的溶解量明显减少，因而在一定程度上虽然可以降低阴极反应过程的速率，但当所用的缓蚀剂需由溶解氧参与形成钝化膜时（如苯甲酸钠等缓蚀剂），则温度升高时缓蚀率反而会降低。

3. 介质流动的影响

流动状态以各种方式影响着缓蚀剂的效果。这是因为缓蚀剂向管道表面的输送依赖于流动方式，而吸附/脱附过程同样会受到局部流动状态或流体对管壁剪切张力的影响。所以，腐蚀介质的流动状态，对缓蚀剂的使用效果有相当大的影响。

介质流动对缓蚀剂的影响大致有下面三种情况：

（1）流速增加时，缓蚀率提高。当缓蚀剂由于在介质中不能均匀分布而影响保护效果时，适当增加介质流速有利于缓蚀剂均匀地扩散到金属表面，形成保护膜而使缓蚀率提高。缓蚀剂在层流管路中的两个主要位置处的保护效果不是很好，一个是管路中的滞留区域（通常位于管道低端）和流动较慢的区域，另一个是在具有腐蚀性的凝聚水产生的部位（通常位于管路顶部）。在这种情况下，要设法使缓蚀剂向管道顶部蒸发。

（2）流速加快时，缓蚀率降低。有的缓蚀剂在静态条件下能够表现出较好的缓蚀效率，但在流动状态下的缓蚀性能却急剧下降；有的缓蚀剂在不同的流速条件下缓蚀率差异较大，甚至存在临界流速，一旦介质流速超过此临界值，缓蚀效率便明显降低。一些油气田的实践表明，介质流速过高或者流动状态不稳定（如湍流），都会使缓蚀剂膜受到破坏，导致缓蚀率下降。例如，当含 H_2S 的介质流速高于 10m/s 时，较高的流速使缓蚀剂起不到应有的缓蚀作用。这时最好把介质的流速控制在 10m/s 以下，或控制阀门处气体的流速低于 15m/s。但是，如果介质流速太低，也可造成管线、设备的底部积液，从而发生水线腐蚀、垢下腐蚀等局部腐蚀破坏。因此，通常规定介质的流速大于 3m/s。

（3）介质流速对缓蚀率的影响，在不同缓蚀剂浓度时会出现相反的变化。例如，采用六偏磷酸钠/氯化锌（4∶1）作循环冷却水的缓蚀剂时，缓蚀剂的浓度在 8mg/L 以上时，缓蚀率随介质流速的增加而提高；8mg/L 以下时，则缓蚀率变成随介质流速的增加而减小。

4. 腐蚀产物膜的影响

由于油气田缓蚀剂加入的滞后性，金属表面常常存在腐蚀产物膜，如 CO_2 腐蚀形成的 $FeCO_3$ 膜，或 H_2S 腐蚀形成的 FeS 膜等，这时缓蚀剂直接作用于腐蚀产物膜上而不是金属表面，缓蚀剂的性能也就受到腐蚀产物膜的结构与性能的影响，缓蚀剂能否在具有腐蚀产物膜的金属表面上继续发挥缓蚀作用就成为缓蚀剂研究的一个重要内容。以 CO_2 腐蚀环境中的缓蚀剂为例，通常，碳钢表面生成由 $FeCO_3$ 等组成的多孔性腐蚀产物沉淀膜。腐蚀产物膜的形成对缓蚀剂的防蚀性能有着显著的影响，同时，缓蚀剂对腐蚀产物膜的形成及其性质也有极大的影响[128, 129]。因此，不仅要研究缓蚀剂在金属表面上的吸附防蚀行为，也要探讨缓蚀剂与 $FeCO_3$ 等腐蚀产物沉淀膜之间的协同效应。现有的一些研究结果表明，尽管金属表面已经存在了腐蚀产物膜，但多数缓蚀剂还是能继续发挥其缓蚀作用[130, 131]。

6.1.12　油气田缓蚀剂的加注工艺

当筛选出了较理想的缓蚀剂后，就要考虑如何正确地把缓蚀剂加入到被保护的设备里，这是缓蚀剂使用中一项非常重要的工作。加入的方法应力求简单、方便，更重要的是能使缓蚀剂均匀地分布到被保护设备的各个部位上去。如果不合理地加注缓蚀剂，不仅不能发挥缓蚀剂对油气田设备的保护作用，而且还会影响到油气田的正常生产[132]。根据油气田设备的不同、井况的不同和缓蚀剂性能特点的不同，缓蚀剂的加注工艺会有所不同。根据油气田设备的不同，可分为油气井缓蚀剂加注工艺和集输管道缓蚀剂加注工艺；根据缓蚀剂加注方式的不同，可分为连续加注缓蚀剂工艺和一次性或周期性加注缓蚀剂工艺。

1. 油气井缓蚀剂加注工艺

1）封隔器滴加法

该方法是一次或间隔一定周期将缓蚀剂注入油套管环形空间封隔器之上，然后再慢慢滴加到井中，使缓蚀剂随气流沿油管流出，吸附在沿途管壁上形成保护膜，直接保护油套管。法国拉克气田普遍采用此法保护油套管[133]。一次性或周期性加注缓蚀剂一般采用车载高压泵注工艺，其流程如图 6-9 所示。

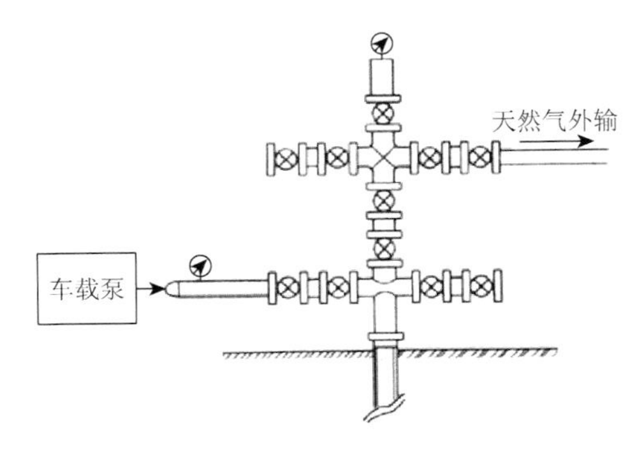

图 6-9　一次性或周期性加注缓蚀剂示意图

2）平衡罐滴加法

对于套管环形空间未加封隔器的井，采用平衡罐自流法注入。将缓蚀剂储罐和井内接通，使罐内压力和油气井压力平衡后，依靠缓蚀剂的自重，将缓蚀剂从油套管环形空间流入井底，通过采出的油、气流体，经过油管向上携带，如图 6-10 所示。这样就可以保护套管内壁、油管内外壁、井口管线和设备。

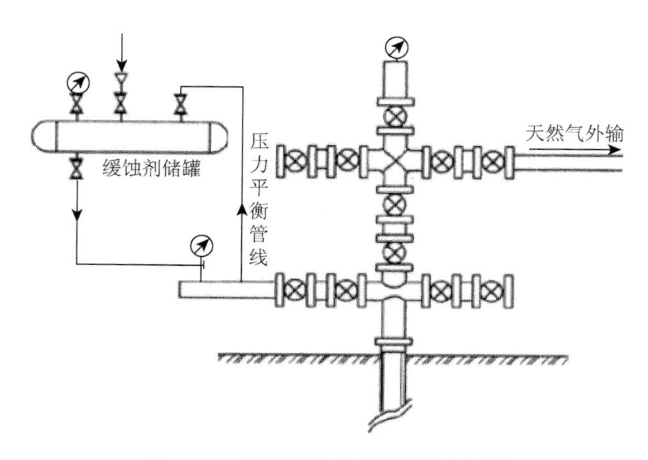

图 6-10　平衡罐加注缓蚀剂示意图

3）挤压法

将加有增重剂的液体或固体缓蚀剂，一次或多次成批挤压注入产气层中，使缓蚀剂被迫吸附于气层多孔的岩石中。在采气生产过程中，缓蚀剂不断脱附，并被产出气从井中一同带出。这种方法能够在一定时间内，使井下管串、工具和井口设备都得到保护，保证生产中长期稳定的缓蚀剂浓度，达到较为理想的保护效果。该法适用于产气量很大，含气较高，腐蚀较严重的气井，但其工艺较复杂，施工难度大，成本高。

2. 集输管道缓蚀剂加注工艺

输气管道缓蚀剂加注方式主要有注入、喷射及清管器式 3 种，不同加注方式对缓蚀剂预膜质量的影响不同[134]。

1）喷雾法

用泵或旁通高压气将缓蚀剂以雾状喷入管道内，喷雾嘴位于气体管道中心，使喷管按气体流动方向喷雾，用泵直接加压喷雾，或在紧靠喷嘴的管道前部安装一套节流孔板，气由高压孔板一侧流出，经过滤器到缓蚀罐顶部，然后进行喷雾。使缓蚀剂雾滴均匀分散于管道气流中，被气流带走，吸附于管道内壁上。此法使缓蚀剂喷成雾滴，增大接触面积，促进缓蚀剂在金属表面上吸附。雾滴的质量比液滴更小，更易被气流带走，喷雾法适用于腐蚀沿管道周围进行的情况。试验表明，在同一条管道上，使用同一种缓蚀剂，采用不同的投加办法，直接注入法试片腐蚀速率在 1.6～3.8mm/a 之间，而喷雾法试片腐蚀速率在 0.3～0.4mm/a，所以，缓蚀剂喷雾法比直接注入法缓蚀效果显著。目前油气田应用较多的加注方式是喷雾法。喷雾法加注装置能有效地雾化缓蚀剂溶液，改善其流动性和分散能力，从而促使雾化后的缓蚀剂在管道内壁均匀成膜，增强了缓蚀效果。当采用喷射式加注缓蚀剂时，喷雾设备的雾化效果是影响预膜质量的关键因素之一。缓蚀剂雾化粒度越小、雾化越均匀、雾化角越大，则缓蚀剂预膜质量越好。因此，应选用雾化效果好、压力损失小的喷雾设备[135]。

2）注入式投加法

用于天然气集输管道防腐的缓蚀剂加注工艺最初使用平衡罐法，即将缓蚀剂配成所需浓度，用平衡罐使缓蚀剂流入管道内，并依靠气流流动将缓蚀剂带走。此法的优点是投加工艺简便，成本低廉，但是，自动流入管道内的缓蚀剂在天然气中的分散性较差，不易被气流带走，使缓蚀剂的保护距离较短，难于充分发挥缓蚀功能。后来又发展了喷雾法、泡沫法、气溶胶法等加注工艺。

3）预膜法

缓蚀剂预膜处理是将两个或多个特制的清管器放置于管道中，并在两个清管器之间充满高效、持久性的缓蚀剂或清洗液，由特制的发送装置发送后，在工作介质推动下沿管道向前运动，在运动过程中在管线内壁涂覆一层均匀的缓蚀剂保护膜。通过缓蚀剂预膜处理既疏通了管道，还在管道内壁涂上了保护膜，一次达到清管、洗管、防腐的目的。

缓蚀剂预膜处理操作简便易行，如图 6-11 所示，当 1 号清管器通过管线时，将管线内残存的脏物大部分推走，然后 2 号清管器推动清洗液，洗下并带走管壁上的脏物，主要是上次留下的缓蚀剂、重烃、铁锈等污积物，最后由 3 号清管器推动缓蚀剂，使其均匀地黏附在被清洗过的管壁上。按油溶性缓蚀剂成膜持久性 30d 计算，每年只需预膜 12 次即可使管道得到很好的保护[136]。

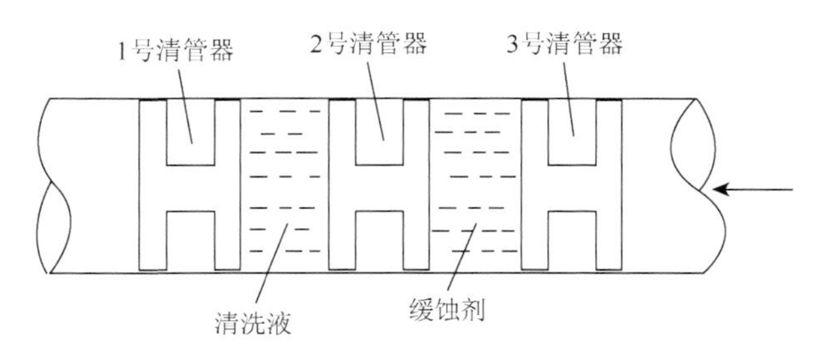

图 6-11　缓蚀剂预膜工艺示意图

2011～2013 年，中石化塔河油田也对所辖 12 区伴生气集输主干线实施了缓蚀剂预膜处理，最终在管道内壁形成 0.1mm 厚的缓蚀剂膜。预膜过程采用了电子定位发射器进行缓蚀剂段塞运行的追踪和控制技术，为保证作业达到预期的效果提供了技术支持，为该干线后期安全、经济、高效运行奠定了坚实的基础[22]。

3. 连续加注缓蚀剂

该方法能连续不断地加注药剂，维持保护膜的完整性、持久性，对金属设备的保护较均匀。加药量视缓蚀剂性能、加药浓度而定。对带有压力的设备或生产系统，可以采用压力泵等设备，强制注射，并藉介质的流动将缓蚀剂均匀地分散到生产系统各设备的表面；而对无压力的设备或生产系统，使用平衡罐自流式加注法，依靠重力的作用使缓蚀剂自动流入管道或设备中。连续加注缓蚀剂适用于油气产量大或含水量较高的油气井。

4. 周期加注缓蚀剂

周期加注缓蚀剂的一个重要方法就是缓蚀剂批处理。为了提高缓蚀剂对含硫天然气集输管道的保护效果，可根据管道的实际腐蚀情况采用合理的批处理工艺，一季度一次或者半年一次。缓蚀剂批处理与预膜工艺大致相同。若不具备采用批处理工艺的条件，可通过增大缓蚀剂加注量实现药剂成膜。每次增加 15%～20%，缓蚀剂加注作业周期可在 10d 以上。

缓蚀剂预膜处理工艺是中原油田普光气田生产过程中的主要防腐技术。普光气田预涂膜缓蚀剂采用的是一种高持久性、阳离子胺缓蚀剂，主要由脂肪烃和芳香烃的混合物、碳氢化合物、咪唑等组成[137]，或采用咪唑啉-吡啶衍生物（CI-545）先预膜处理，然后有机胺盐和季铵盐复配（CI-1204）缓蚀剂连续加注[136]。缓蚀剂通过特殊的亲金属性化学键作用，与管道金属内表面强烈结合，形成一层疏水性的保护膜。

6.1.13 缓蚀剂进展与展望

1. 开发绿色天然缓蚀剂[138]

目前所用的缓蚀剂以无机缓蚀剂和人工合成的有机缓蚀剂较多，相当一部分存在一定毒性。随着环保意识的增强和环境保护法的严格限制，人们希望开发一种高效、低毒的新型缓蚀剂来取代那些缓蚀剂。而绿色天然缓蚀剂将是一种很好的选择。

植物是天然缓蚀剂的一个重要来源，由于其天然及环境友好的特性一直是国内外科学家热衷的研究对象。目前国内外已经用各种不同的方法从油橄榄叶、大蒜、海带、迷迭香叶、黄连、樟树叶、绿茶叶、油菜子、竹叶等天然物质中提取相应的成分，研究了它们在酸性、中性、碱性的环境中对金属的缓蚀作用，取得了一定的进展。关于动物提取物作为缓蚀剂的研究较少，为数不多的研究集中在河蚌水解产物、鱼内脏水解产物、人类的头发、鸡蛋的水解产物等物质上。

从天然动植物中提取缓蚀剂不仅对环境友好，而且可以实现资源的合理优化配置，同时，各种天然提取缓蚀剂间还可以进行复配，形成优势互补、价格低廉的高效绿色缓蚀剂。

2. 利用废弃物制备缓蚀剂

利用废弃物制备缓蚀剂可以达到变废为宝的目的。例如利用生物废料豆渣，采用浸渍方法制备氨基酸类缓蚀剂，利用化工生产下脚料制备缓蚀剂，用胱氨酸废水制备缓蚀剂等。这样不仅为废弃物的综合利用开辟了新的途径，而且具有较好的经济效益和环境效益。

3. 高效缓蚀剂的开发

提高缓蚀剂的缓蚀性能，减少缓蚀剂的添加量，不仅有助于降低缓蚀剂的使用成本，而且可以减少缓蚀剂对系统介质的影响。随着工业和科学技术的发展，缓蚀剂科学技术也得到了进步，国内外的腐蚀和防腐工作者研究和开发的缓蚀剂向无毒、可生物降解、环保方向发展。高效缓蚀剂的研究呈现以下发展趋势：

（1）进一步对现有缓蚀剂进行改性研究，提高其缓蚀性能。无论是有机缓蚀剂、无机缓蚀剂还是从生物体中提取的天然缓蚀剂，都可以从其结构或者化合态等方面进行改性，得到针对性强、缓蚀性能高的缓蚀剂。

（2）对现有的缓蚀剂进行复配研究，得到一种多功能的缓蚀剂，实现资源的优化利用。目前，复配是寻找高效缓蚀剂的一种重要的手段，但其中的复配机理、缓蚀剂间的相互作用尚有待进一步完善。

（3）大力探索从天然植物、海产动植物中提取、分离、加工新型有效的缓蚀成分，同时加强人工合成多功能的低毒或无毒的有机高分子型缓蚀剂的研究工作。

（4）运用量子化学理论和分子设计等先进科学技术合成高效多功能环保的高分子型有机缓蚀剂。

4. 多功能缓蚀剂的研发

在一些使用缓蚀剂的介质中，除了添加缓蚀剂外往往还需要添加其他的一些化学药剂。例如，在钢厂酸洗工艺中，既要添加缓蚀剂防止酸液对金属基体的腐蚀，还要添加抑雾剂抑制酸雾的挥发；污水介质中，既要添加污水缓蚀剂防止污水介质对金属管道的腐蚀，还需要添加杀菌剂对细菌进行杀灭以及添加阻垢剂防止污垢生成而堵塞管道。如果开发出多功能缓蚀剂，使开发的缓蚀剂同时具备其他的一些功效，这不仅大大节省成本，而且使用效率更高。目前国内外已经在多功能缓蚀剂开发方面做了部分工作。例如水溶性咪唑啉衍生物是一种新型缓蚀剂，它对于碳钢、合金钢、铜、铝等多种金属有优良的缓蚀性能。以咪唑啉缓蚀剂为主的多组分复配体系，具有缓蚀、抑雾、促洗的多功能特点。在含硫、磷的化合物中引入咪唑啉等基团，可获得具有防锈性能的硫-磷型添加剂。这样所研制出的硫-磷型添加剂同时具有良好的防锈、润滑和抗氧化性能。絮凝-缓蚀剂是指在水处理中兼有强化固液分离和减缓腐蚀两种功能的水处理剂。在油田采油中，部分油井产出介质中地层水矿化度高，Ca^{2+}、Mg^{2+}、SO_4^{2-}、HCO_3^-、H_2S 及 SRB 含量高，pH 低，这种产出介质具有很高的腐蚀和结垢倾向。油井同时投加单向缓蚀剂和阻垢剂，既增加生产成本又增加工作量，而且必须解决阻垢剂和缓蚀剂的配伍问题，因此，针对油井腐蚀、结垢等影响因素，研究具有缓蚀和阻垢性能的缓蚀阻垢剂具有重要意义。

6.1.14 利用分子设计开发缓蚀剂

基于量子化学计算等理论工具，通过分子设计，利用化学合成手段得到高性能的缓蚀剂分子，这不仅可以节省大量的时间与资源，同时对缓蚀剂理论有促进作用。

设计开发更多缓蚀性能好、适应能力强、经济效益显著的缓蚀剂对于应对各种复杂的腐蚀环境尤为重要。传统的缓蚀剂研制方法是建立在猜测和大量试验筛选的基础上的，存在着一系列的问题：成本太高，研发周期太长，工作带有一定的盲目性。因此，设计开发新型缓蚀剂迫切需要理论指导。

量子化学理论研究的发展和试验技术、计算机硬件水平的进步，为新型缓蚀剂的开发设计提供了方向，可通过构建缓蚀剂的定量结构-性能关系（QSAR）模型，设计、预测、合成新型高效缓蚀剂。QSAR 模型指所研究的化合物的性质与其结构参数的定量关系，其中，化合物性质的数据由试验得出，结构参数变量为试验测定或理论计算所得的物化参数、量化参数或几何图形参数，如分子体积、密度、熵、焓、分子表面积、疏水参数、轨道能量、电荷密度、极化率、偶极矩、自由价、离域能、分子连接指数等。

在设计具有特定功能的缓蚀剂分子时，必须考虑到影响缓蚀剂作用的因素范围，需要从缓蚀剂的分子结构、金属界面、腐蚀介质三个方面来进行讨论。配位化学理论对选择有机缓蚀剂的分子结构类型、设计缓蚀剂分子结构、设计合成缓蚀的工艺路线也具有较强的指导意义。按照配位化学的观点，可以将金属界面、腐蚀介质、缓蚀剂分子结构三者统一在一个理论框架内，有利于统一处理三者之间的相互作用，为缓蚀剂分子的设计、合成提供理论依据。

综上所述，利用分子设计开发缓蚀剂的基本思路为：从分子结构理论、软硬酸碱理论、分子内协同效应、配位化学理论、量子化学理论等理论工具出发，按照缓蚀剂分子的结构特点加以分类、组合，采用某种分析方法找出缓蚀剂的缓蚀效率与其结构参数以及环境因素之间的关系，建立缓蚀剂相应的定量构效关系模型；根据所建立的该模型，按照相应的要求有目的地设计、预测、合成所需要的高性能新型缓蚀剂；同时，充分利用相关试验结果，提高新型缓蚀剂分子设计的成功率，节省大量的时间和资源，降低环境污染，实现分子裁剪缓蚀剂的目的。

6.2　控制油气田腐蚀材料优选

有效控制油气田腐蚀要从设计源头进行材料优选，根据不同开发区块、不同腐蚀环境、不同工况条件，按照技术-经济原则，有针对性地选用耐蚀、可行、经济、合理的材质，有效提升材质防护能力，降低设备及管道腐蚀风险。

6.2.1　金属材料的优选

通常都是按照 ISO 11960—2014 的规定优选油管和套管用钢[139]，根据井深/油气压等，选择不同强度级别的油、套管。例如，井深为 3000m 以下的浅井和 3000～4000m 的中深井，所需的油管和套管大部分为 J-55 和 N-80 低强度级别，而对 6000～7000m 的超深井，则需用 C-95、P110、Q125 或更高强度级别的油管和套管。近年来，一些日本、德国的钢厂在上述 ISO 标准的基础上提出了它们本厂的产品系列。例如，在低强度范围内，提出了抗硫化物应力腐蚀开裂、低温性能好并且抗挤毁能力强的“超 ISO 标准”的油井套管和油管；在高强度范围内，提供在强度方面“超 ISO 标准”的油井管，如 SM-125G，SM-150G，NW-125，NW-140，NW-150，NK-125，NK-140 和 NK-150 等超高强度、高强度套管和油管。

就钢种而言，以上强度级别的套管和油管一般都采用中碳（0.2%～0.4%）-2 锰-2 钼（加微量铌、钒或钛）系统低合金的热轧无缝钢管或高频直缝焊管[140]。但是，在含 CO_2 的油气井中，国外已采用含铬铁素体不锈钢（9%～13%Cr），在 CO_2 和 Cl^- 共存的严重腐蚀条件下，采用铬-锰-氮系统的不锈钢管（22%～25%Cr）做油管和套管；在 CO_2 和 Cl^- 共存并且井温也较高的条件下，应用镍-铬基高温合金（super alloy）或钛合金（Ti-15Mo-5Zr-3A1）做油管和套管等，在苛刻的极强的腐蚀环境条件下，油井管螺纹也需满足特殊的要求。这时，圆螺纹和偏梯形螺纹不能满足使用要求，而需用特殊的螺纹连接来实现螺纹部分与腐蚀介质相隔绝的螺纹设计，并满足螺纹连接的强度超过管体强度的要求等。

高含 CO_2 的高温气井采用的油管主要材料有：C75 碳钢、N80 钢、L-80、P105、马氏体 13%Cr 钢、双相不锈钢（22%Cr 和 25%Cr）、双金属钢（4130 钢管内涂 1.25mm 厚 13%Cr 钢）和新型不锈钢。套管用材主要有：X65 碳钢、P110、S00125、S00140、V150 等。

集输管线材料的技术条件及选用普遍采用美国石油协会标准 API Spec 5L[141]。按照 API Spec 5L 的规定，高压输送管线用钢应遵照 API Spec 5L 标准要求的强度和化学成分，此外，提高焊接工艺、保证焊接质量也是降低管线事故的关键。在我国管道直径＜1000mm，在保证管道最小安全壁厚的前提条件下，采用 API X56-X65 强度级别的管线钢再加上适当的防腐蚀措施，一般就能满足使用要求。

20 世纪 60～70 年代，我国一些油气田集输管线使用普通的 16Mn 钢。对于输送所含 CO_2 分压较小的天然气，16Mn 钢还可以使用，但如果凝析气田井出来的天然气所含 CO_2 分压较高，这种材料就不适合了。实践表明，这种管材用于输送含 CO_2-H_2S 的天然气会引发一系列重大恶性事故。但如果在所输送的天然气加注一定量气相缓蚀剂，以降低这种天然气的腐蚀性，还可以采用普通 16Mn 钢。如果在其内表面涂敷涂层，也能起到很好的防护效果，这就要求内涂层的质量要好和严格按照涂敷工艺进行涂敷。

随着石油天然气需求量的不断增加，管道的输送压力和管径也不断增大，以增加其输送效率。考虑到管道的结构稳定性和安全性，还需增加管壁厚度和增加管材的强度，因此用作这类输送管的管线钢都向着厚规格和高强度方向发展。由于天然气的可压缩性，输气管的输送压力要较输油管高。近年来国外多数输气管道的压力已从早期的 4.5～6.4MPa 提高到 8.0～12MPa，有的管道则达到了 14～15.7MPa，从而使输气管的钢级也相应地提高。在发达国家，20 世纪 60 年代一般采用 X52 钢级，70 年代普遍采用 X60～X65 钢级，随着国内外输气管的延长和要求压力的提高，X70、X80 将成为主流管线钢。国外的大口径输气管已普遍采用 X70 钢级，X80 开始小规模地使用，X100 也研制成功，并着手研制 X120。

在部分腐蚀比较严重的油气田集输系统也可以直接使用耐蚀管材，目前选择的品种较多。最好的有 22Cr 或 25Cr 双相不锈钢，较好的有 12Cr 钢、316L 和 304 不锈钢等。但是，双相不锈钢价格较高，一次投资较大，这要与油气井的长期经济效益相联系，从经济性方面综合考虑。另一方面，不锈钢材料耐全面腐蚀能力很强，但耐孔蚀的能力较弱，这是不锈钢材料使用过程中容易忽略的问题。为此，美国于 2005 年提出相应的 ASTM 标准[142]，规定不锈钢的使用过程中必须考虑该不锈钢的临界点蚀温度（CPT）。不锈钢的临界点蚀温度是指，当温度超过某一临界值后，不锈钢表面就会形成自发性成长的稳态点蚀。

目前国内外不锈钢内衬复合管技术和工艺已较成熟，生产出来的内衬管可完全满足石油工业的需求。耐蚀性好的内衬材料种类也较多，如 304 不锈钢、316L 不锈钢等，生产出来的还有 G3 双金属复合管，国内都可以进行相当规模的生产。其中有些生产的 G3 高温浇铸的双金属复合管，其耐蚀性能非常好，两层结合强度很大，与同质金属材料的强度基本相同，生产工艺也已成熟，但成本较高，一次投资过大。采用爆炸式复合的双金属复合管，内衬材料是 316L 不锈钢或 304 不锈钢，在国内凝析气田的试用表明，只要解决好接口的焊接问题，其耐蚀性能相当不错，成本也不是很高。

除这些材料外，国内外油气田均有采用玻璃钢管作集输管道的实例。美国 Utah 东南 Aneth 油田 1955 年投入开发，1998 年开始 CO_2 驱油，由于 CO_2 腐蚀，用玻璃钢管线取代了碳钢管线。美国 Ameron 玻璃钢管材公司生产钢带叠层玻璃钢管材，耐温性能提高到 149℃，耐压提高到 33MPa，管径有 200～1000mm，正常工作寿命在 20 年以上，使玻璃钢管材的应用范围有所扩大，而且应用量也有增加。

国内外的研究表明，由于 CO_2 腐蚀性极强，采用含有高 Cr、Ni、Mo 等合金元素的 13Cr、22Cr 等高 Cr 不锈钢管被认为是抗 CO_2 腐蚀的理想材料。但是上述材料由于含有大量的 Cr、Ni、Mo 等价格昂贵的战略元素，大大增加了钢管的成本，从而限制了其在油气田的广泛使用。特别是对于我国的石油钻探行业来讲，多数油田是贫矿低渗透油田，使用价格昂贵的不锈钢油套管，一次性投资太大，经济性较差。为此，宝钢从 1999 年开始，在调查国内油田 CO_2 腐蚀失效和腐蚀行为的基础上就抗 CO_2 腐蚀油套管用低合金钢开展了大量的研究工作，并结合宝钢抗 H_2S 应力腐蚀油套管的开发情况已相继研制出享有自主知识产权的成本低廉的经济型抗 CO_2 和 CO_2+H_2S 腐蚀油套管系列。目前产品已用于中石化和中石油等含 CO_2、CO_2+H_2S 腐蚀环境的油气井。

21 世纪是我国输气管建设的高峰时期，大口径高压输送及采用高钢级管材是国际管道工程发展的一个重要趋势。例如，“西气东输”管线采用大口径、高压输送管的方法。这条管线全长 4167km，输送压力 10MPa，管径 1016mm，采用的钢级为 X70、厚度为 14.6mm，20℃的横向冲击功≥120J。这一钢级、规格、韧性级别的管材国内已经生产，并且质量达到国际水平。因此，生产这种规格的高强度、高韧性管线钢对我国今后采用国产管线钢生产大口径、高压输气管具有十分重大的战略意义。

对于抗 H_2S 油套管的选用已经制定出了各种技术标准，根据 NACE MR0175-2002《油田设备抗硫化物应力开裂金属材料标准》的要求，当 H_2S 含量小于 0.3kPa 时，往往采用一般碳钢和低合金钢；当 H_2S 含量大于 0.3kPa 时，就要使用抗硫钢。当 H_2S 和 CO_2 共存且含量较高时，需用既能抵抗 CO_2 腐蚀又能抵抗 H_2S 腐蚀的不锈钢或其他耐蚀合金，如含 Ni 和 Mo 的 Super 13Cr。但当腐蚀环境太苛刻，Super 13Cr 抗蚀性也不能满足要求时，需要使用双相不锈钢或镍基合金等。ISO 15156 Part 3

将耐蚀合金分为表 6-5 所示的 11 个类型。

表 6-5　油气田耐 H_2S 和 CO_2 腐蚀的耐蚀合金分类[143]

材料种类	注释
奥氏体不锈钢 高合金奥氏体不锈钢	作为材料类型和单个合金
固溶镍基合金 铁素体不锈钢	作为材料类型
马氏体不锈钢	作为单个合金
双相不锈钢	作为材料类型
沉淀硬化不锈钢 沉淀硬化镍基合金 钴基合金 钛和钛合金	作为单个合金
铜和铝合金	作为材料类型

ISO 15156 和 NACE MR0175 将碳钢和低合金钢发生 SCC 的 H_2S 环境苛刻性按照原位 pH 和 H_2S 分压分成图 6-12 所示的四个区域，即区域 0、1、2、3。

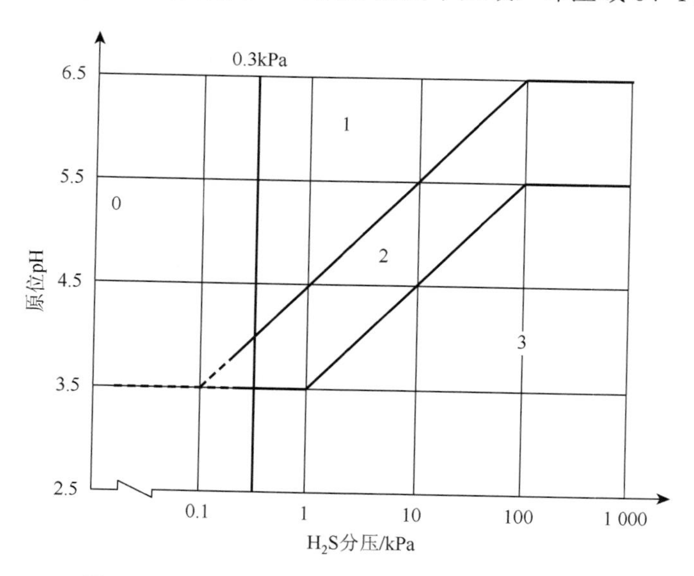

图 6-12　ISO 15156 提供的选材 pH-H_2S 分区图[143]

区域 0，P_{H_2S} <0.3kPa。在这一区域内，不需要对在这些区域内使用的碳钢采

取预防措施，然而，应当考虑在该区域内影响碳钢性能的一些因素，例如，对 SCC 和 HSC（氢致应力开裂）高度敏感的钢可能开裂；或在无 H_2S 的溶液环境中高强度钢可能发生 HSC。

区域 1、2、3，$P_{H_2S}>0.3kPa$。使用 A.2、A.3 或 A.4 选择区域 1 中所用碳钢；使用 A.2 或 A.3 选择区域 2 中所用碳钢；使用 A.2 选择区域 3 中所用碳钢。A.2、A.3、A.4 含意详见 ISO 15156。

表 6-6 给出了国外厂家生产的各种抗硫钢种和合金系列。

表 6-6　国外用于酸性环境油套管钢[144]

公司	抗 SCC 油套管	特级抗 SCC 油套管	抗 CO_2 腐蚀油套管	抗 SCC 和 CO_2、Cl^- 腐蚀油套管
日本住友金属工业公司（SM）	SM-85S、90S、95S	SM-85SS、90SS	SM9CR、13CR、22CR、25CR	SM2025、2035、2535、2242、2550
日本钢管公司（NKK）	NK AC-80、85、90、95、100SS	NK AC-90S、95S、90M、95M、100SS	NK CR9、CR13、CR22、CR25	NKNIC25、32、42、42M、52、62
新日本制铁公司（NSC）	NT-80S～90S、85HSS～110HSS	NT-80SS～110SS、80SSS～95SSS	NT-13CR、22GR、25CR，抗 CO_2-Cl^-管 NT-22CR-65、75、110	
日本川崎制铁公司（KSC）	K0-80S、85S、90S、95S、110S	K0-80SS、85SS、90SS	K0-13Cr	
法国瓦鲁海克公司（VALLOUREC）	L-80VH、C-95VH、C-90VHS、C-95VTS		C-75VC13-VCM、C-80VC13-VCM、L-80VC13-VCM、C-75VC13-VCM	Alloy825、80、110、130、Hastelloy Alloy G-3、Hastelloy Alloy c-276
加拿大阿尔格玛钢铁公司（ALGOMA）	S00-9、S00-95			
瑞典山特维克公司（SANDVIK）			SAF2205	Samicr028

虽然耐蚀合金油套管的价格昂贵，但上述油套管钢具有优良的耐 H_2S 腐蚀性能，使用寿命相当于几口普通碳钢油套管的使用寿命[145]，可以重复多井使用。因此从总的成本算并不显得昂贵，从技术-经济角度来说更合乎经济效益。对腐蚀性强的高压产气井来说可以是一种有效的防蚀措施。

现在我国一些钢厂如天津无缝钢管厂和宝钢都开发出了系列的抗硫钢。例如宝钢生产出的抗硫钢产品有：M65、BG80S、C90-1、C90-2、BG90SS、T95-1、T95-2、BG95SS。现已在国内外一些油气田，如四川油田、江汉油田、塔里木油田及哈萨克斯坦的油气田等使用。

含 H_2S 油气田的油套管的抗硫性能检验目前均要求按 NACE TM 0177-96 国

际标准中的 A、B、D 法进行评价。API 标准也规定，当标准试样在规定的酸性溶液中采用恒载荷法，即材料在承受轴向 80%和 90%名义屈服强度的载荷作用下，经 720h 无开裂，则可以作为一般抗硫油套管使用。但是对于高压和高 H_2S 含量的油气井，用户要求材料必须同时承受 90%以上轴向名义屈服强度（试验方法 A）和周向应力条件下（试验方法 D）不失效的高抗硫非 API 标准油套管系列产品。

6.2.2 非金属材料的选用[146]

采用非金属材料代替金属材料制成的储罐以及低、中、高压非金属管线已经应用于油气田实际生产中，特别是油田污水系统中现已广泛使用非金属管材。随着制作技术不断完善，非金属管线的口径由小到大，承压由低到高，特别是近年来玻璃钢制品在许多油田的推广应用，取得了良好的经济效益，有效地解决了一些油田油气集输、污水处理工程系统长期存在的严重腐蚀问题。过去，曾采取了多种措施如投加化学药剂、管道内涂防腐涂层、阴极保护等技术解决腐蚀问题，但由于这些措施的局限性而多次失败。自从采用玻璃钢管道后，防腐效果非常明显。国内外的实践证明，应用玻璃钢设备及管线是解决油气田腐蚀行之有效的方法之一。

目前油气田所用的非金属材料包括玻璃钢管、塑料合金复合管、钢骨架复合管、连续复合管、柔性复合管及高密度聚乙烯管等，玻璃钢材料应用最多，已占非金属材料 60%以上。使用场所有单井管线、注水管线、原油集输、淡水输送管线，高压天然气输送管线等，其中单井管线及注水管线所用非金属材料量最多。

玻璃钢（fiber-reinforced plastic，FRP）一般指用玻璃纤维增强不饱和聚酯、环氧树脂与酚醛树脂为基体，以玻璃纤维或其制品作增强材料的增强塑料，可称为玻璃纤维增强塑料，或称为玻璃钢。由于所使用的树脂品种不同，因此其有聚酯玻璃钢、环氧玻璃钢、酚醛玻璃钢之称。其质轻而硬，不导电，性能稳定，机械强度高，耐腐蚀，可以代替钢铁材料制造机器零件、汽车、船舶外壳、设备及管道等。

如果按用途分类，玻璃钢产品可分为：

玻璃钢罐：玻璃钢储罐、盐酸储罐、硫酸储罐、反应罐、防腐储罐、化工储罐、运输储罐、食品罐、消防罐等。

玻璃钢管：玻璃钢管道、玻璃钢夹砂管、玻璃钢风管、玻璃钢电缆管、玻璃钢顶管、玻璃钢工艺管等。

塔器：干燥塔、洗涤塔、脱硫塔、酸雾净化塔、交换柱等。

玻璃钢管具有以下优良的特性：

（1）优良的耐腐蚀性能及耐高压性能。高压玻璃钢管是采用高强纤维和环氧树脂经特殊工艺缠绕成型的。随着管径和管壁厚度的不同，它的正常工作压力等级为 3.5～24MPa。其轴向拉伸强度为 160MPa，轴向压缩应力为 130MPa，环向拉伸强度为 320 MPa。高压玻璃钢管为非金属管道，在玻璃纤维与环氧树脂固化后，高度的交叉互联使其具有较好的防腐蚀性能，尤其是耐溶剂性能，其使用寿命不低于 20a。其良好的耐腐蚀性能足以解决油田注水的腐蚀问题。

（2）绝缘、耐热性能好。高压玻璃钢管的导热系数为 0.23～0.45W/（m・℃），导热系数不足碳钢的 1%，其热传导能力是碳钢的 10%，是不锈钢的 30%，因此高压玻璃钢管具有较好的保温性能。许多原油输送场合可以直接采用高压玻璃钢管，不必另设保温层或采用较薄的保温层，而采用钢管时却需要另外加保温层。高压玻璃钢管所具有的保温性能，减少了原油输送管的石蜡沉淀。另外高压玻璃钢管也是电的绝缘体，不会因电化学腐蚀而结垢。达到同等保温效果可采用较薄的保温层厚度，可以降低工程造价，从而达到较高的性价比。

（3）水利特性优异。高压玻璃钢管在生产过程中采用钢芯模外缠绕成型，出于保证脱模的需要，模具的加工精度非常高，制作前采用脱模剂反复处理，因此高压玻璃钢管的内表面极其光洁，其水力学指标哈森-威廉斯系数为 150。由于其内壁光洁，其沿程阻力系数为 0.0084～0.01，仅为钢制管材的 1/2 左右，因此采用玻璃钢管可节省能源，提高输送能力。

（4）质量小强度高。玻璃钢管的密度为 1.6～1.9g/cm^3，仅为钢管的 1/4～1/5，不同规格的管道允许套装运输，因而可降低搬运费。有些玻璃钢强度甚至高于合金钢，因而具有良好的压力承受能力。

（5）安装维护费用低，施工周期短。玻璃钢管道出厂后，不需做任何防腐处理，管道轻、吊装方便，施工周期短，且在运行周期内不发生任何检修维护费。

（6）适用范围广。玻璃钢管可适用于油田污水输送，油、气、水三相混输及一般浓度的酸、碱、盐等腐蚀介质的输送，可长期适应在油田污水温度（100℃）下工作，适用各种中、低压压力等级，可长期使用而不发生腐蚀破坏。

（7）玻璃钢管线的连接方式比较简单，主要有糊口连接、螺纹连接、承插连接、“O”型圈承插连接等。

尽管玻璃钢的上述优点使其可以广泛应用于油气田的设备及管道中，但是玻璃钢制品也有如下的缺点。

（1）弹性模量低。玻璃钢的弹性模量比钢小很多，因此在产品结构中常感到刚性不足，容易变形。

（2）长期耐温性差。一般玻璃钢不能在高温下长期使用，通用聚酯玻璃钢在 50℃以上强度就明显下降，一般只在 100℃以下使用。通用型环氧玻璃钢在 60℃以上使用强度有明显下降。但可以选择耐高温玻璃钢，使其长期工作在 200℃温度也是可能的。

（3）老化现象。老化现象是塑料的共同缺陷，玻璃钢也不例外，在紫外线、风沙雨雪、化学介质、机械应力等作用下性能容易下降。

（4）剪切强度低。层间剪切强度是靠树脂来承担的，所以玻璃钢的剪切强度很低。但可以通过选择工艺、使用偶联剂等方法来提高层间黏结力，最主要的是在产品设计时，尽量避免使层间受到剪力作用。

（5）不易检测。玻璃钢属于非磁性材料，在地下不易被探测，施工中往往会被挖断，从而影响生产，因而地下埋设的管线，最好在地上做明显标志。

自 20 世纪 90 年代以来，高压玻璃钢管在我国部分油田开始应用，随着采油后期腐蚀问题的逐渐加剧，我国大多数油气田已经在使用玻璃钢高压设备及管道，玻璃钢高压管道经过长期广泛使用，其良好的耐蚀性得到用户的普遍好评。它所具有的特性与优势是传统的钢铁管道所不能比拟的。非金属材料的使用很好地解决了如下的一些问题。

（1）非金属材料从根本上解决了腐蚀问题。例如胜利油田、华北油田、辽河油田、塔河油田等腐蚀问题非常突出，有的钢质管道埋到地下 40～50d 即发生腐蚀穿孔，即使在防腐处理较好的胜利油田的东辛采油厂，钢质管道运行 3 个月左右即发生腐蚀穿孔的情况并不鲜见。塔河油田自 2003 年开始使用非金属材料，截至 2015 年年底，塔河油田非金属管线已达 1553km，占集输管道总用量的 11.6%。非金属管线的应用从根本上解决了腐蚀问题。

（2）高压玻璃钢管改进了注水采油工艺。注水采油工艺对水质的要求非常严格，用于采油工艺的含油污水，要求其矿物质含量每升不大于十几毫克，颗粒也有相当严格的要求。然而，经过加工处理的水如果采用钢管输送，在经过较长的管线后，管线可能生锈、剥落，掉入水中而污染水质。这种含有铁锈颗粒的水，在注水岩层中很容易引起岩层堵塞，造成岩层中毒，使注水压力急剧增加，严重者可使注水中断，影响采油工艺的正常进行。由于高压玻璃钢管内壁不锈蚀，始终光洁如初，大大改善了注水效果。

（3）高压玻璃钢管改进了三次采油工艺。在我国油田的三次采油过程中，往往采用注入聚丙烯酰胺等聚合物或注入 CO_2 等化学驱油物质，以增加油田的生产能力。这种聚合物的水溶液，遇到铁离子将会产生有害的化学反应，使聚合物降解，从而影响注聚效果。同样，采用高压玻璃钢管避免了聚合物降解的问题。

综上所述，高压玻璃钢管和钢管相比具有许多优点，在考虑安装费、钢制管道防腐费、运输费等综合因素后，高压玻璃钢管道的管道工程总投资综合造价稍低于钢制管道的综合造价，具有性价比高的优势。可以预见，高压玻璃钢管在油田将有广阔的市场，它的广泛应用必将为石油行业带来可喜的社会效益和经济效益。

现在随着非金属管在油气田的应用，其工艺结构、材料特性及连接技术得到了很大提高，但在应用过程中仍出现了一些问题。以玻璃钢管线为例，出现的问题主要有两方面，一方面是管体导致的失效，如管体渗漏、树脂老化型增强纤维剪断导致的破损、地势沉降导致的管体断裂等失效问题，另一方面是管线连接失效，如 O 型密封失效、糊口连接失效、法兰失效等。

为防止非金属材料在使用中出现的各类失效问题，一方面，要建立严格的非金属材料长期服役性能评价体系，非金属管线应用于油气田体系要从源头到验收等一系列环境上执行相应的标准，例如，对玻璃钢管线，要严格按照石油天然气行业标准 SY/T 6770.1—2010《非金属管材质量验收规范　第 1 部分：高压玻璃钢管线管》以及 SY/T 6769.1—2010《非金属管道设计、施工及验收规范　第 1 部分：高压玻璃纤维管线管》标准选材和施工。另一方面，解决玻璃钢管道尚存在一些影响管道应用的技术瓶颈，例如提高玻璃钢材质的强度、耐温、耐压及抗老化性能。在酸性气田非金属集气管线应用方面主要解决高温、高压、高流速工况下非金属管的国产化应用或非金属管材弯折后承压性能变化；为降低成本，要研究解决非金属管线的快速施工工艺或者管线的重复应用；为方便非金属管线的巡检，要研究地下非金属管道标志示踪与探查技术。在非金属井下油管应用方面，要研究内衬非金属油管连接完整性、结构完整性等问题；研究内衬材料耐温性能、结合性能、相容性能等问题；要研究内衬非金属油管注水、采油、采气应用可行性等一系列问题。

油气田使用非金属管材应注意以下几个问题：

（1）完善管道的应用范围界定。

针对油田开发现状，随时掌握注、采介质特性，根据不同驱油方式及工艺条件，有针对性地合理评价各功能层的材质特点及产品的适应性，科学准确地界定非金属管的长期承压能力、使用温度及耐介质腐蚀性能。同时对特殊介质的耐蚀性能要进行相关的理论及试验验证，为设计选材提供合理依据。

（2）完善工艺结构设计，合理界定管道压力等级。

通过可靠的技术手段或试验手段，完善现有管道的工艺结构，并充分考虑各类材质的膨胀系数、蠕变性及耐蚀性能，界定耐压等级，使各结构层尽其所能，以满足油田介质输送的需求。

（3）健全连接技术及快速维修手段。

根据非金属复合管道及金属管件的材质特点及力学性能，分析非金属与金属连接的合理应力，解决因金属接头与管材热膨胀系数不同而带来的连接密闭性问题。优化各类管道连接的工艺结构，确保管道连接的可靠性。同时结合油田施工及管道材料特点，开发出快速、简易的维修手段。

（4）新产品的研发。

根据油田不同驱油方式（CO_2 驱、三元复合驱等）的工况条件，针对介质腐蚀特性和腐蚀机理开发出新型产品，以缓解复合管耐气体渗透、多元介质协同作用等特殊介质的腐蚀，降低内衬层的表面能，缓解管道结垢问题；提高管体的导电、导磁性能，实现管道热力解堵。同时玻璃钢管道在应用过程中，应增加内衬富树脂层，以提高玻璃钢管道对介质的耐蚀性。

（5）建立与介质相容性判定依据。

针对非金属复合管道应用现状及存在的问题，加快非金属复合管道适应性评价体系和寿命预测技术研究，并形成相应的技术标准，为非金属复合管道对油田介质的适用性预测评价提供手段，为非金属复合管道在特定介质中的寿命预测提供依据，使非金属复合管道的优异特性得到最大化发挥，以降低在用非金属复合管道的失效事故的发生。

6.3　采用保护性覆盖层[147]

油气田抑制 H_2S 腐蚀的表面防护层技术方法很多，主要包括有机涂料、涂镀层（电镀、化学镀、化学转化模和表面涂覆技术等）、热喷涂技术等。

在金属表面形成保护性覆盖层避免金属与腐蚀介质直接接触是防止油气田管道及设备腐蚀普遍采用的一种方法。例如，在钢材表面涂覆一层有机涂料，使金属与周围介质隔开，既防蚀又美观。又如，在钢材的表面热镀一层锌，可延长其在大气中的使用寿命。

国内外油气田集输管线及设备的腐蚀与防护措施主要分为外防腐和内防腐。管道的外防腐层的基本要求如下：①与金属有良好的黏结性；②电绝缘性能好；③防水及化学稳定性好；④有足够的机械强度和韧性，耐热和抗低温脆性；⑤耐阴极剥离性能好；⑥抗微生物腐蚀；⑦破损后易修复，并要求价格低廉和便于施工。碳钢的外防腐多采用防腐层、防腐层+阴极保护等；内防腐主要采用碳钢+缓蚀剂、碳钢+内涂层、碳钢+牺牲阳极保护等防护措施。由此可见，集输管线不论是外防腐还是内防腐，均包含非金属防护层和金属防护层。

6.3.1　非金属防护层

非金属防护层绝大多数是隔离性涂层，它的主要作用是把金属材料与腐蚀介质隔开，防止钢材因接触腐蚀介质而遭受腐蚀。由于这类涂层无孔、致密、均匀，并与金属基体结合牢固，因此，这类涂层在油气田的金属腐蚀与防护中有很大的应用。

非金属防护层可分为无机涂层、有机涂层和无机-有机复合涂层三种。无机涂层主要包括搪瓷（玻璃）、硅酸盐水泥涂层和化学转化膜涂层；有机涂层主要包括涂料涂层、塑料涂层、橡胶涂层等；无机-有机复合涂层主要有西美克 54（CeRam-Kote 54）柔性陶瓷涂料，也称赛克 54 柔性陶瓷涂层。

1. 无机涂层

搪瓷或玻璃（釉）涂层。搪瓷又称珐琅，是类似玻璃的物质。搪瓷涂层是将钾、钠、钙、铝等金属的硅酸盐加入硼砂等溶剂，附着在金属表面上灼烧而成。为了提高搪瓷的耐蚀性，可将其中的 SiO_2 成分适当增加（如＞60%），这样的搪瓷耐蚀性特别好，故称为耐酸搪瓷。耐酸搪瓷常用于制造化学工业的各种容器衬里，它能够抵抗在高温、高压下有机酸与无机酸（除氢氟酸外）的侵蚀。由于搪瓷涂层没有微孔和裂痕，所以能将反应介质与钢材基体完全隔开。除了防蚀效果好，搪瓷对产品没有污染，目前存在的主要问题是抗冲击、抗弯曲性能尚有待改进。

随着热喷涂技术的发展，我国于 20 世纪 80 年代生产出了金属-玻璃（釉）复合防腐管线。金属-玻璃（釉）复合防腐管道技术是将玻璃釉经过高温喷枪喷熔在金属管道上形成的一种无机复合涂层，其使管道基体与腐蚀介质利用玻璃隔离开来，形成类似搪瓷的保护层，从而实现了管道防腐涂层利用无机材料达到永不老化的突破性进展。

热喷涂技术就是用火焰、等离子射流、电弧等热源将粉末状（或丝状、或棒状）材料加热至熔融或半熔融状态，并加速（或雾化后加速）形成高速熔滴，以高速撞击基体，经过扁平化、快速冷却凝固沉积在基体表面形成覆盖层的方法。整个生产过程无污染、无公害。金属-玻璃（釉）复合防腐管道具有以下特点：寿命长、耐温抗寒、耐腐蚀、涂层表面光滑平整、耐磨、不易结垢、不易堵塞，而且投资费用少。其适用于石油、天然气、城市供水及热力管线、地下或海底的严重腐蚀区。

硅酸盐水泥涂层：硅酸盐水泥涂层具有使用方便、价格低廉的优点，而且它的膨胀系数与钢的膨胀系数很接近，不容易因温度变化发生开裂。涂层的厚度范围是 0.5～2.5cm，厚的涂层通常要用铁丝网加固。在水溶液和土壤中，采用带水泥涂层的铸铁管和钢管有很好的防蚀效果。涂层一般衬在大口径钢铁水管的内壁，有时外壁也同时采用。涂层的使用寿命最高可达 60 年之久。硅酸盐水泥涂层带有碱性，因此易受酸性气体及酸溶液的侵蚀，近年来已在成分上作了相应调整。这类涂层的另一缺点是不耐机械冲击和热冲击。

化学转化膜：它是金属表面（包括涂层金属）表层原子与介质中的阴离子发生反应，在金属表面产生附着性良好、有耐蚀能力的薄膜。用于金属防蚀的化学转化膜主要有：铬酸盐处理膜、磷酸盐处理膜及铁的氧化膜等。

2. 有机涂层

有机涂层主要是涂料涂层、橡胶涂层等。涂料涂层概括起来主要有两大类，一类是油基漆（成膜物质为干性油漆），另一类是树脂基漆（成膜物质为合成树脂）。在石油、化工防腐蚀上采用的涂料以树脂基漆为主。

为了有效防止管道的内腐蚀，国外普遍采用防腐蚀内涂层。内防腐层应具备如下特征：附着力强；涂层光滑；柔韧性好；耐化学性强；抗失压不易起泡；机械性能（耐磨性、抗冲击性）好；耐热性好等。

目前，国内外埋地管道防腐材料有：石油沥青、熔结环氧粉末防腐涂层（FBE）、挤出聚乙烯覆盖层（挤出 PE）、聚乙烯胶带、煤焦油瓷漆，及近年来发展起来的多层复合覆盖层（3 层 PE）。其中，熔结环氧树脂是目前公认性能最好的油气集输管道内外涂料，也用于钻杆的内涂层。这些熔融的粉末涂料不仅有优良的耐腐蚀性能，而且还有相当好的耐磨性能。不过，这些有机高分子聚合物类型的涂料，普遍都有老化问题，其使用寿命随操作条件而异。

熔结环氧粉末防腐涂层（FBE）最早于 1961 年由美国开发成功并应用于管道防腐工程，之后在许多国家得到进一步的开发和应用。熔结环氧粉末防腐涂层与钢管表面黏结力强、耐化学介质侵蚀性能、耐温性能等都比较好，抗腐蚀性、耐阴极剥离性、耐老化性、耐土壤应力等性能也很好，使用温度范围宽（普通熔结环氧粉末为–30～100℃），成为国内外管道内外防腐涂层技术的主要体系之一。但由于涂层较薄（0.3～0.5mm），抗尖锐物冲击力较差，易被冲击损坏，不适合于石方段，适合于大部分土壤环境和定向钻穿越黏质土壤。

近年来，三层结构聚乙烯防腐涂层（3LPE）受到了国际管道界的高度重视，越来越多地用于油、气、水金属管道防腐工程。例如，2008 年西气东输二线开建以来，中石油陆续建设了西二线、西三线、陕京三线、中贵输气管道、兰成原油管道、中缅油气管道、中俄漠大原油管道、呼包鄂成品油管道、锦郑成品油管道等工程。这些管道工程的防腐均以 3LPE 作防腐层，聚乙烯热收缩带进行焊缝补口，热煨弯头采用双层熔结环氧粉末防腐层，以溶剂性液态环氧作输气管道的内减阻涂层，管道站场地面与地下金属设施在采用多种防腐材料进行防腐的同时，也采用了区域阴极保护技术。

3LPE 防腐层的底层为环氧粉末涂料，中间层为胶黏剂聚合物，表层为聚烯烃。各层性能和特性在三层涂料中相互补充，使整个涂层具有最佳的性能。底层的环氧树脂涂层，不但具有良好的附着性能、抗化学性能和抗阴极剥离性能，而且由于耐热性能好、转换温度高，可在高温运行条件下使用；中间过渡的聚合物涂层，其目的是把底层环氧涂层和表层聚乙烯涂层结合在一起，形成统一的整体。它是一种用接枝单体改性的聚乙烯基聚合物。聚合物中的极性分子团能同底层涂料中的自由环氧分子团发生化学反应，而非极性分子团可以很容易地与聚乙烯表层结合在一起，表层聚乙烯涂层的作用是为整个涂层提供良好的物理机械性能。三层防腐涂料综合了环氧树脂良好的附着性能、抗化学性能及其聚烯烃涂料的机械强度和保护作用。多层防腐涂层的最高运行温度取决于聚烯烃表面的性质。

在防腐层涂敷前，先清除钢管表面的油脂和污垢等附着物，并对钢管预热后进行表面预处理，钢管预热温度为 40～60℃。表面预处理质量应达到《涂覆涂料前钢材表面处理表面清洁度的目视评定　第 1 部分：未涂覆过的钢材表面和全面清除原有涂层后的钢材表面的锈蚀等级和处理等级》（GB/T 8923.1—2011）中规定的 Sa2.5 级的要求，锚纹深度达到 50～75μm。钢管表面的焊渣、毛刺等应清除干净。

应用无污染的热源将钢管加热至合适的涂敷温度，环氧粉末涂料均匀地涂敷到钢管表面；胶黏剂的涂敷必须在环氧粉末胶化过程中进行；聚乙烯层的涂敷可采用纵向挤出工艺或侧向缠绕工艺。公称直径大于 500mm 的钢管，宜采用侧向缠绕工艺。采用侧向缠绕工艺时，应确保搭接部分的聚乙烯及焊缝两侧的聚乙烯完全辊压密实，并防止压伤聚乙烯层表面。采用纵向挤出工艺时，焊缝两侧不应出现空洞。聚乙烯层涂敷后，确保熔结环氧涂层固化完全，然后用水冷却至钢管温度不高于 60℃。

在 3LPE 管道上发现缺陷时，对小于或等于 30mm 的损伤，宜采用辐射交联聚乙烯补伤片修补。修补时，先除去损伤部位的污物，并将该处的聚乙烯层打毛。然后将损伤部位的聚乙烯层修切成圆形，边缘应倒成钝角。在孔内填满与补伤片配套的胶黏剂，然后贴上补伤片，补伤片的大小应保证其边缘距聚乙烯层的孔洞边缘不小于 100mm。贴补时，应边加热边用辊子滚压或戴耐热手套用手挤压，排出空气，直至补伤片四周胶黏剂均匀溢出。

对大于 30mm 的损伤，先除去损伤部位的污物，将该处的聚乙烯层打毛，并将损伤处的聚乙烯层修切成圆形，边缘应倒成钝角。在孔洞部位填满与补伤片配套的胶黏剂，贴上补伤片。最后，在修补处包覆一条热收缩带，包覆宽度应比补伤片的两边至少各大 50mm。补伤时也可以先清理表面，然后用双组分液态环氧涂料防腐，干膜厚度与主体管道相同，然后贴上补伤片或再加热收缩带。

对于 3LPE 防腐层的管道而言，要解决的关键问题还是焊缝补口技术与工艺。目前国内外绝大多数 3LPE 管道均采用聚乙烯热收缩带（HSS）补口，此外，也有采用聚氨酯补口材料及低温环氧粉末、包括黏弹体和热缩压敏带在内的补口材料。在保证施工质量的前提下，HSS 是目前 3LPE 管道补口的首选补口材料。中国石油天然气管道工程有限公司近年承建的由外方作为技术负责的诸多管道项目，如俄罗斯设计的东西伯利亚—太平洋原油管道、美国海湾公司担任 PMC 的印度东气西送项目、英国 PENSPEN 公司设计的缅甸—泰国天然气管道项目、海湾公司设计的泰国第四天然气管道项目、德国 ILF 担任 PMC 的中亚诸国的油气管道、沙特阿拉伯水管道、利比亚油气管道项目等 3LPE 防腐层的管道，无一例外都是采用热收缩带作为焊缝补口材料。但是如果施工工艺不当，HSS 补口工艺则会出现一些问题质量，例如，热收缩带补口体系失效、收缩带与 PE 搭接区失黏、收缩带底漆失黏、底漆与管体失黏；环氧底漆厚度不能保证，厚薄不均，起不到足够的防腐效果；手工火焰加热温度不精准，加热时间不固定，人为因素影响大；大口径管道手工火焰加热难以烘烤均匀，管道底部作业不方便，6 点钟位置失效严重。针对上述问题，中国石油天然气管道工程有限公司研发的补口专用加热器具——中频感应加热设备用于 HHS 补口，很好地解决了上述问题的产生。

橡胶涂层：橡胶具有较好的物理机械性能和耐腐蚀性能，可以作为金属设备的衬里，把腐蚀介质和金属表面隔开，起到防腐蚀作用。橡胶衬里设备在石油和天然气工业、化学工业、制药工业、有色冶金和食品工业中应用较普遍。

橡胶分天然橡胶和合成橡胶两大类。目前用于设备衬里的胶板，是由橡胶、硫磺和其他配合剂混合而成的，称为生胶板。施工时按工艺要求，贴衬于设备表面后再硫化，使橡胶变成结构稳定的防护层。常用的其他配合剂有硫化促进剂、增强剂、软化剂、填充剂、防老剂、增塑剂和结合增强剂等。

生胶中必须加入硫化剂，在一定温度下硫化剂同橡胶发生化学反应，形成交联的体型网状结构而成为稳定体。通常使用的硫化剂是硫磺，反应式如下：

$$(C_5H_8)_n + nS \longrightarrow (C_5H_8S)_n$$

硫磺加入量不同，硫化后橡胶的物理机械性能有很大区别。硫磺含量为 1%～3%时，得到的制品称为软橡胶，它有良好的弹性。在橡胶中混入 40%～50%的硫进行硫化，得到的制品硬度很大，称为硬橡胶。所以根据硫磺的含量可将橡胶制品分为软橡胶、硬橡胶。也有把硫磺含量在 30%左右的橡胶制品称为半硬橡胶。目前用于防腐蚀衬里的胶板有这三种规格。它们均具有耐酸、碱腐蚀的特性，故可用于覆盖钢铁及其他金属的表面。硬橡胶的缺点是加热后会变脆，只能在 50℃以下使用。

现将油气田地下管道外防腐层简介列于表 6-7 中。

表 6-7　油气田地下管道外防腐层

序号	防腐层种类	使用年代	主要优点	主要缺点	适用条件	执行标准
1	石油沥青	20 世纪 50 年代	抗水、抗盐、抗碱性好，无毒，技术成熟，价格便宜，易修补	抗有机溶剂差，耐温差，机械强度差，施工条件差，易受植物根系破坏	一般用于非多岩、碎石地区	SY/T 0420
2	煤焦油瓷漆	20 世纪 90 年代	耐化学介质，抗水性优良，抗细菌和植物根系，价格较低，易修补	耐温性差，易受机械损伤，施工条件差，对环境有一定影响	一般用于地下水位高、沼泽地段的土壤环境（含 SRB）	SY/T 0079

续表

序号	防腐层种类	使用年代	主要优点	主要缺点	适用条件	执行标准
3	环氧煤沥青	20 世纪 70 年代	附着力强，耐潮湿，抗酸、碱、盐，价格较低	有低温脆性，抗冲击性差，不耐紫外线	适用于盐渍、沼泽等土壤环境	SY/T 0447
4	两层聚乙烯	20 世纪 70 年代	机械性能好，耐低温，电绝缘性能好	与钢管表面黏结性较差，补口质量要求高	适用于多石地段，一般盐渍土壤等	SY/Y 4013
5	熔结环氧粉末	20 世纪 80 年代	黏结性能好，耐温性好，抗阴极剥离强	施工质量要求高，价格较高，涂层较薄，较易受损伤	适用于环境腐蚀性苛刻，盐渍化土壤及穿越管段	SY/T 0315
6	聚乙烯胶黏带	20 世纪 70 年代	机械性能较好，黏结性及防腐性较好，施工方便，价格较便宜	焊缝处的施工质量对黏结性影响较大	适用于地下水位不高，土壤腐蚀性中等及以下地区	SY/T 0414
7	三层聚乙烯	20 世纪 90 年代	黏结性、电绝缘性均好，机械性能良好	成本高，对施工质量要求高	适用于腐蚀性苛刻的土壤环境及复杂、重要地区，多石地区	SY/T 4013
8	硬质聚氨酯泡沫塑料防腐保温层	20 世纪 80 年代	耐热性好，整体防腐、绝缘性及机械性能有明显优势	价格较高，对施工质量（表面处理与防腐层涂装、保温层吸水率、补口与补伤、存储与运输）要求高	埋地防腐保温管道	SY/T 0415

各类有机和无机涂层在油气田管道及设备的防护中应用较为广泛，如油套管的外防护、集输管线的内外防护等。对管径较小的油管，因施工难度大，其应用受到了限制。国内油管内防护研究远滞后于国外。同时，涂料涂层普遍存在结合力低、不能保护丝扣、不适应苛刻的力学环境等缺点，另外，有机涂层还存在易老化和抗高温能力差等方面的不足[148]。

针对 CO_2 腐蚀采用的涂料保护技术实例主要有：

（1）北海 Scapa 油田集输管线材质为碳钢管，内涂一种高温环氧涂料 Colturiet HT5435，应用现场涂装工艺。在 60℃、2.7MPa 下输送含 CO_2 7%（摩尔分数）、H_2S＜14mg/m^3、水和油的流体，流速 1～2m/s。在油、缓蚀剂的作用下，2 年以后涂层性能良好。但是，在 150℃、55MPa，水中含 NaCl 8%和油中含 CO_2 15%（摩尔分数）、CH_4 85%、8%盐水的条件下，涂层效果不理想。

（2）加拿大一油田集输管线，长 1.1km，在 65℃、7MPa 下，输水量 190m^3/d，输凝析油量 25m^3/d，输气量 2.1×10^4m^3/d。水中含 Cl^- 128g/L，总矿化度 199.7g/L。天然气中含有 H_2S 17.52%、CO_2 1.85%、C_{16} 2.3%、C_{21} 8.3%。高密度聚乙烯塑料衬管一般使用寿命为 18 个月，但 6 个月后出现一处泄漏，改用尼龙衬管。尼龙衬管 PA-11 使用 3 年后，由于吸收了原油成分，表面颜色发生了变化。在 85℃下，尼龙衬管 PA-11 的使用寿命可达到 10 年以上。

管道的腐蚀几乎都发生在防腐层严重缺陷或破损的地方，由于管道埋在地下，不便于直接观测和检查，加上土壤环境条件复杂多变，这给防腐层的管理维护带来困难。防腐层的维护主要采取以下几种措施：首先，经常监测防腐层状况。通常采用定期进行防腐层缺陷检漏、防腐层绝缘电阻测量等方法，分析阴极保护参数的变化情况及原因，判定防腐层质量及损伤程度。其次，防腐层分级管理。对不同管段、不同状况的防腐层，按其技术状况分级，分别采用不同的维修对策。目前防腐层根据其绝缘电阻值从大到小分为五个级别：优、良、中、差、劣。最差的一级需要及时维修更换原有的防腐层。最后，制定实施维修计划。对检测确定的不同级别的防腐层，分别采取定期检测、修补或更换的措施。

（3）无机-有机复合涂层。无机-有机复合涂层主要有美国引进的西美克 54 涂料。胜利油田集输系统最初尝试用涂料对管柱进行防腐，其根本问题是：由于涂层易脱落，经常发生脱落层堵塞管柱的现象，同时脱落处发生更加严重的腐蚀，而造成涂覆层易脱落的主要原因是涂料的附着力差和管柱井下作业中的震动以及液压钳夹持部分涂覆层的机械破坏。2000 年胜利油田引进了美国一种新型涂料——西美克 54，虽然该涂料的性能优于环氧粉末防腐涂料，但仍未解决以上两个问题，因此该方法对注水井管柱防护的应用前景并不乐观。2002 年胜利油田将钛纳米涂料应用于油田注水井管柱的防护。从使用情况来看，只要解决了接箍连接处的防护问题，该涂料的防腐蚀性能是可靠的。

6.3.2　金属防护层

金属涂、镀、渗层可弥补非金属防护层的不足。目前研究的金属涂、镀、渗层包括喷涂层、化学镀层、碳氮化处理层、渗金属层等[149, 150]。多数金属镀层采用电镀或热镀的方法实现，还有的镀层用渗镀、喷镀、化学镀等方法形成，其他方法还有金属包覆、离子镀、真空蒸发镀、真空溅射等物理方法。

1. 电镀

将被保护的金属作阴极，浸在电镀液中，在直流电的作用下镀液中金属离子以金属原子态在阴极表面析出，形成覆盖层。阳极材料采用与涂层相同的金属或耐蚀性好的贵金属，导电性良好的金属氧化物或石墨。

2. 热镀

热镀又称热浸、浸镀。将被保护金属制品浸渍在熔融金属浴中，其表面可形成一保护性覆盖层。选用的液态金属一般是低熔点、耐蚀、耐热的金属，如 Al、Zn、Sn、Pb 等。镀锌钢板和镀锡钢板就是采用这种方法制备的。

3. 渗镀

渗镀指在高温下利用金属原子的扩散，在被保护金属表面形成合金扩散层。最常见的是硅、铬、铝、钛、硼、钨、钼等渗镀层，它们具有厚度均匀、无孔隙、热稳定性好、与基体金属结合牢固等特点。

4. 喷镀

将丝状或粉状金属放入喷枪中，借助高压空气或保护气氛，使被火焰或电弧熔化了的金属呈雾状喷到被保护体上，形成均匀的覆盖层。由于金属雾状粒子在空气中凝固，它们与被喷镀的金属表面层之间仅是机械结合。厚的喷金属层常用来修复已磨损的轴和其他损坏的部件。虽然喷镀层的孔隙度较大，但也能起到防蚀作用，作为喷镀用的喷料有铝、锌、锡、铅、不锈钢、Ni-Al、Ni_3Al 等。

5. 化学镀

化学镀是指通过置换反应或氧化-还原反应，使盐溶液中的金属离子析出在被保护金属上，形成保护性覆盖层。化学镀涂层具有厚度均匀、致密、镀层硬度高、耐磨、耐蚀性能好等优点，但镀层的孔隙率高。化学镀是生产实践中用得最多的，它不需要外加电源和设备，操作比较简单，适用于结构形状比较复杂的部件和管子内表面。近年来很重视化学镀 Ni-P 非晶态合金的研究和应用。

化学镀 Ni-P 非晶层及其复合镀层研究较多[151, 152]。但由于 Ni-P 基镀层相对于油管钢基体为电化学腐蚀的阴极，镀层缺陷的存在会导致裸露钢基体加速腐蚀，因此人们在将 Ni、P 基镀层应用于油管钢的防护时十分谨慎。

胜利油田集输系统 1993～1999 年曾经尝试将镍磷复合技术应用于注水井管柱的防腐蚀保护。但通过应用发现，有的镍磷镀层管柱使用仅仅半年其防护层就发生大面积的腐蚀和脱落现象，在接箍连接处腐蚀尤其严重。分析镍磷镀管柱腐蚀的原因，认为主要是镀层孔隙率较大，镍磷镀层的电位高于管体的电位，在有空隙的部位产生电化学腐蚀。其次是接箍连接部分的腐蚀问题。另外，作业施工中液压钳夹持部位硬伤也是造成镀层破损及表面腐蚀的原因。

6.4　电化学保护

管道的电化学保护技术是伴随着管道建设而发展起来的。电化学保护可分为阴极保护和阳极保护，油气田设备尤其是油气集输管线的防护基本上采用阴极保护。管道的腐蚀控制一般采取防腐层加阴极保护的联合措施，这一点基本上得到了油气田管道界的认同，认为集输管线的阴极保护是一种经济而有效的防腐措施，同时阴极保护还广泛应用于储罐、换热器、油套管等方面。以集输管线为例，截至2003年年底，中国油气管道累计长度45865.53km，其中，原油管道15915.13km，天然气管道21298.85km，成品油管道6525.85km，海底管道2126.7km[153]。在国内现有的45865.89km（2003年年底的统计）的长输管道、油田的集输管道均采用了阴极保护。此外，国内的城镇燃气管道中，城市的干线管道及配气管网多数施加了阴极保护；城市的钢质供水干线管道近些年来也都施加了阴极保护。

在石油天然气行业中，有关管道阴极保护的技术标准已形成了体系，相关标准有十余部，其中中国石油天然气管道工程有限公司主编的就有五部（SY/T 0019、SY/T 0036、SY/T 0086、SY/T 0095、SYJ 30），当前这些标准正在滚动修订中，2006年，SY/T 0019和SY/T 0036合并升格为国家标准，标准名称为GB/T 21448—2008《埋地钢质管道阴极保护技术规范》。

参考文献

[1] 王凤平，康万利，敬和民. 腐蚀电化学原理、方法及应用[M]. 北京，化学工业出版社，2008.

[2] Quartarone G，Zingales A. Study of inhibition mechanism and efficiency of indole-5-carboxylic acid on corrosion of copper in aerated 0.5M H_2SO_4[J]. British Corrosion Journal，2000，35（4）：304-307.

[3] Schapink F W，Oudeman M，Leu K W，et al. The adsorption of thiourea at a mercury-electrolyte interface[J]. Transactions of the Faraday Society，1960，56：415-423.

[4] Bockris J O M，Swinkels D A J. Adsorption of *n*-decylamine on solid metal electrodes[J]. Journal of the Electrochemical Society，1964，111（6）：736-743.

[5] Tang L N，Wang F P. Electrochemical evaluation of allyl thiourea layers on copper surface[J]. Corrosion Science，2008，50（4）：1156-1160.

[6] Tan Y J，Bailey S，Kinsella B. An investigation of the formation and destruction of corrosion inhibitor films using electrochemical impedance spectroscopy（EIS）[J]. Corrosion Science，1996，38（9）：1545-1561.

[7] 王佳，曹楚南. 缓蚀剂理论与研究方法的进展[J]. 腐蚀科学与防护技术，1992，4（2）：79-86.

[8] Fischer H. Mass transport mechanisms in partially stratified estuaries[J]. Journal of Fluid Mechanics，1972，53（4）：671-687.

[9] Lorenz W J，Mansfeld F. Interface and interphase corrosion inhibition[J]. Electrochimica Acta，1986，31（4）：467-476.

[10] Dhar H P，Conway B E，Joshi K M. On the form of adsorption isotherms for substitutional adsorption of molecules of different sizes[J]. Electrochimica Acta，1973，18（11）：789-798.

[11] Conway B E. Theory and Principles of Electrodes Processes[M]. New York：Ronald Press，1965.

[12] Szklarska-Smialowska Z，Wieczorek G. Adsorption isotherms on mild steel in H_2SO_4 solutions for primary aliphatic compounds differing in length of the chain[J]. Corrosion Science，1971，11（11）：843-852.

[13] Ateya B G，El-Anadouli B E，El-Nizamy F M. The adsorption of thiourea on mild steel[J]. Corrosion Science，1984，24（6）：509-515.

[14] Vracar L，Drazic D M. Influence of chloride ion adsorption on hydrogen evolution reaction on iron[J]. Journal of Electroanalytical Chemistry，1992，339（1-2）：269-279.

[15] Edwards A，Osborne C，Webster S，et al. Mechanistic studies of the corrosion inhibitor oleic imidazoline[J].

Corrosion Science，1994，36（2）：315-325.
[16] 陈卓元，王凤平，杜元龙. 咪唑啉缓蚀剂缓蚀性能的研究[J]. 材料保护，1999，32（5）：37-39.
[17] 王凤平，杜元龙，张学元. CO_2腐蚀防护对策研究[J]. 腐蚀与防护，1997，18（3）：8-11.
[18] 张玉芳.用于含CO_2/H_2S环境的缓蚀剂研制[J]. 石油与天然气化工，2005，4（5）：407-409.
[19] 马涛，张贵才，葛际江，等. 改性咪唑啉缓蚀剂的合成与评价[J]. 石油与天然气化工，2004，33（5）：359-361.
[20] 刘鹤霞，郑家燊. 气田气井缓蚀剂研究[J]. 四川化工与腐蚀控制，2003，6（2）：24-25.
[21] 高秋英，梅平，陈武，等. 咪唑啉类缓蚀剂的合成及应用研究进展[J]. 化学工程师，2006，（5）：18-22.
[22] 林涛，侯子旭. 塔河油田石油工程技术与实践[M]. 北京：中国石化出版社，2012.
[23] 周计明，黄红兵，杨仲熙. CT2-4 水溶性油气井缓蚀剂的合成与应用研究[J].石油与天然气化工，1996，25（4）：231-235.
[24] 徐宝军，滕洪丽，王金波，等. 咪唑啉衍生物缓蚀剂的研究[J]. 腐蚀与防护，2003，24（8）：340-344.
[25] 任呈强，周计明，刘道新. 油田缓蚀剂研究现状与发展趋势[J]. 精细石油化工进展，2002，3（10）：33-37.
[26] 史真. 咪唑啉乙酸盐两性表面活性剂的合成与应用[J]，陕西化工，1993，（2）：12-16.
[27] 周琼花，马志超，周艺，等. 新型盐酸缓蚀剂的研究[J]. 华东电力，2002，（9）：25-26.
[28] 王大喜，王明俊，王琦龙，等. IMC-石大 1 号新型咪唑啉缓蚀剂的合成和应用研究[J]. 腐蚀与防护，2000，21（3）：102-103.
[29] 史真，王建华. 真空催化法合成 1-羟乙基-2-十一烷基-2-咪唑啉[J]. 陕西化工，1991，（5）：37-38.
[30] 夏经鼎、倪永全. 表面活性剂和洗涤剂化学与工艺学[M]. 北京：中国轻工业出版社，1997.
[31] 张学元，王凤平，陈卓元，等. 磨溪气田的腐蚀与复合缓蚀剂[J]. 油田化学，1997，14（2）：190-196.
[32] 苏俊华，张学元，王凤平，等. 饱和 CO_2 的高矿化度溶液中咪唑啉缓蚀机理的研究[J]. 材料保护，1999，32（5）：32-33.
[33] 张学元，马利民，杜元龙，等. 咪唑啉酰胺在含 CO_2 溶液中的缓蚀机理[J]. 应用化学，1998，（6）：21-24.
[34] Blair C M，Gross W F. Processes for preventing corrosion and corrosion inhibitors[P]：US，2468163A. 1949.
[35] 张天胜. 缓蚀剂[M]. 北京：化学工业出版社，2002.
[36] 杨小平，江开兰，贺泽元，等. CZ3-1，CZ3-3 复合型缓蚀剂的研制与应用[J].西安石油学院学报：自然科学版，1999，14（1）：44-47.
[37] 杨小平. 磨溪气田的腐蚀与复合缓蚀剂 CZ3-1+CZ3-3 的研制及应用[D]. 上海：中国科学院上海冶金研究所博士学位论文，2000.
[38] 闫天亮，李建波，赵继军，等. DPI-2 型缓蚀剂在华北油田的应用[J]. 钻井液与完井液，1999，（2）：25-27.
[39] 黄红兵，杨仲熙. CT2-4 水溶性油气井缓蚀剂的合成与应用研究[J]. 石油与天然气化工，1996，25（4）：231-235.
[40] 张玉芳. 含 H_2S/CO_2 环境中缓蚀剂对不同油管钢的缓蚀作用[J]. 腐蚀与防护，2006，27（11）：561-563.
[41] 高文宇. 油井缓蚀剂研究与开发[D]. 大庆：大庆石油学院硕士学位论文，2007.
[42] 田建峰，吕江，刘学蕊. IMC-80BH 型气井缓蚀剂应用效果评价[J]. 石油化工应用，2012，31（1）：78-80.
[43] 王荣良，张英菊，王辉，等. 90℃ CO_2-H_2O 介质中气/液双效缓蚀剂的研制[J]. 全面腐蚀控制，2003，17（4）：15-17.
[44] 张英菊，王荣良，彭乔，等. 含氮杂环季铵盐缓蚀剂在 CO_2-3%NaCl 溶液体系中的电化学行为[J]. 材料保护，2003，36（8）：26-27.
[45] 杨怀玉，祝英剑，陈家坚，等. IMC 系列缓蚀剂研究及在我国油田的应用[J]. 油田化学，1999，16（3）：273-277.
[46] 曹殿珍，杨怀玉，祝英剑，等. IMC-80 缓蚀剂的研究与应用[J]. 高等学校化学学报，1997，18（4）：595-599.
[47] 龙彪，牛瑞霞. OED 在 CO_2 饱和盐溶液中缓蚀性能的研究[J]. 四川化工，2006，9（3）：28-30.
[48] 宋伟伟，张静，杜敏. 双季铵盐类缓蚀剂的研究进展[J]. 化工进展，2011，30（4）：842-847.

[49] Kuznetsov Y I，Ibatullin K A. On the inhibition of the carbon dioxide corrosion of steel by carboxylic acids[J]. Protection of Metals，2002，38（5）：439-444.

[50] 蒋秀，郑玉贵. 油气井缓蚀剂研究进展[J]. 腐蚀科学与防护技术，2003，15（3）：164-168.

[51] 芦艾，钟传蓉，王建华，等. 几种炔醇的合成及缓蚀效果[J]. 精细化工，2001，18（9）：550.

[52] 吕战鹏，郑家燊，刘江鸿. 硫脲衍生物对 CO_2 饱和水溶液中碳钢缓蚀性能的研究[J]. 腐蚀与防护，1999，20（1）：18-21.

[53] 李正奉. 用阻抗法研究硫脲对稀盐酸中铁的缓蚀作用[J]. 武汉水利电力大学学报，1994，27（6）：713-716.

[54] 徐海波，余家康，董俊华，等. 硫酸溶液中硫脲对铁缓蚀作用的电化学和 SERS 研究[J]. 中国腐蚀与防护学报，1998，18（1）：14-20.

[55] 李明齐，何晓英，蔡铎昌，等. 缓蚀剂降低 CO_2 对 N80 碳钢腐蚀速率的电化学研究[J]. 吉林化工学院学报，2001，18（2）：21-23.

[56] 苏连芳，金振兴. ATMP、硫脲缓蚀性能的研究[J]. 锦州师范学院学报：自然科学版，2001，22（2）：29-33.

[57] 赵雯，张秋禹，王结良，等. 一种新型 CO_2 缓蚀剂的制备及评价[J]. 石油与天然气化工，2003，32（4）：230-234.

[58] 张军平，张秋禹，颜红侠，等. 饱和 CO_2 环境下噻唑衍生物的缓蚀性能和电化学特征[J]. 材料保护，2004，37（1）：44-47.

[59] 赵景茂，顾明广，左禹. CO_2 腐蚀的气液双相新型缓蚀剂的开发[J]. 腐蚀与防护，2005，26（10）：436-438.

[60] 姜璋，高兰玲，郭薇薇，等. 混合噻唑缓蚀剂的性能评价[J]. 兰州石化职业技术学院学报，2004，4（4）：9-11.

[61] 何文深，谢晖，周永红. 松香基咪唑啉的合成及其性能[J]. 腐蚀科学与防护技术，2004，16（4）：247-249.

[62] 周永红，宋湛谦，何文深，等. 水溶性松香基咪唑啉的合成及缓蚀性能[J].化学与工业，2003，23（4）：9-12.

[63] 李国敏，李爱奎，郭兴蓬，等. 松香胺类 RA 缓蚀剂对碳钢在高压 CO_2 体系中缓蚀机理研究[J]. 腐蚀科学与防护技术，2004，16（3）：125-128.

[64] 李国敏，郑家燊，郭兴蓬. 一种抑制碳钢 CO_2 腐蚀的水溶性缓蚀剂及其制备方法[P]：中国，02139204.8. 2005-01-19.

[65] 张军平，张秋禹，颜红侠. 高效气-液双相 CO_2 缓蚀剂的研究[J]. 腐蚀科学与防护技术，2003，15(4)：241-244.

[66] Kim H，Jang J. Synthesis and characterization of vinyl saline modified imidazole copolymer as a novel corrosion[J]. Polymer Bulletin，1997，38：249-252.

[67] 张大全，俞路，陆柱. 4-（*N*，*N*-二正丁基）-胺甲基吗啉的合成及其气相缓蚀性能[J]. 华东理工大学学报，1998，24（5）：569-573.

[68] 张大全，俞路，陆柱. 苯甲酸吗啉盐气相缓蚀性能的研究[J]. 腐蚀与防护，1998，19（6）：250-253.

[69] 张大全，陆柱. 低聚型气相缓蚀剂双-（吗啉甲基）-脲的研究开发[J]. 腐蚀与防护，1999，20（5）：219-223.

[70] 张大全，高立新，周国定. 多单元气相缓蚀剂的合成[J]. 气相缓蚀能力及电化学研究[J]. 电化学，2003，9（3）：308-313.

[71] 张大全. 大气腐蚀和气相缓蚀剂应用技术[J]. 上海电力学院学报，2006，22（3）：273-277.

[72] 张大全，安仲勋，潘庆谊，等. 吗啉多元胺对混凝土钢筋的阻锈作用[J]. 材料保护，2004，37（8）：4-6.

[73] 安仲勋，潘庆谊，张大全，等. 新型吗啉类气相缓蚀剂得电化学阻抗研究[J].材料保护，2003，5（36）：14-16.

[74] 曹殿珍，曹家绥，陈家坚. 炔氧甲基胺和炔氧甲基季铵盐的合成和缓蚀性能[J]. 腐蚀科学与防护技术，1990，2（2）：16-19.

[75] Zhang X Y，Wang F P，He Y，et al. Study of the inhibition mechanism of imidazoline amide on CO_2 corrosion of Armco iron[J]. Corrosion Science，2001，43（8）：1417-1431.

[76] 李谦定，刘祥，史俊. 混合脂肪酰胺及其改性产物的性能评价[J]. 石化技术与应用，2001，19（4）：229-232.
[77] Markin A N. The selection of reagents for inhibition of carbonic acid corrosion of steel under salt precipitation the conditions[J]. Protection of Metals，1994，30（1）：51-58.
[78] Bilkova K，Hackerman N，Bartos M. Inhibition of CO_2 corrosion of carbon steel by thioglycolic acid. Corrosion，200202284：7-11.
[79] 张贵才，马涛，葛际江，等. 聚氧乙烯烷基苯酚醚磷酸酯用作缓蚀剂的研究[J]. 石油学报：石油加工，2005，21（2）：45-50.
[80] 张玉芳，路民旭，朱雅红，等. 硫代磷酸酯缓蚀剂在金属表面成膜行为研究[J]. 中国腐蚀与防护学报，2002，22（5）：282-285.
[81] 伊丽莎白，巴拍安-凯巴拉，赵恩之. 采用磷酸酯缓蚀剂解决环烷酸腐蚀问题[J]. 天津冶金，2002，(5)：38-41.
[82] 沈丽萍，陈志光，延建忠，等. GH-01 水溶性固体缓蚀剂的研制及应用[J]. 断块油气田，2002，(5)：70-71.
[83] 张新丽. 高效固体缓蚀剂的研制与应用[D]. 山东：中国石油大学（华东）硕士学位论文，2004.
[84] 胡玉辉，滕利民，刘燕娥，等. 固体缓蚀剂 GTH 油井防腐技术[J]. 油田化学，2005，22（1）：48-51.
[85] 杨小平，李再东，向伟，等. 磨溪气田的腐蚀与复合缓蚀剂 CZ3-1+CZ3-3 的研制及应用[J]. 油田化学，1998，15（2）：132-136.
[86] 舒作静，刘志德，谷坛. 气液两相缓蚀剂在油气田开发中的应用[J]. 石油与天然气化工，2001，30(4)：200-201.
[87] 张军平，张秋禹，颜红侠，等，高效气液双相 CO_2 缓蚀剂的研究[J]. 腐蚀科学与防护技术，2003，15（4）：241-243.
[88] Durnie W H，Kinsella B J，Marco R D，et al. A study of the adsorption properties of commercial carbon di-oxide corrosion inhibitor formulations[J]. Journal of Applied Electrochemistry，2001，31（11）：1221-1226.
[89] Halilova F I，Aliguliyev R M，Rzaev Z M O. Inhibition effect of some organic N-containing compounds in acidic corrosion of carbonized steel[J]. Anti-Corrosion Methods and Materials，2001，48（1）：18-31.
[90] EI-sanabary A A. Preparation and evaluation of some new corrosion inhibitors in varnishes[J]. Anti-corrosion Methods and Materials，2001，48（1）：47-50.
[91] 张学元，王凤平，杜元龙，等. 轮南油田化学添加剂对注井水腐蚀性的影响[J]. 石油与天然气化，1997，26（4）：235-236.
[92] 张学元，王凤平，于海燕，等. CO_2 腐蚀防护对策研究[J]. 腐蚀与防护，1997，18（3）：8-11.
[93] 中华人民共和国石油天然气行业标准. SY/T 5329—2012 碎屑岩油藏注水水质指标及分析方法[S]，2012.
[94] 李德仪. CT 系列酸化缓蚀剂[J]. 石油与天然气化工，1985，(4)：65-69.
[95] 段宏伟. 元素硫对氮基油田缓蚀剂性能的影响[J]. 华北石油设计，1992，3（29)：72-78.
[96] Lerbscher J，Thill D，McDonald G，et al. Management of wells that co-produce elemental sulfur. NACE Northwest Regional Conference，Canada，Paper No 1，1990.
[97] 王凤平，李晓刚，杜元龙. 油气开发中的 CO_2 腐蚀[J]. 腐蚀科学与防护技术，2002，14（4）：224-227.
[98] 熊颖，陈大钧，吴文刚，等. 油气田 CO_2 腐蚀的防护技术[J]. 石油化工腐蚀与防护，2007，24（3）：1-4.
[99] 杨小平，李再东. 磨溪气田的腐蚀与复合缓蚀剂 CZ3-1+CZ3-3 的研制及应用[J]. 油田化学，1998，(2)：132-136.
[100] 郑家燊，张琼玖，丁诗健，等. “7701” 酸化缓酸剂的研究[J]. 华中工学院学报，1982，10（1）：47-56.
[101] 郑家燊，黄魁元. 缓蚀剂科技发展历程的回顾与展望[J]. 材料保护，2000，33（5)：11-13.
[102] 尹成先，白真权. 耐高温油田缓蚀剂的发展[A]//第十三届全国缓蚀剂学术讨论会论文集[C]. 2004，昆明.
[103] 李德仪，刘美祥. 高温酸化缓蚀增效剂——CT1-5 的研究[J]. 石油与天然气化工，1990，(3)：39-41.
[104] 陈旭俊，王海林. 孔蚀缓蚀剂及其理论研究评述（一）——铁基合金孔蚀缓蚀剂与缓蚀作用理论[J]. 材料保

护，1991，(6)：4-7.

[105] 王虎，谢娟，段明，等. 酸化缓蚀剂曼尼希碱缓蚀机理的电化学研究[J]. 油田化学，2010，27（1）：19-21.

[106] 郑海洪，李建波，莫治兵，等. YZ-1 酸化缓蚀剂的合成及其性能[J]. 石油化工腐蚀与防护，2008，25（4）：8-10.

[107] 蒋文学，李楷，李勇，等. 一种高温缓蚀剂的合成工艺探讨[J]. 长江大学学报：自然科学版，2010，7（3）：237-239.

[108] 孙天祥，李丛妮，李浩，等. 一种酸化缓蚀剂的合成及性能研究[J]. 应用化工，2011，40（11）：1942-1944.

[109] 李燕，陆柱. 水中阴离子对钨酸盐缓蚀机理的影响[J]. 腐蚀科学与防护技术，2000，12（6）：38-39.

[110] 李燕，陆柱. 钨酸盐缓蚀机理的研究进展[J]. 材料保护，2000，33（11）：29-31.

[111] 郭良生，黄霓裳，余兴增. 钼酸钠-磷酸盐对碳钢的协同缓蚀作用机理[J].材料保护，2000，33（2）：39-40.

[112] 尹成先. 油田有机缓蚀剂的研究现状和发展趋势[J]. 精细石油化工进展，2005，6（4）：40-42.

[113] 张清玉. 油气田工程实用防腐蚀技术[M]. 北京：中国石化出版社，2009.

[114] 石仁委，龙媛媛. 油气管道防腐蚀工程[M]. 北京：中国石化出版社，2008.

[115] 陈迪. 油田用缓蚀剂筛选与评价程序研究[J]. 全面腐蚀控制，2009，23（3）：8-10.

[116] 唐永帆，闫康平，李辉，等. 油气井防腐用缓蚀剂的评价程序研究[J]. 石油与天然气化工，2004，33（6）：427-429.

[117] Papavinasam S，Revie R W，Attard M，et al. Laboratory methodologies for corrosion inhibitor selection[J]. Material Performance，2000，39（8）：58-60.

[118] Dougherty J A. Corrosion inhibitor selection for arctic and subsea high-velocity flowlines[J]. Materials Performance，2000，39（3）：70-74.

[119] 王凤平，李杰兰，丁言伟. 金属腐蚀与防护试验[M]. 北京：化学工业出版社，2015.

[120] 刘勇，孙国涛，张福生，等. 气液双相反应釜[P]：中国，201210017610. 2012-01-19.

[121] 沈欢，丁言伟，王凤平. 油田注水系统缓蚀剂评价[J]. 化学工程与装备，2013，189（9）：96-98.

[122] 中华人民共和国石油天然气行业标准. SY/T 5273-2014 油田采出水处理用缓蚀剂性能指标及评价方法[S]，2014.

[123] Tiefnig E. Method and apparatus for determining corrosivity of fluids on metallic materials[P]：US，5583426 A. 1996-12-10.

[124] 谢先宇，宋诗哲. 磁阻法在大气研究中的应用[J]. 腐蚀科学与防护技术，2004，16（1）：55-56.

[125] 佘坚，宋诗哲. 磁阻探针研究碳钢在人造污染大气中的腐蚀行为[J]. 腐蚀科学与防护技术，2006，18（1）：9-11.

[126] 李言涛，张玲玲，杜敏. 用磁阻法评价二氧化碳缓蚀剂的缓蚀性能[J]. 材料保护，2008，41（2）：63-65.

[127] 李琼玮，杨全安，李明星，等. 磁阻法腐蚀检测技术在气田应用的初探[C]. 2006 西部油田腐蚀与防护论坛. 乌鲁木齐，2006：386-390.

[128] 李春福，邓洪达，王斌. 高含 H_2S/CO_2 环境中套管钢，腐蚀行为与腐蚀产物膜关系[J]. 材料热处理学报，2008，29（1）：89-93.

[129] 郭兴蓬，付朝阳. 缓蚀剂和 CO_2 腐蚀产物膜的相互作用[A]//第十二届全国缓蚀剂学术讨论会论文集[C]，2001.

[130] 柴成文，路民旭，李兴无. 改性咪唑啉缓蚀剂对碳钢 CO_2 腐蚀产物膜形貌和力学性能的影响[J]. 材料工程，2007，(1)：29-33.

[131] 高延敏，杨洁，李晓伟. 腐蚀产物膜对氨基乙酸缓蚀性能的影响[J]. 江苏科技大学学报，2001，25(2)：136-139.

[132] 黎洪珍，林敏，李娅，等. 缓蚀剂加注存在问题分析及应对措施探讨[J]. 石油与天然气化工，2009，38（3）：

238-240，248.

[133] 王日礼. 缓蚀剂的选择及投加方法[J]. 天然气工业，1982，2（2）：78-81.

[134] 米力田，黄和，黄如娇. 缓蚀剂加注工艺系统研究[J]. 天然气与石油，1998，16（3）：25，28-30.

[135] 吴东容，敬加强，杜磊. 输气管道缓蚀剂预膜及控制技术[J]. 油气储运，2013，32（5）：485-488.

[136] 王晓霖，刘德绪，龚金海，等. 高含硫天然气集输系统腐蚀控制技术及应用[A]//第二届中国管道完整性管理技术交流暨标准宣贯大会论文集[C]，2011.

[137] 褚文营，李海凤，柯伟，等. 高酸性气田集输管道缓蚀剂批处理技术[J]. 油气田地面工程，2013，32（3）：40-41.

[138] 李言涛，侯保荣. 天然环保型缓蚀剂近期研究进展[J]. 腐蚀科学与防护技术，2006，18（1）：37-40.

[139] ISO 11960-2014. Petroleum And Natural Gas Industries-Steel Pipes For Use As Casing or Tubing For Wells[S]. Fifth ed. Switzerland，2014.

[140] Kermani M B，Smith L M. A Working Party Report on CO_2 Corrosion Control in Oil and Gas Production：Design Considerations [M]//Mercer A D. European Federation of Corrosion Series. No. 23，London：Ashgate Publishing，1997.

[141] API Spec 5L-2012. Specification for Line Pipe. forty-fifth ed，2012.

[142] ASTM Standard G46-94. Standard Guide for Examination and Evaluation of Pitting Corrosion. ASTM International，West Conshohocken，PA，2005.

[143] ISO 15156-2009. Petroleum and natural gas industries—Materials for use in H_2S-containing environments in oil and gas production—Part 3：Cracking-resistant CRAs（corrosion-resistant alloys）and other alloys[S]，2009.

[144] 路民旭. H_2S 腐蚀机理、规律、选材和控制措施. 2006 西部油田腐蚀与防护论坛. 乌鲁木齐，2006.

[145] 李臣生，赵斌，褚跃民，等. 硫化氢对气田钢材的腐蚀影响及防治[J]. 断块油气田，2008，15（4）：126-128.

[146] 杜秋平，李开达，张贵喜，等. 高压玻璃钢管道的性能特点及其在油田的应用[J]. 承德石油高等专科学校学报，2005，7（4）：28-30.

[147] 付文静. 国内外防腐蚀涂料的技术现状与发展[J]. 全面腐蚀控制，1998，12（1）：24-27，36.

[148] Tsai S Y，Shih H C. The use of thermal-spray coatings for preventing wet H_2S cracking in HSLA steel plates[J]. Corrosion Prevention & Control，1997，44（2）：42-48.

[149] 罗兴. 防硫化氢腐蚀表面喷涂技术[D]. 西安：西安石油大学硕士学位论文，2006.

[150] Vereecken P M，Shao I，Searson P C. Particle codeposition in nanocomposite films[J]. Journal of the Electrochemical Society，2000，147（7）：2572-2575.

[151] 孙克宁，绍延斌，姚枚. 无电解镀 Ni-P 及 Ni-P-PTFE 的应用研究[J]. 电子工艺技术，1998，19（6）：203-205.

[152] Mainier F B，Araujo M M. On the effect of the electroless nickel-phosphorus coating defects on the performance of this type of coating in oilfield environments[J]. SPE Advanced Technology，1994，2（1）：63-67.

[153] 中国油气管道编写组. 中国油气管道[M]. 北京：中国石油出版社，2004.